Raumstrukturelle Wirkungen von Transformation

Europäische Hochschulschriften

Publications Universitaires Européennes

European University Studies

Reihe IV

Geographie und Heimatkunde

Série IV Series IV

Géographie

Geography

Bd./Vol. 25

PETER LANG

Frankfurt am Main · Berlin · Bern · Bruxelles · New York · Oxford · Wien

Claudia Stein

Raumstrukturelle Wirkungen von Transformation

Mittelasien und das Fergana-Tal

PETER LANG
Europäischer Verlag der Wissenschaften

Bibliografische Information Der Deutschen Bibliothek
Die Deutsche Bibliothek verzeichnet diese Publikation in der Deutschen Nationalbibliografie; detaillierte bibliografische Daten sind im Internet über <http://dnb.ddb.de> abrufbar.

Zugl.: Bonn, Univ., Diss., 2002

D 5
ISSN 0946-3321
ISBN 3-631-39953-7

www.peterlang.de

Für Bernd

„Are the unique geographical aspects of Central Asia too much ignored by economists?"

Jeffrey D. Sachs
(Central Asia Monitor 1998(4): 27)

INHALTSVERZEICHNIS

ABBILDUNGSVERZEICHNIS

KARTENVERZEICHNIS

TABELLENVERZEICHNIS

ABKÜRZUNGSVERZEICHNIS

AR	Autonome Republik
Bfai	Bundesstelle für Außenhandelsinformationen
BGR	Bundesanstalt für Geowissenschaften und Rohstoffe
BIP	Bruttoinlandsprodukt
EBRD	European Bank for Reconstruction and Development
EIU	The Economist Intelligence Unit
FAO	Food and Agriculture Organisation
FAPU	Food and Agriculture Policy Advisory Unit
FVDP	Fergana-Valley Development Project
GUS	Gemeinschaft unabhängiger Staaten
IMU	Islamic Movement of Uzbekistan
IWF/IMF	Internationaler Währungsfond / International Monetary Fond
KP	Kommunistische Partei
OSZE	Organisation für Sicherheit und Zusammenarbeit in Europa
RSFSR	Russische Sozialistische Föderative Sowjetrepublik
SSR	Sozialistische Sowjetrepublik
TSSR	Turkestanische Sozialistische Sowjetrepublik
UdSSR	Union der Sozialistischen Sowjet Republiken
UNDP	United Nation Development Programme
UTO	United Tajik Opposition
VN/UN	Vereinte Nationen / United Nations

TRANSKRIPTION UND ANMERKUNGEN

In Text, Tabellen, Abbildung, Karten und Literaturverzeichnis wird in der Regel die wissenschaftliche Transkription der kyrillischen Namen und Begriffe verwendet. Dies gilt nicht für Abbildungen, die unverändert anderen Quellen entnommen wurden.

In der Republik Usbekistan ist mittlerweile offiziell das lateinische Alphabet eingeführt worden, in den Republiken Kyrgyzstan und Tadžikistan wird weiterhin das kyrillische Alphabet verwendet. Um die Vergleichbarkeit und Einheitlichkeit zu wahren, wird in dieser Arbeit bezüglich aller drei Republiken auf die kyrillische Schreibweise zurückgegriffen.

Mit der Unabhängigkeit haben sich im Kontext der Einführung der Titularsprachen als Staatssprachen viele Begriffe gewandelt, welche nun auch zwischen den einzelnen Staaten differieren. Auch hier wurde zugunsten der Vergleichbarkeit im Bezug auf zwei Begriffe eine Anpassung vorgenommen.

Oblast — Der russische Begriff bezeichnet eine administrative Einheit unterhalb der nationalstaatlichen Einheit. In seiner Bedeutung unverändert ist der Begriff in die jeweiligen Titularsprachen übersetzt worden. Um die Vergleichbarkeit zu gewährleisten, wurde die alte russische Bezeichnung Oblast beibehalten. Hier ist keine politische Wertung gemeint.

Hokim — Der Begriff bezeichnet den administrativen Leiter eines Oblastes oder einer kleineren administrativen Einheit, z.B. den Hokim einer Stadt. Auch dieser Begriff existiert in mehreren sprachlichen Variationen und wird in dieser Arbeit in der angegebenen Form verwendet. Auch hier ist keine politische Wertung gemeint.

1 EINLEITUNG

> *„..in order to understand the regional dimensions of systemic transformation in the former Soviet Union it is necessary to know something about the contemporary human geography of the post-Soviet republics"*
> (BRADSHAW 1997: 3).

Der Zerfall der Sowjetunion 1991 und die auf ihrem Gebiet neu entstandenen 15 völkerrechtlich anerkannten Nationalstaaten machen einen Wandel der Betrachtungsweise dieser Region notwendig. Bislang eingebunden in und abhängig von der unionsweiten Arbeitsteilung stehen diese neuen Staaten vor einem Problem, das in Anlehnung an OFFE als ‚Dilemma der Gleichzeitigkeit' bezeichnet wird (OFFE 1994). Neben den Aufgaben ökonomischer Transformation und politischer Demokratisierung steht die Notwendigkeit der Etablierung eines Nationalstaates mit eigener nationaler Identität. Als problematisch erweisen sich dabei vor allem die bestehenden räumlichen Strukturen als Folge der historischen und vor allem der sowjetischen Entwicklung dieser Gebiete. Eine Diskussion über die Chancen der Einbindung raumwirksamer Maßnahmen in den Transformationsprozess zur Überwindung der bestehenden regionalen Disparitäten in die Transformationsstrategien steht dabei noch aus. Zehn Jahre nach dem Zerfall der Sowjetunion ist es nur in den wenigsten post-sozialistischen Staaten gelungen, Erfolge im Transformationsprozess zu erzielen. Keiner dieser erfolgreichen Staaten liegt auf dem Territorium der ehemaligen Sowjetunion. Während hier im Kontext von Transformationsanalysen der Fokus auf Russland und weiteren europäischen Nachfolgestaaten liegt, ist die Wahrnehmung der Region Mittelasien nicht durch den Transformationsprozess sondern durch eine ökologische Katastrophe geprägt – die Schrumpfung des Aralsees.

Die Region Mittelasien ist durch ein komplexes raumstrukturelles Muster gekennzeichnet. Historisch durch Oasenwirtschaft und Nomadismus geprägt, änderten sich diese Strukturen im Zuge russischer Kolonisation und Sowjetisierung nachhaltig. Daraus resultierten besonders problematische Ausgangsstrukturen für den Transformationsprozess, sowie vor allem für die Konsolidierung der Nationen in dieser Region. Die Verteilung von Ressourcen und Wirtschaftskraft, die heterogene ethnische Bevölkerungszusammensetzung und insbesondere die Bedeutung regionaler Identitäten sind hier entscheidende Faktoren mit Einfluss auf die nationale Identitätsfindung und die Festigung staatlicher und territorialer Strukturen.

Die Staatenbildung in Mittelasien ist ein künstlich initiierter Prozess, geprägt durch die Nationale Abgrenzung Stalins von 1924 bis 1936. Mit der Übernahme der ehemaligen administrativen Abgrenzungen der Sowjetrepubliken ist diese Nationenbildung rechtlich abgeschlossen. ANDERSONs Interpretationen in ‚*Imagined Communities*' lassen sich teilweise auch auf die Nationenbildung in Mittelasien übertragen. Demnach wurden Nationen von einer Kolonialmacht in einem Gebiet etabliert, in welchem diese Art von national-territorialer Abgrenzung bis zu diesem Zeitpunkt unbekannt war. In einigen der mittelasiatischen Staaten ist es in der Folge tatsächlich zu einer Entwicklung nationaler Identität gekommen, doch regionale Identitäten sind weiterhin prägende Strukturen, wie der tadžikische Bürgerkrieg besonders deutlich macht. Die neuen Nationalstaaten haben zudem eine sehr heterogene Bevölkerungsstruktur. Ethnien und Nationalitäten sind Konzepte, die durch ihre künstliche Vereinfachung in Mittelasien im Kontext der Nationalen Abgrenzung die Konsolidierung einer Nationalen Identität gefährden können. Gleiches gilt für die problematische regionale Verteilung der Bevölkerung.

Entscheidend für die Ausgangsstrukturen der ökonomischen Transformation sind die kolonialen Wirtschaftsstrukturen der mittelasiatischen Staaten. Als ‚Armenhaus' der Sowjetunion waren sie einerseits abhängig von Transferzahlungen, andererseits ließ die ökonomische Struktur dieser Sowjetrepubliken als Rohstoffproduzenten keinen eigenständigen wirtschaftlichen Aufschwung zu. Mit der Änderung der Grenzen von administrativen Grenzen zu Staatsgrenzen wurde die stark verflochtene Infrastruktur Mittelasiens zersplittert. Hinzu kommt die Problematik einer einseitigen Ausrichtung der Transport- und Handelswege auf die Wirtschaftstruktur der Sowjetunion sowie die Charakteristik der mittelasiatischen Staaten als ‚land locked countries'. Die regionale Dimension von Transformation wird noch deutlicher bei der Analyse der Entwicklungen im Fergana-Tal, einer Teilregion Mittelasiens. Seit 1999 hat diese Region durch den ‚Schock von Batken' (HALBACH 2000: 7) auch internationale Aufmerksamkeit erhalten. Ende 1999 sind uzbekische Rebellengruppen von Tadžikistan kommend in Kyrgyzstan eingefallen. Ort dieser Übergriffe war das südkyrgyzische Batken im Fergana-Tal. Möglich wurde diese Konstellation, die drei Nationen betraf, durch die besondere Lage dieser Region. Das Fergana-Tal bildet eine integrierte Region und das zentrale wirtschaftliche Zentrum Mittelasiens. Hier treffen die drei Nationalstaaten Kyrgyzstan, Tadžikistan und Uzbekistan mit unterschiedlichen territorialen Anteilen aufeinander.

Gleichzeitig ist die Region die bevölkerungsreichste in Mittelasien und ist zudem durch eine sehr heterogenen Bevölkerungsverteilung innerhalb und zwischen diesen Staaten gekennzeichnet. Das Fergana-Tal ist als intramontanes Becken von den jeweiligen Hauptstädten und weiteren Landesteilen durch Gebirgsketten abgetrennt. Diese naturräumliche Isolation hat zum Einen die Integration der Region trotz der heterogenen Bevölkerungsverteilung unterstützt, zum Anderen zu extrem starken regionalen Verflechtungen innerhalb des Fergana-Tals bezüglich ökonomischer wie soziostruktureller Aspekte geführt.

Der Transformationsprozess in seiner Komplexität, dargestellt durch das ‚Dilemma der Gleichzeitigkeit', wirkt sich auf vielfältige Weise in den Staaten aus. Es ist somit naheliegend anzunehmen, dass dieser Prozess auch raumstrukturelle Wirkungen nach sich zieht. In der wissenschaftlichen Diskussion von Transformation finden raumstrukturelle Aspekte bisher nur geringe Beachtung. Die Verschärfung regionaler Disparitäten als mögliche Folge von Transformation macht aber die Bedeutung einer Einbeziehung raumwirksamer Aspekte in die Transformationspolitik deutlich. Die Region Mittelasien zeichnet sich durch ein komplexes Muster sozioökonomischer und politischer Raumstrukturen in einer differenzierten regionalen Dimension aus. Im Kontext der theoretischen Implikation beschäftigt sich diese Arbeit unter anderem mit der Frage: Welche raumstrukturellen Wirkungen hat Transformation? Der regionale Untersuchungsraum ist hier die Transformationsregion Mittelasien unter besonderer Berücksichtigung der Entwicklungen im mittelasiatischen Fergana-Tal.

DIE ARBEIT GLIEDERT SICH IN DREI HAUPTBEREICHE:

A Theorien – Konzepte – Methodik
Der Bereich A dient der theoretischen Fundierung der Arbeit. Der Schwerpunkt liegt auf der Diskussion der Begriffe Raum, Region und Transformation. Die Arbeit verfolgt einen regionalgeographischen Ansatz in Anlehnung an die theoretischen Diskussionen um eine Neue Regionale Geographie im angloamerikanischen wie deutschen geographischen Kontext. Diesem liegt ein offenes Raumkonzept zu Grunde, welches für den Regionenbegriff dieser Arbeit in Teil A diskutiert wird. Der Komplex der wissenschaftlichen Diskussion um Begriff und Inhalte von Transformation bildet den zweiten theoretischen Schwerpunkt. Hier steht neben der Klärung der Aufgaben und Inhalte von Transformation die Frage nach der theoretischen Berücksichtigung raumwirksamer Aspekte in der Transformationsdiskussion im Vordergrund.

Methodische Grundlage der Arbeit bildet die ‚Grounded Theory' der qualitativen Sozialforschung in ihrer Abwandlung für sozialgeographische Analysen. Die Methodik schließt den Teil A der Arbeit ab.

Teil B Die Entwicklung der Raumstrukturen bis 1991
Um die Ausgangsbedingungen des Transformationsprozesses zu verdeutlich, ist eine detaillierte Analyse der Evolution der Raumstrukturen notwendig. Die russische Kolonisation und Sowjetisierung in Mittelasien haben die Region nachhaltig beeinflusst. Demzufolge wird dieser Entwicklungsabschnitt in einem eigenen Kapitel analysiert. Da die Arbeit die Teilregion Fergana-Tal besonders berücksichtigt, werden die Entwicklungen in den drei Staaten Kyrgyzstan, Tadžikistan und Uzbekistan unter Vernachlässigung Turkmenistans diskutiert. Dies gilt auch für die gesamte Arbeit.

Teil C Raumstrukturen und Transformation in Mittelasien
Vor dem Hintergrund der Ausgangsbedingungen und der komplexen regionalen Muster in Mittelasien werden die Folgen des Transformationsprozesses unter besonderer Fokussierung auf raumstrukturelle Wirkungen analysiert. Dabei steht zunächst die Betrachtung der Transformationsregion auf Makro- und Mesoebene im Vordergrund. Vor dem Hintergrund der Ergebnisse dieser Analyse erfolgt die spezifische Betrachtung der Mikroebene, in diesem Fall der Region Fergana-Tal. Hier bildet die Frage nach der möglichen Integration oder Desintegration der Region als Ausdruck raumstruktureller Transformationsfolgen den Schwerpunkt der Analyse.

Im Kontext der bisher kaum erfolgten Einbeziehung raumstruktureller Wirkungen in die Transformationsforschung sowie der wenig erforschten Untersuchungsregion Mittelasien ist der explorative Charakter der Arbeit herauszustellen. Die Besonderheiten der Untersuchungsregion werden in Teil A der Arbeit erläutert.

Fertigstellung des Manuskriptes: Juli 2001

Teil A Theorien – Konzepte – Methodik

2 ANALYSE VON TRANSFORMATIONSRÄUMEN – THEORETISCHE KONZEPTION

„Bei dem Streben nach begrifflicher Erfassung der schier unübersehbaren Masse des Erfahrungsmaterials bedient er (der Wissenschaftler) sich eines Arsenals von Begriffen, die er sozusagen mit der Muttermilch eingesogen hat, und deren ewig problematischen Charakters er sich nicht oder nur selten bewusst wird. Und doch ist es im Interesse der Wissenschaft nötig, dass immer wieder an diesen fundamentalen Begriffen Kritik geübt wird, damit wir nicht unwissentlich von ihnen beherrscht werden."

(ALBERT EINSTEIN 1960: XI)

Dieses Zitat verdeutlicht die Notwendigkeit einer klaren Konzeption der dieser Arbeit zugrunde liegenden Begriffe und Theorien. Der Begriff *Raum* und in diesem Kontext diskutierte Begriffe wie *räumlich*, *regional*, *lokal* etc. sind in einer selten hinterfragten Selbstverständlichkeit aus dem alltäglichen wie dem wissenschaftlichen Sprachgebrauch nicht wegzudenken. Auch der Begriff *Transformation* wird, gerade im innerdeutschen Kontext, wie selbstverständlich für die Prozesse in der ehemaligen DDR bzw. dem ehemaligen ‚Ostblock' gebraucht und gerade im Zusammenhang mit ökonomischen Schwierigkeiten häufig als Schlagwort sowie Begründung angeführt. Für beide Begriffe gilt die bereits von EINSTEIN herausgestellte Kritik, dass ihr Inhalt, ihr Verständnis oder ihr Wahrheitswert selten angezweifelt werden. Die als wissenschaftliche Grundlage notwendige Begriffserklärung erfolgt zuerst für den Begriff Raum als Grundlage für das Verständnis des regionalgeographischen Ansatzes. Daraus leitet sich eine Diskussion der verschiedenen Transformationsinhalte allgemein und bezüglich ihres Raumbezuges und ihrer Bedeutung für eine regionalgeographischen Analyse ab.

2.1 Raumtheorie und Neue Regionale Geographie

Eine abschließende Diskussion aller im Zusammenhang mit *Raum* gebräuchlichen Begriffe und Definitionen kann und soll an dieser Stelle nicht durchgeführt werden. Die folgende Diskussion steht somit im Kontext der empirischen Arbeit und einer klaren Begriffsdefinition als notwendige Grundlage des Forschungskonzeptes.

2.1.1 RAUMKONZEPTE

> „*Geographie ist die Wissenschaft, von der man vor allen anderen Kompetenzen im Umgang mit dem 'Raum' erwartet.*"
> (LÄPPLE 1991: 167)

In Anbetracht dieses Zitates verwundert es vielleicht, dass Kompetenz im Umgang mit dem Begriff Raum in aktuellen Diskussionen innerhalb der Geographie bisweilen in Frage gestellt wird. Nicht so sehr in Bezug auf das Vorhandensein dieser Kompetenz, sondern auf ihre Notwendigkeit[1]. In diese Richtung zielt auch COOKE, wenn er eine „*tendency for geographers to think small, to underestimate the importance of the spatial dimension while protesting its omission by other social scientists*" feststellt (COOKE 1989: 276). Er weist damit auch schon auf die zunehmend gewichtigere Rolle der Raumdiskussion in anderen Disziplinen hin[2]. POHL spricht in diesem Zusammenhang auch von einer „*Wiederentdeckung des Raumes*" (POHL 1993: 260) und MASSEY betont: „*Raum und Ort stehen überall auf dem Programm, alle reden von Standortbestimmung, Ort und Raum*" (MASSEY 1993: 118). Innerhalb der Geographie weist auch WIRTH auf die Bedeutung der Auseinandersetzung mit „*für die Geographie offensichtlich zentralen Begriffe(n) Raum und Region*" (WIRTH 1999: 59) hin, und BOESLER bezeichnet die Geographie als traditionell raumanalytische Wissenschaft (BOESLER 1982: 8). POHL stellt zudem die übergeordnete Bedeutung von Raum heraus: „*es gibt Weltbilder ohne Raum, ohne spezifische Vorstellungen von Raum vielleicht gar nicht*" (POHL 1993: 260). In diese Richtung argumentiert auch SACK: „*Everyone assumes that being in one place rather than another makes differences, so does being near rather than far. This means that geographic space and place effect everyone*" (SACK 1993: 326). Im Gegensatz dazu scheint bei erster Betrachtung WERLENs Auffassung zu stehen, der zwar die Bedeutung regionaler und räumlicher Bedingungen einräumt, es aber für verfehlt hält, daraus abzuleiten, dass zeitgenössische Gesellschaften in räumlichen Kategorien zu erforschen seien (WERLEN 1993). Die Betonung liegt hier auf der scheinbaren Gegensätzlichkeit. Für die Bedeutung, die dem Raum als Forschungsgegenstand zugestanden wird, ist denn folglich auch das Raumverständnis der einzelnen Ansätze grundlegend entscheidend. BOESLER

---

1 Vgl. hierzu z.B. die kritische Diskussion über die Frage „Gibt es eine Geographie ohne Raum?" von WERLEN und POHL in der Zeitschrift Erdkunde 1993.

2 Vgl. hierzu den interdisziplinär angelegten Sammelband FRIEDLAND, BODEN 1994.

betonte bereits 1982: *„Forschungsbereich und Frageansatz hängen allerdings sehr stark von der Auffassung eines zentralen Begriffs ab: des Raumbegriffs“* (BOESLER 1982: 9). WERLEN diskutiert auf der Basis eines Raumes, den es nicht als gegenständliches Forschungsobjekt gibt und dem nur eine Bedeutung als Ordnungsraster zukommt, um problematische Gegebenheiten zu lokalisieren oder zu strukturieren – bevor Erklärungen geleistet werden können (WERLEN 1993, WERLEN 1997b: 229-230[3]). Das **Raumverständnis** ist also grundlegend für die Einordnung von Raum als Untersuchungsgegenstand, begründet erneut die Notwendigkeit einer theoretischen Diskussion von Raumbegriffen und – inhalten und resultiert schließlich in der begrifflichen Definition des der Arbeit zu Grunde liegenden Raumkonzeptes.

Raumkonzepte lassen sich heute nach unterschiedlichen Kriterien klassifizieren und ihre Bedeutung sowie ihre Inhalte haben sich in ihrer historischen Entwicklung stetig verändert und verändern sich weiter (LÄPPLE 1992, WERLEN 1995[4]). Unterschiede treten innerhalb der verschiedenen Disziplinen in ihrem ‚Raumzugang' auf, Raumkonzepte lassen sich aber auch aufgrund ihrer wissenschaftlich-theoretischen Grundlage differenzieren (AKADEMIE FÜR RAUMFORSCHUNG UND LANDESPLANUNG 1995: 733-740, DICTIONARY OF HUMAN GEOGRAPHY 1994: 573-574, SOJA 1999).

In der Physik spielen Raumkonzepte traditionell eine bedeutende Rolle und JAMMER gibt einen guten Überblick über die Entwicklung physikalischer Raumtheorien (JAMMER 1960). Bereits im Vorwort dieses Buches gibt EINSTEIN eine kurze Charakterisierung der zwei sich in den Naturwissenschaften gegenüberstehenden Raumbegriffe wider, welche im weitesten Sinne auch den Theoriediskussionen der Gesellschaftswissenschaften zu Grunde liegen. Er unterscheidet Raum als:

a) Lagerungsqualität der Körperwelt und
b) Raum als Behälter (Container) aller körperlichen Dinge

---

3 WERLEN setzt raumwissenschaftliche Forschung in einen Gegensatz zur Regionalgeographie und begründet dies aufgrund seines Raumverständnisses. Als Alternative formuliert er eine ‚Sozialgeographie alltäglicher Regionalisierungen“ (WERLEN 1995 und 1997). Auf dieses Konzept wird hier nicht eingegangen. Es entspricht in seinen Inhalten aber in Teilen den Ansätzen der noch zu besprechenden *„New Regional Geographie'*, die auch für den hier formulierten Forschungsansatz grundlegend ist.

4 Eine ausführliche Beschreibung auch historischer Raumkonzepte bieten die Kapitel *Zur Ontologie des Raumes* in WERLENS Sozialgeographie alltäglicher Regionalisierung (WERLEN 1995, Bd.1).

Dabei ist im Fall a) Raum ohne körperliche Objekte undenkbar und damit auch ein „leerer" Raum unvorstellbar. Der Raum ist eine Art relationale Ordnung von Objekten. Im Fall b) existiert der Raum als der Körperwelt übergeordnete Realität. Ein „leerer" Raum ist innerhalb dieser Definition folglich denkbar. EINSTEIN betont bei dieser Gegenüberstellung aber auch, dass *„beide Raumbegriffe freie Schöpfungen der menschlichen Phantasie, Mittel ersonnen zum leichteren Verstehen unserer sinnlichen Erlebnisse"* darstellen (EINSTEIN 1960: XIII). Diese Gegenüberstellung bildet die naturwissenschaftliche Basis für die später im Kontext der Gesellschaftswissenschaften erfolgende Differenzierung der Raumkonzepte in ‚Container-Raum' und ‚Relationaler Raum'. Der erwähnten neuen ‚Popularität' von ‚Raum' in geographie-fremden Disziplinen soll hier durch ihre Einbindung Rechnung getragen werden.

So hatten die Sozialwissenschaften nach LÄPPLE zunächst Schwierigkeiten mit *„dem Problem der räumlichen Dimension gesellschaftlicher Prozesse"*; die gesellschaftliche Realität ist zumeist ein raumloses Konstrukt und wird als *„punktförmige Abbildung der sozialen Wirklichkeit"* bezeichnet (LÄPPLE 1992: 159, 163). Ähnliche Probleme traten in den Sozialwissenschaften bezüglich des Begriffes Zeit auf. Während KANT noch Zeit und Raum als zwei Erkenntnisquellen *a priori* bezeichnet, beschreiben FRIEDLAND UND BODEN die lange bestehende „Nichtexistenz" von Raum und Zeit in den Sozialwissenschaften wie folgt: *„Until recently, social theorists tended to view space and time as abstract containers, irrelevant except as sites or settings for the analyses of central social phenomena"* und *„The division of labor was simple: space was assumed to be the domain of geography, and time, or sequences of events, was left to historians, and neither played any focal part in social theory"* (FRIEDLAND, BODEN 1994: 4).

Die Trennung von Raum und Zeit sowie die Auffassung von Raum in den Sozialwissenschaften als ‚statisch' kritisiert auch MASSEY, als eine Vertreterin der Geographie. Sie erklärt, häufig würde Raum in Bezug auf Zeit definiert und *„es entsteht der Eindruck, ‚die Zeit schreite fort', während der Raum nur herumlungert"* (MASSEY 1993: 118). Diesem Gegensatz von Raum und Zeit widersetzt sich ELIAS in seiner wissenssoziologischen Arbeit über die Zeit und betont, dass die positionalen Beziehungen „Zeit" und „Raum" nicht voneinander zu trennen sind: *„Jede Veränderung im ‚Raum' ist eine Veränderung in der ‚Zeit', jede Veränderung in der ‚Zeit' ist eine Veränderung im ‚Raum'"* (ELIAS 1984: 74).

Wie hat sich nun dieses Verständnis historisch entwickelt? Zur Zeit der Kolonisation bildete die Raumordnung die gesellschaftliche Grundordnung (SCHMITT 1954: 41). Im weiteren Verlauf wurde dann das 19. Jahrhundert mit dem Aufleben des ‚Zeitbewusstsein' zum Jahrhundert der Geschichte. Heute *„leben wir in einer Periode der globalen Gleichzeitigkeit"* (LÄPPLE 1992: 163), und eine *„Enträumlichung sozialen Verhaltens"* (KROMREY 1984: 45) wird thematisiert. In diesem Zusammenhang stehen auch die Ausführungen von GIDDENS, welcher die Raumdiskussion innerhalb der Sozialwissenschaften und ihre Auseinandersetzung mit der Geographie als ‚Raum-Wissenschaft' stark beeinflusst hat. Im Zusammenhang mit der Einführung seines Begriffes „Entbettung" spricht er von einer Entleerung des Raumes, die *„zur Entwicklung eines leeren Raumes führt, der sich mit Hilfe der Trennung des Raums vom Ort begreifen lässt"* (GIDDENS 1995: 30). Für GIDDENS ist folglich die Trennung von Raum und Ort die Hauptvoraussetzung für den Prozess der Entbettung, welchen er wie folgt definiert: *„Unter Entbettung verstehe ich das ‚Herausheben' sozialer Beziehungen aus ortsgebundenen Interaktionszusammenhängen und ihre unbegrenzte Raum-Zeit-Spannen übergreifende Umstrukturierung"* (GIDDENS 1995: 33). Die Definition von Entbettung als zentralem Prozess der Moderne[5] gibt Raum eher eine schwindende Bedeutung für gesellschaftliche Prozesse. Im Gegensatz dazu sieht FOUCAULT die aktuelle Epoche als die des Raumes an. So schreibt er: *„Wir sind in der Epoche des Simultanen, wir sind in der Epoche des Nahen und Fernen, des Nebeneinander, des Auseinander. Wir sind, glaube ich, in einem Moment, wo sich die Welt weniger als ein großes sich durch die Zeit entwickelndes Leben erfährt, sondern eher als ein Netz, das seine Punkte verknüpft und sein Gewirr durchkreuzt"* (FOUCAULT 1984: 337). Es zeigt sich somit auch für die Sozialwissenschaften: Die zugrundeliegenden Raumkonzepte spielen eine bedeutende Rolle für die theoretischen Folgerungen.

Im Unterschied zu Diskussionen innerhalb vor allem der deutschsprachigen Geographie um die Bedeutung von Raum, welche teilweise ihren Anwendungsbezug vermissen lassen, haben sich Raumkonzepte innerhalb der Sozialwissenschaften von einer anfänglichen Marginalstelle zu einem

[5] Auf die Diskussion von Moderne und Postmoderne als mögliche Einordnung gesellschaftlicher Prozesse wird hier verzichtet. Stellvertretend für diese Diskussionen in der Geographie vgl. z.B. GREGORY 1989.

eutenden Inhalt gewandelt – womit die von FRIEDLAND UND BODEN ihnte anfängliche klare Arbeitsteilung – Raum der Geographie – nach ıung vieler Sozialwissenschaftler heute nicht so stehen gelassen werden : „*Space and Time are no longer the privileged and hence impoverished erve of geographers and historians, philosophers and physicists. Scholars n impressive number of fields have turned to how humans organize and erstand the spatiotemporal dimensions of their lives, as well as the ways in ch all forms of social organization are shaped by their particular forms of tiality and temporality*" (FRIEDLAND, BODEN 1994: 6).

Gegensatz zu diesen aktuellen Schwerpunktsetzungen in den zialwissenschaften spielt Raum innerhalb der Ökonomie meist nur in Form n ‚Distanz' eine Rolle. LÄPPLE spricht sogar von einer „*Raumblindheit der onomie*" (LÄPPLE 1992: 170). Da in den neoklassischen Gleichwichtstheorien alles auf eine *Ein-Punkt-Welt* zusammengeschoben wird, gibt keine räumlichen Hindernisse – eine Raumdimension wird somit überflüssig. aumprobleme werden auf Raumüberwindungskosten reduziert – ransportkosten werden zur zentralen raumstrukturierenden Variable. Diese gilt uch für im Ansatz ‚räumliche' Arbeiten wie die Theorie von JOHANN HEINRICH 'ON THÜNEN aus der ersten Hälfte des 19. Jahrhunderts. Er geht von einer völlig ıomogenen geometrischen Fläche (*Container-Raum*), mit Transportkosten als einziger differenzierender Variablen aus. Eine alleinige Berücksichtigung von Transportkosten macht für die heutige Realität allerdings wenig Sinn, und auch THÜNEN hat bereits vorausgesehen, dass die Bedeutung von Transportkosten rückläufig sein würde. Eine zweites Beispiel für Ansätze einer Einbeziehung räumlicher Dimensionen in der Ökonomie findet sich in der Standorttheorie von ALFRED WEBER (1909), die im Gegensatz zu THÜNEN auf einem natürlich differenzierten und historisch strukturierten Wirtschaftsraum basiert. Zumeist fehlte aber im 19. und beginnenden 20. Jahrhundert ein Raumbezug in der Ökonomie. Grundlegend ist auch hier wieder das Raumverständnis dieser Zeit. Durch den Nationalstaat wurde ein Wirtschaftraum vorgegeben, in dem sich die nationale Ökonomie entfaltete – entsprechend der Vorstellung des Container-Raumes. Fragen der Raumentwicklung spielen innerhalb der Ökonomie bis heute folglich vor allem im Bereich der Regionalentwicklung eine Rolle. Eine umfassende Theorie zur Erklärung regionaler Wirtschaftsprozesse[6] existiert

6 Einen solchen Versuch stellt AUGUST LÖSCHs Werk „Die räumliche Ordnung der Wirtschaft" dar.

aber bis heute nur in Ansätzen, und eine intensive Beschäftigung mit Raumkonzepten steht in der Ökonomie noch weitgehend aus (LÄPPLE 1992, RITTER 1998, SCHÄTZL 1996).

Innerhalb der Geographie spielte ‚Raum' bereits traditionell eine bedeutende Rolle. In der deutschsprachigen Geographie haben sich in den letzten 30 Jahren unter anderem BARTELS 1968, BOESCH 1989, POHL 1993, RHODE-JÜCHTERN 1998 und WIRTH 1979 mit der Klärung von Raumkonzepten beschäftigt. Auch finden sich in den meisten neuen Lehrbüchern mittlerweile Erklärungsansätze (oder zumindest Klarstellungen) der möglichen oder zugrundeliegenden Raumkonzepte (z.B. LICHTENBERGER 2000, RITTER 1998). So kategorisiert RITTER die Raumvorstellungen der Geographie in geosphärischen Raum, territoriale Raumkonzepte und kommunikative Räume – ohne dies als abschließende Einteilung zu betrachten (RITTER 1998). POHL gibt eine differenzierte Liste möglicher Raumbegriffe: *„Raum als Ausschnitt aus der Erdoberfläche, Raum als Land oder Landschaft, in der man den objektiven Geist verstehen kann, da ist der Raum als isotrope Ebene, auf der es Standortmuster und Interaktionsbeziehungen gibt, die mathematisch-geometrisch beschreibbar sind, da ist der phänomenologische Raum, in den hinein sich das subjektive Bewusstsein erstreckt, da ist der Raum im kantischen Sinne als Verortungsfläche, d.h. als Ordnungsraster der wahrgenommenen Phänomene*" (POHL 1993: 260). Für den geographischen Raumbegriff stellt POHL zudem heraus, dass dieser immer schon ein inhaltliches Moment enthalten habe. Der teils geäußerten Vermutung, dass räumliche Probleme im Zeitalter der Globalisierung an Bedeutung verlieren, stimmt er nicht zu. Er begründet dies u.a. durch die mit Globalisierung einhergehende steigende Tendenz zu einer Regionalisierung[7] (POHL 1993).

Begonnen hat die Entwicklung der Raumkonzepte in der Geographie mit dem Landschaftsraum oder dem Raum als natürliche Umwelt des Menschen im 19. Jahrhundert (C. RITTER, F. RATZEL). Der Raum war dabei, in Anlehnung an das euklidische Raumkonzept aus der Physik, ein Teil der Erdoberfläche, der materiell definiert wurde. Dabei wurde das Verhältnis des Menschen zum „natürlichen" Raum meist als Abhängigkeitsverhältnis definiert (RATZEL) und als Geodeterminismus bezeichnet. Der Geodeterminismus wurde allerdings

[7] Vgl. hierzu die noch folgenden Ausführungen zu Neuer Regionaler Geographie.

v schnell wieder (um die Jahrhundertwende 19./20. Jh.) in Frage gestellt. lensch wurde demzufolge als seine Umwelt prägend und nicht die Umwelt Gesellschaft prägend definiert. Diese Ansätzen basierten aber weiterhin er materiellen Raumdefinition. Als Teilaspekte entwickelten sich z.B. ɪum als Wirkungsgefüge natürlicher und anthropogener Faktoren' ıaftsökologischer Ansatz), der Raum als Prozessfeld menschlicher iten', sowie ‚die Landschaft als ‚Registrierplatte' sozialer Prozesse' rfunktionaler bzw. sozialgeographischer Ansatz). Diese Aspekte stellen eine Weiterentwicklung des Raumbegriffes von der rein materiellen ge dar. So arbeitete z.B. BARTELS mit seinem *„Versuch einer :haftstheoretischen Grundlegung einer Geographie des Menschen"* in diese Richtung (BARTELS 1968)[8]. BARTELS definierte seine ffassung mit dem Begriff chorisch. Hier wird der Raum als analytisches :- oder Ordnungsschema zur Beschreibung von Lageeigenschaften bzw. en der Beobachtungsgegenstände diskutiert. 1978 beschreibt BARTELS ɪumauffassung als die *„Erfassung und Erklärung erdoberflächlicher ɪngs- und Verknüpfungsmuster im Bereich menschlicher Handlungen ɜr Motivationskreise"* (BARTELS 1978: 33). Diese Beschreibung t einem **relationalen Raumkonzept**, in dem Raum durch das : Ordnungsgefüge des Rauminhaltes definiert wird. Zentrale Aspekte ːr Lagebeziehungen, Standorte und Distanzen. Innerhalb der ɪgraphie finden sich weitergehende Konzepte, welche sich veise auf handlungstheoretische Grundlagen stützen. Auf diese wird hier nicht näher eingegangen, da sie zu weiten Teilen auf einem ɜn Raumverständnis basieren[9], welches sich von dem dieser Arbeit ldet (AKADEMIE FÜR RAUMFORSCHUNG UND LANDESPLANUNG 1995: ᒪÄPPLE 1992, BARTELS 1968, WERLEN 1997b).

schiedlichen Raumkonzepte innerhalb der Geographie, aber auch ɪisziplinen – von denen hier nur einige exemplarisch vorgestellt ɔnnten – machen deutlich, dass sich diese Konzepte zwar nicht zuordnen, aber doch an die physikalischen Raumbegriffe anlehnen

---

ɅAnsätze bildeten auch die Basis der *spatial analysis* in der angloamerikanischen ie.

führt z.B. aus: *„Jeder Raumbegriff kann somit immer nur ein Ordnungsraster* (WERLEN 1997b: 230). Diese Formulierung entspricht der Begrifflichkeit des ːn Raumes.

lassen. Die bisher diskutierten Raumdefinition im Kontext des Raumverständnisses lassen sich somit wie folgt kategorisieren und zusammenfassen:

Container – Raum

Container- oder Behälter-Raum meint, dass Raum und Rauminhalt „definitorisch" entkoppelt sind. Die Vorstellung eines ‚leeren' Raumes ist möglich. Die Raumauffassung in der Ökonomie geht z.B. von einem erweiterten Container-Raum aus, in dem Wirtschaft stattfindet, für die Raumdimension aber wenig relevant ist. Im Gegensatz dazu steht der Relationale Raum.

Relationaler Raum

Der relationale Raum wird durch das räumliche Ordnungsgefüge des Rauminhaltes definiert. Als ein Beispiel für ein relationales Raumkonzept gilt z.B. die chorische Raumauffassung von BARTELS (1978).

Die verschiedenen Aspekte dieser Raumkonzepte müssen im Kontext der aktuellen Raumdiskussionen nun aber nicht zwangsläufig konträr zueinander stehen. So merkt POHL an, dass es keinen Widerspruch zwischen dem traditionellen, physischen Raum und einem Raum als Konzept sozialer Kommunikation geben muss, wenn man den Raum als Restriktion und Ressource komplizierter werdender gesellschaftlicher Strukturierungsprozesse ansieht (POHL 1993). Somit stellt sich die Frage nach erweiterten Raumkonzepten als Basis für die Analyse gesellschaftlicher Prozesse, wie sie im empirischen Teil der Arbeit erfolgen.

ERWEITERTE RAUMKONZEPTE:

> *„In other words the search was not for 'the eternal truth of how we should define places' but for a way of thinking which would allow us to address questions which at the same time seemed pressing"*
> (MASSEY 1998: 55)

Die Problematik der bisher vorgestellten Raumkonzepte wird deutlich, betrachtet man z.B. den ökonomischen oder sozialen Raum im Sinne eines relationalen Ordnungsraumes, so wie LÄPPLE das in seiner Kritik an den bestehenden Raumkonzepten beschreibt. Folglich würde der Raum *„sich zunächst auch nur als das Beziehungsgefüge der Lagen oder Standorte körperlicher Objekte (Dinge und Menschen in ihrer körperlichen Leiblichkeit)* *darstellen. Seine soziale oder ökonomische Dimension bliebe dabei aber noch unbestimmt*". Er fordert „*die materielle Struktur des Raumes als materielles Substrat ökonomisch-sozialer Funktionszusammenhänge zu erklären*" (LÄPPLE 1992: 193). Zu diesem Zweck entwickelte er das Konzept des Matrix-Raumes, welches im Weiteren noch erläutert wird. Räume besitzen zudem ein Image: „*Mit dem Raum werden Wertvorstellungen verbunden, so daß derselbe Raum unterschiedlich bewertet werden kann. Mit der realen Struktur eines Raumes sind immer ihre Nutzung und ihre bewerteten Eigenschaften verknüpft*" (BOESLER 1982: 13). Hier wird auch deutlich, was MASSEY in ihrem Zitat formuliert. Nicht die Frage nach dem Allgemeingültigen und ‚endlich wahren' Raumkonzept steht im Mittelpunkt oder ist zu beantworten, sondern der Kontext, in dem ein Raumkonzept erstellt wird, seine begriffliche (Er-) Klärung sowie die im speziellen Fall wirksamen Kräfte und Zusammenhänge müssen in die Überlegung einbezogen werden.

Die Diskussionen über *Space, Place and Locality* in der angloamerikanischen Geographie versuchen zum Teil diese Aspekte in ihre Raumkonzepte einzubeziehen. Die beginnende Integration räumlicher Beziehungen in die Raumanalyse, anstelle einer reinen Betrachtung räumlicher Ordnungen oder Anordnungen, ist in der angloamerikanischen geographischen Literatur mit dem Wort *Spatial Analysis* verknüpft. Eine Weiterentwicklung dieses Ansatzes erfolgte schon 1973 durch HARVEY[10], welcher das menschliche Handeln in den Mittelpunkt einer Raumanalyse stellte: „*In other words, there are no philosophical answers to philosophical questions that arise over the nature of space – the answers lie in human practice. The question 'what is space?' is therefor replaced by the question how is it that different human practices create and make use of distinctive conceptualizations of space?*" (HARVEY 1973: 13-14). HARVEY verfolgt damit eine Erweiterung des relationalen Raumkonzeptes. Er betont, dass Objekte im Raum nur existieren, wenn sie Beziehungen zu anderen Objekten enthalten und repräsentieren. Kritisch merkte dazu neben SCHATZKI auch schon SOJA an, dass Raum als sozial produzierter Raum die Möglichkeit zur materialistischen Interpretation von Räumlichkeit bietet, dass aber genau wie die Gesellschaft selber, Raum in beiden substantiellen Formen existiert. Das bedeutet, dass Raum als ‚konkreter' oder ‚objektiver' sowie als

[10] Da hier nur einige wenige Diskutanten der angloamerikanischen Raumdiskussion genannt werden, sei weiterführend auf die Ausführungen bei GREGORY 1993, LEFEBVRE 1991, MASSEY, ALLEN, SARRE 1999, SACK 1980 und SCHATZKI 1991 verwiesen.

'sozialer' Raum und als ein Beziehungsgefüge zwischen Individuen und Gruppen existiert. Wichtig ist hier vor allem die Differenzierung zwischen sozial produziertem Raum und dem physischen Raum sowie dem kognitiven Raum. Diese Differenzierung erklärt nun aber keine Ausschließung, denn alle diese Raumkonzepte werden gemeinsam in die soziale Konstruktion von Raum einbezogen.[11]

Neben diesen Diskussionen um Raumdefinitionen finden aber in der angloamerikanischen Geographie vor allem anwendungsbezogene Diskussionen um Raum und Räumlichkeit statt. Raum oder Ort werden z.B. als soziale und kulturelle Kategorie betrachtet und sind damit auch für die Diskussion um Moderne und Postmoderne von Interesse (BERG 1993, DEAR 1994, ENTRIKIN 1989). Die Beziehungen von „*class, race and gender which are inscribed in (and in part constituted through) its places, regions and landscapes*" (DICTIONARY HUMAN GEOGRAPHY 1994: 574) spielen in den jeweiligen erweiterten Raumkonzepten auf der Grundlage relationaler Räume eine bedeutende Rolle in der angloamerikanischen geographischen Forschung. Nicht die Frage, ob es Raum gibt und wie genau er sich 'abgrenzen' lässt bzw. ob dies notwendig ist, ist entscheidend, sondern die Frage nach der Bedeutung von Raum und Räumlichkeit für den jeweiligen empirischen Untersuchungsgegenstand. Ein Beispiel für diese angewandte Raumanalyse stellen die Forschungen von DOREEN MASSEY zum Thema *Space, Place and Gender* dar. MASSEY betont, dass es notwendig ist, sich von der Vorstellung der Gesellschaft als einer Art dreidimensionaler Körper, der sich durch die Zeit bewegt, zu verabschieden. Raum kann nicht als statisch und Zeit nicht als raumlos betrachtet werden. Raum wird im Sinne gegenseitiger Beziehungen verstanden, als „*Koexistenz sozialer Beziehungen, die nicht anders als dynamisch begriffen werden*" können (MASSEY 1993: 120). In diesem Zusammenhang steht auch ihre Genderforschung: Raum und die Art und Weise, wie Raum wahrgenommen wird, ist geschlechtsspezifisch bestimmt, und Genderfragen müssen dies berücksichtigen. Raum spielt zudem eine wichtige Rolle bei der Frage nach der Konstruktion von Identitäten. Hier unterscheidet MASSEY die „*Identität von Raum oder Räumen*" und die „*Räumlichkeit von Identitäten*" (MASSEY 1998). Die Bedeutung dieser Identitätskonstruktion im Kontext von Räumen zeigt sich in der Diskussion der Entwicklung „räumlicher

---

[11] Bei SCHATZKI ist diese Differenzierung zwischen 'objektivem Raum' und 'sozialem Raum' weiter ausgeführt (SCHATZKI 1991).

Identitäten" in Mittelasien vor allem in Kontext der stalinistischen Delimitationspolitik und der daraus folgenden Begründung von Nationen (s. Kap. 5) sowie bezüglich der aktuellen raumstrukturellen Entwicklungen im Fergana-Tal (s. Kap. 7).
Diese Beispiele machen in der empirischen Analyse (Teil C) die Notwendigkeit deutlich, Raumkonzepte anwendungsbezogen zu gestalten. Raum selbst wird damit *„open, porous, hybrid...a global sense of space"* (MASSEY 1998: 59). Diese Form des Raumverständnisses verschließt sich verallgemeinernden Modellbildungen (ähnlich wie es sich für den Begriff Transformation erweisen wird, Kap. 2.2), ermöglicht damit aber ein erweitertes Arbeiten mit Raum und Räumlichkeit im Kontext empirischer Analysen.

Ein Beispiel eines erweiterten Raumkonzeptes ist der ‚Matrix'-Raum nach LÄPPLE. Auch wenn er sich bei seinem Konzept eines Matrix-Raumes als Ausgangspunkt einer Theorie gesellschaftlicher Räume nicht auf die oben angesprochenen Diskussionen beruft, sind Parallelen zu einem Raumverständnis, wie es in der neueren angloamerikanischen Geographie formuliert wird, nicht zu verkennen. Er kategorisiert Raum in ähnlicher Weise nach dem Konzept Behälter-Raum - Relationaler Raum. Nach LÄPPLE bedarf es aber eines erweiterten Raumkonzeptes, *„um gesellschaftliche Räume aus ihrem ‚qualitativen', d.h. ihrem gesellschaftlichen Funktions- und Entwicklungszusammenhang heraus erklären zu können. Der Raum ist dabei weder neutrales ‚Gefäß' noch passive ‚Resultante' körperlicher Objekte, sondern ein derartiges Konzept muß auch die gesellschaftlichen ‚Kräfte' einbeziehen, die das materiell-physische Substrat dieses Raumes und damit auch die Raumstrukturen ‚formen' und ‚gestalten'"* (LÄPPLE 1991: 195). Dieses Raumkonzept entwickelt den relationalen Raum weiter (vgl. HARVEY 1973) und es bestehen vielfältige Bezüge zu MASSEY. Dabei bezeichnet LÄPPLE den Matrix-Raum als Wirkungsgröße, welche Form und Gestalt gibt, und die Raumstruktur[12] als die Manifestation dieser Wirkungsgröße. Der Raum wird somit charakterisiert durch

- die gesellschaftlichen Verhältnisse in ihrer materiellen Erscheinungsform SOWIE

[12] Raumstruktur steht hier im Kontext der diskutierten erweiterten Raumdefinitionen. Damit unterscheidet sich Raumstruktur in dieser Definition signifikant von Diskussion zu diesem Begriff z.B. bei HARD 1989.

- durch die Interaktions- und Handlungsstrukturen der sozialen Akteure (LÄPPLE betont, dass die gesellschaftliche Praxis durch spezifische lokale Klassen- und Machtverhältnisse strukturiert und vielfach durch lokale Traditionen und Identitäten geprägt sein wird, s. Kap. 4, 5),
- ein institutionalisiertes und normatives Regulationssystem,
- ein räumliches Zeichen-, Symbol- und Repräsentationssystem.

Diese Komponenten stehen im Matrix-Raum in Beziehung zueinander. Der Charakter des Matrix-Raumes entsteht durch die gesellschaftliche Praxis des Menschen (ähnlich wie HARVEY dies betont) und er kann (wie bei MASSEY) als sich selbst gestaltender sowie als strukturierender Raum verstanden werden (LÄPPLE 1991). Raum wird somit für diese Arbeit in Anlehnung an die diskutierten Raumkonzeptionen als Wirkungsgröße definiert, Raumstrukturen als ihre Ausprägung im Kontext der gesellschaftlichen Praxis. Die Untersuchung raumstruktureller Wirkungen von Transformation steht in diesem theoretischen Kontext.

2.1.2 NEUE REGIONALE GEOGRAPHIE

> *"Many geographers of diverse intellectual and ideological persuasions are talking about place and the need for a revitalized regional geography".*
> (JOHN A. AGNEW 1989: 9)

Die Diskussion um Raumkonzepte beinhaltet ebenfalls die Auseinandersetzung mit dem Begriff Region – die beiden Begriffe stehen in kontextuellem Zusammenhang. Ebenso wie Diskussionen um die Frage einer Geographie ohne Raum, wurde in jüngerer Zeit die Frage der Berechtigung regionalgeographischer Untersuchungsansätze aufgeworfen. Diese soll im Folgenden diskutiert werden.

Dass die Betrachtung von Regionen im Zeitalter der Globalisierung nicht obsolet geworden ist, zeigen nicht nur politische Marketingstrategien, wie z.B. der Begriff ‚Europa der Regionen'. Regionen werden zum Gegenstand für die Außenwirkung (für potentielle Investoren und / oder Zuwanderer) und aber auch nach Innen als Mittel zur Identitätsbildung der regionalen Bevölkerung genutzt. Nach DANIELZYK und OßENBRÜGGE gilt dies vermehrt im Bereich von Wirtschaftsstrukturpolitik. Regionale Differenzen in Kultur und Mentalität werden somit beispielsweise für Unterschiede in der Wirtschaftsentwicklung verantwortlich gemacht[13]. DANIELZYK und OßENBRÜGGE kritisieren in diesem Kontext jedoch auch den Mangel an Regionalstudien, die sich mit der Erörterung des Zusammenhanges zwischen wirtschaftlichem Wandel sowie kulturellen und politischen Veränderungen beschäftigen. (DANIELZYK, OßENBRÜGGE 1993: 210-211, THRIFT 1998). Als Folge der Debatte um den Begriff ‚Region' wurden (in Anlehnung an die Entwicklung der Raumkonzepte) zudem die Inhalte der Regionalen Geographie als Teilbereich der Humangeographie in Frage gestellt, insbesondere in ihrer Form als ‚klassische Länderkunde'[14]. Ein Ergebnis der Debatte um Regionen und Regionale Geographie ist die Entwicklung einer ‚Neuen Regionalen Geographie', deren Inhalte vor allem in der angloamerikanischen Geographie (als „*New Regional Geography*") bereits seit einiger Zeit diskutiert werden. Allerdings gibt es keine Einigkeit über die im Detail unterschiedlichen Ansätze[15]. BRADSHAW bemerkt dazu: „*there is not a new regional geography but many new regional geographies*" (BRADSHAW 1990: 316). Eine Gemeinsamkeit der unterschiedlichen Ansätze ist aber z.B. die Analyse regionaler Differenzierungsprozesse – wenn auch aus unterschiedlichen Blickwinkeln. Es geht also nicht um eine Regionale Geographie, welche sich ausschließlich mit naturräumlich, territorial oder politisch abgegrenzten Regionen beschäftigt, die unabhängig vom sozialen Gefüge als statisch angesehen werden können. Vielmehr geht es darum, die Zusammenhänge zwischen ökonomischer und politischer Machtausübung mit ihren historischen Wurzeln, gefestigt durch soziales Handeln, in ihrer räumlichen Dimension zu analysieren. Regionale Geographie soll zum Einen ein besseres Verständnis für eine Region und ihre Besonderheiten wecken, zum Anderen aber auch die theoretischen Ansätze eines der Regionalen Geographie zu Grunde liegenden Raum- und Regionsverständnisses integrieren. (AGNEW 1998, BRADSHAW 1990).

Die Definition des Begriffes Region unterliegt dabei ähnlichen Prämissen wie die Raumdefinition, und die unterschiedlichen Abgrenzungskriterien für Regionen sagen nach AGNEW oft mehr über die politisch-soziale Position des

[13] Eine im gesamten Kontext dieser Arbeit interessante Studie ist die von KURAN zur Frage eines möglichen kausalen Zusammenhanges zwischen Islam und wirtschaftlicher Unterentwicklung (KURAN 1997).

[14] Vgl. Wirth 1999.

[15] Einen guten Überblick über die Diskussion und ihre unterschiedlichen Ansätze im deutschen wie im angloamerikanischen Raum gibt WERLEN 1997a Bd.2.

Abgrenzers als über die Regionen aus. So bezeichnet das Handwörterbuch der Raumordung Region wie folgt: „*ein durch bestimmte Merkmale gekennzeichneten, zusammenhängenden Teilraum mittlerer Größenordnung in einem Gesamtraum*“ (AKADEMIE FÜR RAUMFORSCHUNG UND LANDESPLANUNG 1995: 805). Es betont aber gleichzeitig, dass die Abgrenzung von Regionen „*je nach den zugrundegelegten Sachverhalten oder Vorgängen unterschiedlich*“ erfolgt (AKADEMIE FÜR RAUMFORSCHUNG UND LANDESPLANUNG 1995: 806). Auch WERLEN stellt heraus, dass ein bestimmtes Erkenntnisinteresse grundlegend für die Festlegung von Regionen ist (WERLEN 1997a, BD.2). Diese Festlegung von Regionen ist häufig ein komplexer Prozess – so z.B. bezüglich der historischen Entwicklung. AGNEW beschreibt das Dilemma als „*turning time into space*“. Regionen wurden zum Beispiel bei der Abgrenzung der ‚Dritten Welt' in Bezug zu ihrem wirtschaftlichen Fortschritt ‚verortet', entweder als primitiv und entwickelt oder als ‚zurückgeblieben' und modern. Damit ist der typische dynamische Charakter der Zeit verloren gegangen und der so abgegrenzte Raum/die Region wurde zu einem Container bestimmter Charakteristika (AGNEW 1998: 32-33).

Region wird heute in Anlehnung an die Entwicklung neuer Raumdefinitionen als nicht mehr lediglich intern konstituiert betrachtet, sondern externe und regionsübergreifende Prozesse werden in die Regionenbetrachtung einbezogen. Zudem wird die Prozesshaftigkeit von Regionen herausgestellt und Region wird heute als historisch-dynamisches Phänomen gesehen. Im Kontext wirtschaftlicher Regionalentwicklung definiert SCHOEBERGER: „*regions are historical products of a complex interplay of forces internal and external to the regions themselves that create the conditions for further rounds of profitable investment or, alternatively create barriers to continued growth*“ (SCHOENBERGER 1989: 133). Regionen reflektieren Unterschiede in der Welt genauso wie die Ideen über Unterschiede – es ist nicht möglich, diese nur auf einen der Aspekte zu reduzieren[16]. Diese Aspekte lassen sich besonders gut im Kontext der mittelasiatischen Regionalentwicklung belegen, wie die Diskussion in Teil C der Arbeit zeigen wird. Deutlich wird aber auch die Notwendigkeit der Analyse der historischen Entwicklung der Region bei Betrachtung dieser als dynamischem Phänomen, welche in Teil B erfolgt.

---

[16] Vgl. zur Diskussion um den Begriff Region und eine auf diesem neuen Regionenverständnis beruhende Arbeit ALLEN, MASSEY UND COCHRANE 1998.

Ansätze einer Neuen Regionalen Geographie versuchen die Vielschichtigkeit von Regionen in die Regionalforschung einzubeziehen. Als grundlegend für die Konzeption von Region und regionaler Geographie in dieser Arbeit steht dabei auch der Ansatz einer „*New Regional Geography*" von THRIFT[17]. Er betrachtet Region als einen ständiger Veränderung unterliegenden Prozess: „*to see the region as a site of many intersecting processes operating at many different scales, rather than as a coherent and self-contained whole*" (THRIFT 1998: 40). Die folgende Tabelle gibt einen Überblick über die Inhalte der von THRIFT auch als "*New, new regional geography*" bezeichneten Forschung.

Tabelle 2.1: New, new regional geography

1. Substantieller Inhalt	- Ethnizität / Nationalität - Gender / Sexualität - Subjektivität / Identität
2. Methoden	- hauptsächlich qualitative Methoden (z.B. Ethnographie, Focus-Gruppen, Lebensgeschichten) - reflexiv
3. Theoretischer Diskurs	- theoretische Basis - basierend auf einer Reihe von theoretischen Traditionen aber insbesondere auf relationalem Materialismus
4. Politik	- nimmt politisch Stellung - Hauptaugenmerk auf marginalisierte Gruppen
5. Raum	-Relationaler Materialismus, Verbundenheit, Hybridität und Praxis

Quelle: THRIFT 1998: 44, übersetzt, z.T. verändert

[17] Innerhalb der deutschen geographischen Forschung werden z.B. die bereits erwähnten handlungstheoretischen Ansätze einer Regionalforschung vor allem von POHL und WERLEN vertreten und stehen im Gegensatz zu den, von WIRTH als „pragmatische" Ansätze definierten Forschungen. Diese handlungstheoretischen Ansätze gehen ebenfalls von einem erweiterten Regionenbegriff aus (vgl. POHL 1989, WERLEN 1997b, WIRTH 1998).

Hier wird auch deutlich, dass sich die Inhalte einer Neuen Regionalen Geographie von den Ansätzen einer klassischen wirtschaftsgeographischen Vorgehensweise signifikant unterscheiden. Damit verlagert sich das Gewicht von quantifizierbaren Indikatoren zu durch qualitative Methodik erfassbaren Aspekten wie Ethnizität oder Gender. Vor allem die Bedeutung politischer Analysen in diesem Kontext soll herausgestellt werden, da sich dieser Ansatz in diesem Zusammenhang auch für die regionalgeographische Analyse politischer Konflikte in ihrer Raumdimension eignet. Dies ist für die Analyse der politischen Entwicklungen und ihrer Folgen in Mittelasien auch im Kontext der Diskussion um Ethnizität sowie Identität von Bedeutung (Teil C). Für diese Arbeit sind von den Elementen THRIFT's Neuer Regionaler Geographie (die für den westlichen Kultur- und Wirtschaftsraum angelegt ist) somit neben dem politischen Aspekt inhaltlich vor allem die Aspekte Ethnizität und Identität, methodisch qualitative Forschung und vor allem Reflexivität[18] von Bedeutung. Die empirische Untersuchung konzentriert sich immer wieder auf diese Schwerpunkte bei der Analyse raumstruktureller Wirkungen von Transformation. Das zugrundeliegende Raumkonzept bildet dabei die Basis für Regionendefinition. Diese Konzepte und ihre Diskussion basieren größtenteils auf westliche Kulturen bzw. fokussieren empirisch auf westliche gesellschaftliche Entwicklungen Ein Exkurs zum Forschungsgebiet dieser Arbeit wird somit bereits an dieser Stelle notwendig.

EXKURS: POSTSOWJETISCHE (POSTKOLONIALE) TRANSFORMATIONSREGION

Auch wenn die Eingliederung des Gebietes Mittelasien als Untersuchungsgegenstand ausführlich erst im weiteren Verlauf erfolgt, muss, zum Verständnis der folgenden Ausführungen zur Transformation, auf die Besonderheit dieser Region in Hinsicht auf Fremdeinflüsse hingewiesen werden. Mittelasien ist nicht nur eine Transformationsregion, sondern als Folge der historisch-dynamischen Entwicklung auch als postkolonial bzw. spezifischer postsowjetisch zu definieren. Die Problematik der ‚Postkolonialität' bzw. des ‚Postsozialismus' für die Entwicklung der Region im Kontext des Transformationsprozesses wird im empirischen Teil der Arbeit analysiert. Auf einige signifikante Aspekte soll aber bereits an dieser Stelle hingewiesen werden. Die bisher

[18] Vgl. hierzu ausführlich Kapitel 3.

diskutierten Ansätze einer Neuen Regionalen Geographie beziehen sich fast ausschließlich auf den westlichen Kulturraum, was u.a. BRADSHAW kritisiert: „*That space makes a difference is not unique to western capitalism. It is therefore disappointing that calls for a new regional geography have been limited to the study of restructuring and regional change under western capitalism*" (BRADSHAW 1990: 317). Das Konzept der Neuen Regionalen Geographie muss somit notwendigerweise angepasst werden, so dass regionaler Wandel im Kontext unterschiedlicher politischer, ökonomischer und sozialer Systeme analysiert werden kann. Die Besonderheiten empirischer Forschungen im postsowjetischen Raum sind nur zum Teil identisch mit denen, die auch für Auslandsforschung in anderen Regionen gelten[19]. Bezüglich der Regionalentwicklung und der Bedeutung von Regionen, sowie regionaler Spezifika und Unterschiede, existieren hier bedingt durch das sowjetische System des Sozialismus signifikante Unterschiede im Vergleich zu Marktökonomien. Regionalplanung war einer der bedeutendsten Faktoren der sowjetischen Entwicklungspläne. Gleichzeitig hat die extreme Zentralität der Planwirtschaft die geographischen Rahmenbedingungen der einzelnen Regionen bei der Durchsetzung zentral geplanter Ziele häufig ignoriert, was in der Folge zum Teil zu einer Verstärkung regionaler Disparitäten führte. Der Staat verfügte über die Kontrolle der räumlichen Verteilung von Menschen und Ressourcen, er bestimmte „*who gets what and where*" (SMITH 1989: 323). Die ökonomischen Standortentscheidungen priorisierten ungleiche Entwicklung aus strategischen oder Effizienzgründen auf Kosten eines regionalen Ausgleichs von Disparitäten. Das führte in der Folge zu einer Entwicklung von Disparitäten auf Grund staatlicher Planung welche im Gegensatz zu der Entwicklung von Disparitäten durch den freien Markt stehen. Diese Disparitäten hatten weitreichende Folgen: Die Zentralisierung der Dienstleistungseinrichtungen an den industriellen Produktionsstandorten sorgte für einen sehr differenzierten Zugang zu diesen. Die administrativen Maßnahmen der Regierung zur Mobilitätsbeschränkung der Bevölkerung ließen zudem eine territoriale Hierarchie von Orten entstehen. Die notwendigen Genehmigungen zum Aufenthalt in bestimmten Städten resultierten in der Entwicklung sogenannter ‚geschlossener Städte'.

---

[19] Vgl. zu den Rahmenbedingungen der empirischen Forschung ausführlich Kapitel 3.

Diese Besonderheiten und das hier zugrundeliegende Verständnis von Regionalentwicklung, machen einen erweiterten Raumbegriff, wie er für die vorliegende Arbeit und den regionalgeographischen Ansatz definiert wurde, als Grundlage der theoretischen Konzeption notwendig. Dies gilt umso mehr bei der Betrachtung regionaler Disparitäten. „*When considering inequalities in Soviet policy, space should not be viewed in a narrow spatial sense but in a social sense too – for one cannot be separated from another*" (SMITH 1989: 338) (BRADSHAW 1990, SMITH 1989, YAMAMOTO 1991).
Mittelasien ist zudem durch seinen postkolonialen Status geprägt, was die Region wiederum von anderen postsozialistischen Regionen unterscheidet. Die Verwandlung eines unbekannten, fremden Platzes durch westliche Einflüsse, wie SAID sie für den Orient beschreibt, gilt in gewisser Form auch für Mittelasien. Die vormals in der „alten Welt" eher unbekannte Region wird durch die imperialistischen Bestrebungen Englands und Russlands zum strategischen Interessengebiet und durch die Machübernahme Russlands in eine *Kolonie* verwandelt. Die Kolonialmacht Russland und vor allem die spätere sozialistische sowjetische Staatsführung haben die Entwicklung Mittelasiens insbesondere im Kontext der Komplexe Nationenbildung und Identitäten entscheidend beeinflusst[20] und damit grundlegend in die politische Entwicklung eingegriffen. Trotz der Tatsache, dass es sich seit der Eroberung durch Russland bei den mittelasiatischen Staaten um de facto Kolonien handelte, wird der seit 1991 stattfindende Prozess der Nationenwerdung nur selten als ‚Dekolonisation' betrachtet und entsprechend analysiert. Während der sozialistischen Zeit in der Sowjetunion hat sich also die Außenwahrnehmung dieses Gebiets entscheidend verändert. Auch die Innenwahrnehmung, sei es innerhalb des Gebildes Sowjetunion oder innerhalb der gegründeten Sowjetrepubliken, muss in diesem Kontext analysiert werden. Diese Wahrnehmung verdeutlicht erneut die Bedeutung der Identität bzw. des ‚Images' von Raum, die auch SAID herausstellt: „*so space acquires emotional and even rational sense by a kind of poetic process*" (SAID 1979: 55).

[20] Vgl. Kapitel 4 und 5 u. die erfolgte Diskussion um Inhalte der New Regional Geography.

Hinzu kommt die untrennbare Verknüpfung der Identität der Kolonie mit jener der Kolonialmacht, wie sie BHABA für die postkoloniale Diskussion diskutiert. Diese belegt die Notwendigkeit einer Darstellung der Zeitdimension und damit der Entwicklung vor der Unabhängigkeit der ehemaligen Kolonien zum Verständnis der heutigen Situation wie sie in Teil B erfolgt. Auch die ‚nachkolonialen' und ‚neokolonialen' Beziehungen in ihrer Entstehung und Bedeutung für die neue nationale Unabhängigkeit sind einzubeziehen und unterscheiden sich für postkoloniale Staaten. „*Postcoloniality, for its part, is a salutary reminder of the persistent 'neo-colonial' relations within the 'new' world order and the multi national division of labour*" (BHABA 1994: 6). Für die mittelasiatischen Staaten gilt hier im Prinzip das, was auch für andere z.B. afrikanische oder südamerikanische ehemalige Kolonien gilt: Viele wirtschaftliche Abhängigkeiten und Strukturen bleiben im Prinzip bestehen – auch wenn sich zum Teil die Partner ändern (BHABA 1994: 1-8, 171, SAID 1979: 1-4, 211, STRANG 1996).

Für postkoloniale Regionen bietet die ‚Neue Regionale Geographie' bisher wenig an theoretischer Konzeption, obwohl sich der Ansatz auch hier anbietet, da geradc dic von THRIFT herausgestellten Aspekte von Nationalität und Identität für postkoloniale Regionen höchst relevant sind. Deutlich wird, dass die Besonderheiten der kolonialen und sozialistischen Vergangenheit Mittelasiens in die Analyse einfließen müssen und auch die theoretische Konzeption von Regionaler Geographie dementsprechend erweitert werden muss. Die Analyse auch der vorsowjetischen Raumstrukturen und ihrer Entwicklung in Kapitel 4 ist somit grundlegend für das Verständnis der Regionalentwicklung Mittelasiens im Kontext von Nationalität und Identität.

Im Anschluss an die theoretische Diskussion des Begriffskomplexes Raum und Region sowie der Klärung und Erweiterung des regionalgeographischen Ansatzes steht im folgenden der Komplex Transformation im Mittelpunkt. Die inhaltliche Analyse des Begriffes Transformation und der in diesem Kontext zu diskutierenden Theorien und Politiken ermöglichen in der Folge die empirische Analyse der raumstrukturellen Wirkung dieses Prozesses auf der Basis des diskutierten regionalgeographischen Ansatzes.

2.2 Vom Plan zum Markt - Theorien zur Systemtransformation

Der Prozess der Systemtransformation in den postsozialistischen Staaten ist ohne historische Präzedenz. Die Tatsache, dass weder Erfahrungswerte noch ausreichende wissenschaftliche Fundamente existieren, an denen sich sowohl die betroffenen Staaten als auch die Wissenschaft bei Eintritt in diesen Prozess orientieren könnten, verdeutlicht die Komplexität dieser Aufgabe (BOHNET, REICHHARDT 1993: 127, FASSMANN 1992: 49). Schon beim Versuch der Definition des Begriffes Transformation – oder der oft synonym gebrauchten Begriffe Systemwandel, Systemwechsel oder Transition – wird die Komplexität dieser Aufgabe deutlich. Allein historisch hatte der Begriff – je nach disziplinspezifischer Betrachtung – unterschiedliche Bedeutungen. So erfolgt innerhalb der Wirtschaftswissenschaften eine Berufung auf Ökonomen des 18. und 19. Jahrhunderts, welche sich mit dem Übergang von einer Gesellschaft des primären Sektors zur Industrie- und Dienstleistungsorientierung beschäftigten (DOPFER 1994: 684).

Eine sprachliche Analyse geht zurück auf das lateinische Wort transformare, die mystische Verwandlung von Personen im 16. Jahrhundert. Seit dem 18. Jahrhundert bezeichnet der Begriff Ver- bzw. Umwandlung, Umformung, Umbildung oder Umgestaltung (KOLLMORGEN 1993). Gemeinsam ist diesen historischen Definitionen, dass es sich immer um eine Form von Wandel handelt. Welche Art von Wandel betrachtet wird, ist auch heute noch primär durch die betrachtende Disziplin bestimmt. So definiert MERKEL für die Politikwissenschaften Transformation als einen grundlegenden Wechsel politischer Regime, gesellschaftlicher Ordnungen und wirtschaftlicher Systeme. Der Begriff Transformation ist damit im Unterschied zu anderen Definitionen nicht spezifisch für die postsozialistische Staaten definiert, sondern wird auch für die politischen Wandlungsprozesse in Lateinamerika und Asien verwandt (MERKEL 1999: 15ff)[21]. KALTEFEITER definiert die aktuelle ökonomische Bedeutung des Begriffes als den *„Übergang von einer Wirtschaftsordnung auf eine andere“* (KALTEFEITER 1994: 612).

Für die Sozialwissenschaften definiert KOLLMORGEN Transformation als längerfristigen, komplexen, sukzessiven Wandlungsprozess von definierbaren Gesellschaften bzw. Teilbereichen, von einem Ausgangszustand in einen

[21] Für eine ausführliche Diskussion der unterschiedlichen genannten Begriffe sei auf die Ausführungen von MERKEL 1999 verwiesen.

angebaren Folgezustand unter bestimmten Begleiterscheinungen (KOLLMORGEN 1993) und unterscheidet ihn vom Begriff Transition, der seiner Ansicht nach nur den Übergangszustand bzw. das Durchgangsstadium beschreibt. Würde man nun noch fremdsprachliche Begriffe hinzuziehen, würde sich auch die Bandbreite möglicher Definitionen entsprechend erweitern. Deutlich wird bei allen genannten Definitionsversuchen die Bedeutung der definierenden Disziplin – also die Position des Betrachters – sowie die Gemeinsamkeit des Inhaltes ‚Wandel'. Zusammenfassend lässt sich somit bisher feststellen, dass Transformation einen Wandel darstellt, der sich auf den Ebenen Politik, Wirtschaft und Gesellschaft vollzieht. Im Folgenden wird dieser Transformationsbegriff zu konkretisieren sein.

Verglichen mit der heute vorliegenden, schon 1996 von HANF UND KREKEL als „*uferlos werdende Transformationsliteratur*" (HANF, KRECKEL 1996: 39) bezeichneten wissenschaftlichen Auseinandersetzung mit theoretischen Erklärungsansätzen der stattfindenden Prozesse, macht sich die Komplexität der Begriffsklärung allerdings gar nicht mehr so komplex aus. Dass ich bereits an dieser Stelle – vor der Klärung der Aufgaben sowie der operationalisierbaren Inhalte und Ziele des Transformationsprozesses – auf die theoretischen Erklärungsansätze eingehe, verwundert vielleicht, ist aber im Kontext dieser Arbeit sinnvoll. Zum Einen sind die vorherrschenden theoretischen Erklärungsansätze für Transformation grundlegend für die daraus abgeleiteten operativen Aufgaben. Zum Anderen ermöglicht diese Vorgehensweise, nach einer Diskussion nicht nur der Erklärungsansätze sondern auch ihrer Kritik und Weiterentwicklung, eine Überprüfung der Frage, in wie weit sich diese theoretischen Entwicklungen auch in der Praxis durchgesetzt haben – ihre Ergebnisse z.B. in der Beratung der Transformationsländer ihren Niederschlag finden. Einer Frage also analog der Diskussion um die Anwendung neuer Raum- und Regionendefinition in der angewandten Geographie.

Da raumstrukturelle Wirkungen von Transformation als empirisch zu untersuchende Aspekte im Vordergrund dieser Arbeit stehen, ist es schließlich für die theoretischen Konzeption nicht notwendig, intensiv auf die modelltheoretischen Diskussionen einzugehen. Hier stehen die Folgen der

Umsetzung der theoretischen Erklärungen im Vordergrund, so dass eine kurze Übersicht über Erklärungsansätze an dieser Stelle vorzuziehen ist[22].

Zwei theoretische Erklärungsansätze für Transformation dominieren die wissenschaftliche Diskussion. In der Ökonomie sind dies neoklassische Ansätze und in den Sozialwissenschaften Modernisierungstheorien. Beide Ansätze gehen auf Erfahrungen der westlichen, modernen Wirtschaftsgesellschaften zurück und haben schon im Rahmen der entwicklungspolitischen Diskussionen eine bedeutende Rolle gespielt – wenn auch bereits dort, z.B. nach VON BEYME, ohne beeindruckende Erfolge aufzuweisen (VON BEYME 1994). Beide Konzepte – die analog für die Wirtschafts- bzw. Sozialwissenschaften betrachtet werden können und am Beginn der Suche nach Erklärungsansätzen für Transformation stehen – formulieren klare Zielvorstellungen. So ist das Ziel der Modernisierungstheorie nach ZAPF eine moderne Gesellschaft mit politischer Demokratie, Marktwirtschaft und Wohlstand breiter Bevölkerungsteile (ZAPF 1994). Der neoklassische Transformationsansatz zielt auf die Etablierung einer Marktwirtschaft, in der ein freier, sich selbst regulierender Markt eine gleichmäßige Entwicklung sichert. Umgesetzt werden sollen diese Ziele zum größten Teil durch einen Aufholprozess, bei dem eine zu Europa und anderen kapitalistischen Ländern analoge Entwicklung initiiert werden soll, z.B. durch Institutionentransfer bzw. den Nachbau von Sozialstrukturen. (CORSTEN, VOELZKOW 1997: 8, FASSMANN, LICHTENBERGER 1995: 243, RUDOLPH 1995). HANF UND KRECKEL bemerken dazu kritisch: „*Die Transformationsforschung geriet vor allem bei westlichen KollegInnen zur Defizitforschung, indem die je aktuellen Abstände des untersuchten Bereiches zu den Zuständen der eigenen Referenzgesellschaft .. ermittelt und als weiterhin aufzuholender Modernisierungsrückstand ausgewiesen wurden*“ (HANF, KRECKEL 1996: 40). Die

---

22 Für eine intensive Beschäftigung mit den unterschiedlichen theoretischen Erklärungsansätzen von Transformation seien als Wenige von Vielen beispielhaft für die Sozialwissenschaften das ausführliche Werk von KOLLMORGEN 1999 sowie ZAPF 1994, für die Politikwissenschaften neben MERKEL 1999, VON BEYME, OFFE 1995 sowie SANDSCHNEIDER 1995 genannt. Mit institutionellen Wandel im Rahmen von Transformation beschäftigen sich neben CASSEL 1997 auch MERKEL, SANDSCHNEIDER UND SEGERT 1996. Zu Aspekten ökonomischer Transformationsforschung exemplarisch HARE, DAVIS 1997, KLEIN 1994 und LÖSCH 1993. Selten betrachtete Aspekte von Transformation finden sich bei WEIK 1998 mit einer postmodernen Theorie der Transformation oder im Sammelband von KREISKY UND SAUER 1997 zum Geschlechterverhältnis im Kontext politischer Transformation.

Diskussion um Raum und Zeit, vor allem der Aspekt des „*turning time into space*", welchen AGNEW beschreibt, findet hier ihre Reflektion (AGNEW 1998: 32-33). Auch finden sich hier wieder Parallelen zur Entwicklungspolitik. Der Misserfolg im Nord-Süd Dialog bestätigt sich auch in seiner Umsetzung bezüglich der postsozialistischen Staaten. Es wurde relativ schnell deutlich, dass eine ‚*Grand Theory*' und damit ein ‚*Masterplan*' für die Transformation nicht aufstellbar war und der Anspruch eine solche Theorie zu etablieren wurde in Folge der realen Entwicklungen der postsozialistischen Staaten zurückgestellt. Auch wurde deutlich, dass Transformation nicht innerhalb einzelner Disziplinen erfasst werden kann (KOLLMORGEN 1999: 256, PÜTZ 1998: 54, RUDOLPH 1995, VON BEYME 1995). Innerhalb der Wirtschaftswissenschaften dominieren weiterhin neoklassische Ansätze, allerdings steht hier eher die Umsetzung, d.h. die Transformationspolitik, als der theoretische Erklärungsansatz im Mittelpunkt. Aber auch der Sinn einer Suche nach den effektivsten Umsetzungsformen für eine Einführung einer Form von Marktwirtschaft wird theoretisch in Frage gestellt – wenn auch eher selten. So kritisieren GRABHER und STARK: „*In place for the search for the 'best' institutions to manage transition, we might do better to reorient our analysis to identifying the types of organizational configurations that are better at search*" (GRABHER, STARK 1997: 5). In Anbetracht der realen, vor allem ökonomischen Entwicklungen der postsozialistischen Staaten macht diese Kritik Sinn.

Die Modernisierungstheorie als bestimmender Ansatz für die Transformationspolitik innerhalb der Sozialwissenschaften unterliegt ebenso der Kritik. So werden als Erklärungsmängel z.B. genannt:

- Das Ziel von Transformation ist nicht modelltheoretisch zu prognostizieren, denn es gibt sehr unterschiedliche Formen von Marktwirtschaft als auch Ausgestaltungsformen von Demokratie (HERRMANN-PILLATH 1994, PICKVANCE 1997).
- Die Vernachlässigung spezifischer Ausgangs- und Herkunftsbedingungen sowie länderspezifischer Charakteristika; Staatssozialismus hat nicht in gleicher Weise in allen postsozialistischen Ländern stattgefunden (PICKVANCE 1997).
- Die Bedeutung der Akteure für den Wandel wird unterschätzt (RUDOLPH 1995).

- Die Eingrenzung der Suche nach funktionierenden Vorbildstrukturen (Institutionen und Organisationsformen) auf westliche, erprobte Formen; freie Märkte als Synonym für Effizienz (GRABHER, STARK 1997).
- Die Bedeutung von Netzwerken im Wandel wird unterschätzt (GRABHER, STARK 1997).

Hinzu kommt, dass die theoretischen Erklärungsansätze fast ausschließlich auf Studien westlich-kapitalistischer Gesellschaften zurück gehen und ihre „Funktionalität" fast genauso ausschließlich an osteuropäischen Ländern im Transformationsprozess überprüft wird bzw. empirische Untersuchungen osteuropäischer Transformationsphänomen die Grundlage für die Erweiterung der bestehenden theoretische Erklärungsansätze bilden. Transformationstheoretische Untersuchungen über mittelasiatische Transformationsländer oder gar die Mongolei, Vietnam oder Laos finden kaum Eingang in die theoretische Transformationsforschung, so dass die Übertragbarkeit der hier vorgestellten Theorien weiter in Frage gestellt wird.

Die Kritik an den bestehenden Erklärungsansätzen wurde in den letzten Jahren in der wissenschaftlichen Diskussion berücksichtigt und resultierte in einer mittlerweile breit gefächerten Bandbreite an Transformationstheorien. So unterscheidet MERKEL für die Politikwissenschaft Systemtheorie, Strukturtheorie sowie Kulturtheorie und Akteurstheorien als Erklärungsansätze (MERKEL 1999). Für die Sozialwissenschaften gibt KOLLMORGEN eine noch größere Vielfalt an Ansätzen (KOLLMORGEN 1999: 259). Aber auch den weiterführenden Erklärungsansätzen ist gemeinsam, dass keiner von ihnen den gesamten Prozess mit allen Implikationen zu erklären vermag. Die Zweifel am Sinn einer allgemein-erklärenden Theorie werden also bestätigt. Stellt man diesen Anspruch an ‚**eine** allumfassende Theorie' zurück, ergibt sich mit den bisher in den verschiedenen Disziplinen erarbeiteten theoretischen Ansätzen ein weites Feld an Umsetzungsmöglichkeiten für die Forschung wie für die politische Implementierung. Es ist nun möglich, den Begriff Transformation unter Einbeziehung der theoretischen Erklärungsansätze sowie der kritischen Anmerkungen zu konkretisieren. In Anlehnung an die Definitionen von BIERMANN, KOLLMORGEN und PÜTZ (BIERMANN 1996: 74-75, KOLLMORGEN 1993, PÜTZ 1998: 56) definiere ich Transformation im Kontext dieser Arbeit wie folgt:

Transformation bezeichnet die sachliche und zeitliche Gesamtheit der länderspezifischen Wandlungsprozesse in politischer, sozialer, kulturell-mentaler und ökonomischer Hinsicht in postsozialistischen Ländern.

Die begriffliche Konkretisierung ermöglicht die Identifizierung der einzelnen Aspekte und damit Inhalte der Transformation in ihrer operationalisierbaren Form. Hier bestätigt sich die Eingangs der Diskussion theoretischer Erklärungsansätze geäußerte Vermutung: Im Gegensatz zu der Verschiebung der theoretischen Erklärungsansätze von Transformation von klassischen zu soziokulturellen und handlungs-, akteurs- und institutionenorientierten Ansätzen, herrscht in der Praxis weiterhin eine stillschweigende Dominanz der neoklassischen Betrachtungsweise und damit eine Dominanz eines Konzeptes ökonomischer Effizienz (CSÉFALVAY 1997, SIMON 1998), sowie die Umsetzung modernisierungstheoretischer Aspekte vor (KOLLMORGEN 1993, MÜLLER 1995, RUDOLPH 1995). Im Vergleich zur komplexen Diskussion um die theoretischen Erklärungen der stattfindenden Prozesse, welche sich nicht unbedingt an die Prognosen halten, scheint bei den Aufgaben auf operativer Ebene eine weitgehende Einigkeit zu bestehen, die der Charakterisierung der Umsetzung von Transformation in der Praxis entspricht. Wirtschaft gilt als zentrales Moment des Prozesses, der gleichzeitig auf allen drei Ebenen – Makro-, Meso- und Mikroebene – abläuft (KOLLMORGEN 1993, RUDOLPH 1995, WAGENER 1994). Hier besteht vor allem bezüglich der verschiedenen Umsetzungsstrategien Diskussionspotenzial.

Für die einzelnen in der Transformationsdefinition genannten Bereiche lassen sich folgende Ziele und Aufgaben herausstellen, die im Weiteren diskutiert werden:

1. Ökonomie: Umwandlung einer Zentralverwaltungswirtschaft in eine Marktwirtschaft.
   Aufgaben: Liberalisierung, Privatisierung und Stabilisierung.
2. Politik: Pluralistische Demokratie.
   Aufgaben: Institutionenwandel, Demokratisierung.
3. Gesellschaft: Wertewandel hin zu Individualismus und Kreativität im Gegensatz zu kollektiven Identitätsformen.
   Aufgaben: Umstrukturierung und Wandel in Bildung, Wissenschaft, Kultur und Sozialwesen.

Zu dieser Auflistung der Ziele und Aufgaben gibt es natürlich gerade bei den betroffenen Transformationsländern auch unterschiedliche Auffassungen. Es sind aber zusammengefasst die Ziele, die vor allem mit Hilfe internationaler Berater und Umsetzungsorganisationen wie Weltbank oder IWF in den betroffenen Ländern in unterschiedlicher Form implementiert wurden oder werden sollen.
Weitgehende Einigkeit besteht auch über das Kernproblem des Transformationsprozesses, das in Anlehnung an OFFE als ‚Dilemma der Gleichzeitigkeit' bezeichnet wird und für den gesamten Prozess, sowie für die einzelnen Segmente gleichermaßen gilt (KOLLMORGEN 1993, MERKEL 1999, PÜTZ 1998 u.a.). ‚Dilemma' meint, dass alle genannten Aufgaben gleichzeitig erfüllt werden müssen, ein Prozess, den nach VON BEYME bisher kein marktwirtschaftliches System je gleichzeitig bewältigt hat (VON BEYME 1994: 192). OFFE erweitert dieses Dilemma um einen Aspekt, der vor allem im Kontext der ehemaligen Sowjetunion eine Rolle spielt.
Hier besteht neben der

- Demokratiefrage und der
- Frage der Wirtschafts- und Eigentumsordnung des weiteren die
- „*Territorialfrage, d.h. die Bestimmung von Grenzen für ein Staatsgebiet und eine Bevölkerung und die Konsolidierung dieser Grenzen*“ (OFFE 1994: 64-65)

Diese Besonderheit für die Transformationsaufgaben der postsowjetischen Staaten ist nicht zu unterschätzen, kommt doch zu den bestehenden Aufgaben hier noch die Problematik von Nationenbildung und Identitätsentwicklung hinzu, in Mittelasien basierend auf den kolonialen Entwicklungen innerhalb der Sowjetunion, wo mit Stalins Delimitationspolitik die Basis für die erforderliche Nationenbildung unter einer übergeordneten supranationalen Identität erfolgte (s. Kap. 5). Der Ansatz einer ‚Neuen Regionalen Geographie', hier vor allem die Aspekte Identität und Ethnizität, erweist sich somit für die realen Bedingungen bereits hier als geeignet. Im Folgenden sollen die verschiedenen Transformationsaufgaben diskutiert werden, beginnend mit der im allgemeinen als zentral diskutierten Etablierung einer marktwirtschaftlichen Ordnung.

2.2.1 TRANSFORMATION DER WIRTSCHAFTSORDNUNG

Das Ziel der ökonomischen Transformation ist die Etablierung einer Marktwirtschaft. Die Komplexität dieser Aufgabe wird bei Betrachtung der

Zusammenstellung von DIEZ zur Unterscheidung zwischen Ausgangs- und Zielmodell (Plan- und Marktwirtschaft) deutlich. Sie führt neben klassischen ökonomischen Elementen auch die Unterschiede im Bereich der Motivation und der Informationsverbreitung an (DIEZ 1995: 5).

Tabelle 2.2: Unterschiede zwischen Markt- und Zentralverwaltungswirtschaft

Subsystem	*Marktwirtschaft*	*Zentralverwaltungswirtschaft*
Güter- und Einkommensverhältnisse	- durch das Zusammenspiel von Angebot und Nachfrage freie Marktpreisbildung - Güterverteilung erfolgt über den Markt - Unterscheidung von Eigentümern und Nichteigentümern an Produktionsmitteln	- staatlich festgelegte Preise - planmäßige Güterverteilung - staatl. Eigentum an Produktionsmitteln
ökonomische Informationsverbreitung und Wissensbildung	- Wettbewerb zwischen den Unternehmen als Auslöser für neue und bessere Produkte, wirtschaftlichere und produktivere Produktion	- Wettbewerbsbeschränkung und Monopolisierung der Produktion
ökonomische Interessen und Motivation	- ökonomische Motivation, d.h. das individuelle Einkommensinteresse als wichtigste Motivation für die gesellschaftlich nützliche Tätigkeit - Ziel der Produzenten ist die Gewinnmaximierung, die sich nur durch eine bedarfsgerechte und wirtschaftliche Produktion erzielen lässt	- Abschaffung des Gewinninteresses - Ziel der Produzenten ist die Planerfüllung
Leitung und Koordination der Wirtschaftstätigkeit	- dezentrale Planung - Produktions- und Konsumptionspläne werden von den einzelnen Wirtschaftseinheiten erstellt - Planentscheidungen der Produzenten beruhen auf Absatzerwartungen; Investitionsentscheidungen werden individuell getroffen	- zentrale Planung - einheitliche Leitung und Planung der Produktion aller Betriebe; Aufbau eines hierarchisch organisierten Planungsapparates - was, wie und wie viel produziert wird, wird wie auch Investitionen (Art, Höhe, Zeitpunkt, Standort) durch einen zentralen Plan bestimmt
Beziehung zwischen Wirtschaft, Staat und Gesellschaft	- Staat legt den Rahmen fest, in dem sich die Wirtschaftseinheiten frei bewegen können	- Staat steuert den Wirtschaftsprozess und bestimmt das soziale, politische und kulturelle Leben

Quelle: DIEZ 1995, verändert

Neben DIEZ führt auch KALTEFEITER an, dass neben der am häufigsten genannten Notwendigkeit der Umsetzung der Anforderungen des neoklassischen Ansatzes – Liberalisierung (Preise und Handel), Privatisierung, Stabilisierung (Geldwertstabilität und Strukturanpassung) (HENZLER 1994: 13-16, JUNGFER 1994: 213, LEIPOLD 1994: 729, WORLD BANK 1996: 22, ZOHLNHÖFER 1993: 628) – die Veränderung von typischen Verhaltensweisen eine bedeutende Rolle spielt. Marktwirtschaft erfordert bestimmte Verhaltensweisen die KALTEFEITER im Vergleich zur Zentralverwaltungswirtschaft wie folgt beschreibt:

Zentralverwaltungswirtschaft	Marktwirtschaft
- Anpassung	- eigene Chancen suchen
- nicht auffallen	- auffallen (innovativ sein)
- Lähmung der Eigeninitiative	- Eigeninitiative und Eigenverantwortung
- Güterverschwendung (es handelt sich immer um fremde Güter, da es kein Privateigentum gibt)	- sorgsamer und sparsamer Umgang mit Gütern (Erfahrung mit Eigentum)

(weitere Begriffspaare: KALTEFEITER 1994: 613-618)

Die Bedeutung des Faktors 'Mensch' betonen auch SCHMIDT UND KIRELLI. Marktwirtschaftliches Denken und Verhalten müsse eingeübt werden, sich entwickeln. Dazu gehört auch, dass die Etablierung der Marktwirtschaft nicht gegen den Willen der Bevölkerung durchsetzbar ist, da marktwirtschaftliches Verhalten auf Freiwilligkeit beruht. Die Schaffung einer gesellschaftlichen Infrastruktur, in der Wertewandel stattfinden kann, ist somit eine weitere Anforderung auch innerhalb des ökonomischen Transformationsprozesses. Besonders schwierig gestaltet sich diese Aufgabe in Ländern, die nicht an frühere marktwirtschaftliche Verhältnisse und freiheitliche Gesellschaftsordnungen anknüpfen können, wie es bei den hier betrachteten Ländern der Fall ist (KIRELLI 1992, KRAUS 1994: 110, SCHMIDT 1992: 150). Hier zeigt sich auch wieder der Anspruch an Gleichzeitigkeit verschiedener miteinander verknüpfter Prozesse. Die Frage des ‚Dilemmas' der Gleichzeitigkeit wird im Rahmen des Segmentes ökonomische Transformation aber vor allem hinsichtlich der strategischen Ablaufgeschwindigkeit (KÁDÁR 1993: 173-174) diskutiert und soll am Beispiel des Theorieansatzes von LÖSCH diskutiert gemacht werden.

GRUNDZÜGE EINER THEORIE DER TRANSFORMATIONSPOLITIK VON DIETER LÖSCH

Diese Theorie geht von der Annahme eines Konsenses über das Ziel – die Einführung einer marktwirtschaftlichen Ordnung – sowie dem Vorhandensein einer wirtschaftspolitischen Instanz, die über die Frage der Durchführung entscheidet, aus. Dabei stehen ökonomische Faktoren im Vordergrund. Außerökonomische Probleme wie Praktikabilität und Akzeptanz der Strategie seitens der Bevölkerung gehen jedoch ebenfalls in die Analyse ein. Bei der Etablierung der notwendigen Institutionen rät LÖSCH, sich an westlichen Institutionen zu orientieren, wobei aber Vorsicht geboten sei, um nicht ineffiziente Strukturen zu übernehmen. Neben der bereits formulierten Kritik an den neoklassischen und modernisierungstheoretischen Ansätzen wird hier die Schwierigkeit, die institutionellen Strukturen, die eine effiziente Marktwirtschaft gewährleisten, umfassend zu identifizieren und beschreiben deutlich.

Abbildung 2.1: Schematische Darstellung des Ablaufs der Systemtransformation

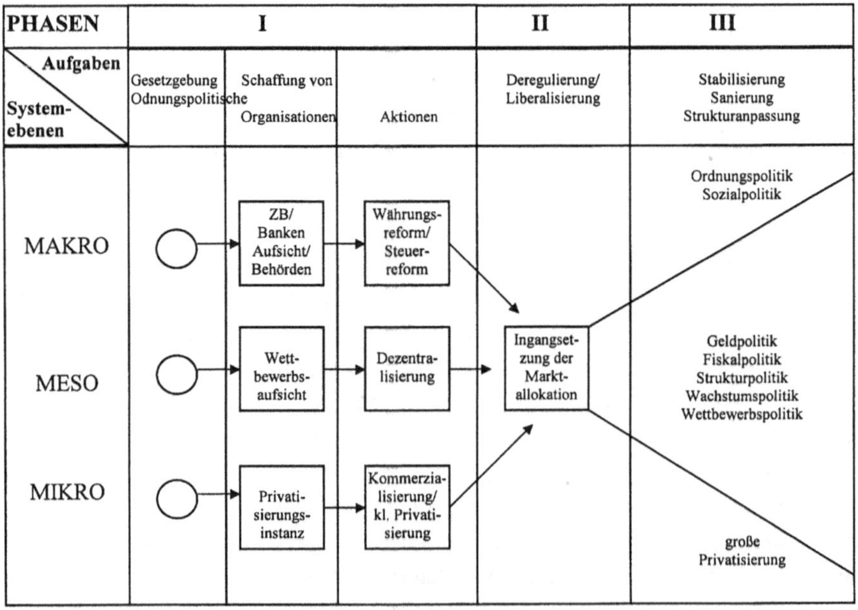

Quelle: LÖSCH 1993

Das System Marktwirtschaft funktioniert nach LÖSCH nur, wenn die Einzelnen, das System konstituierenden Subsysteme zusammenwirken. D.h. es existiert eine Interdependenz zwischen Liberalisierung von Preisen und Handel, stabilem Geldwert, Privateigentum und Wettbewerb. Darin liegt das Kernproblem der Systemtransformation: der systematische Aufbau der einzelnen Strukturelemente nimmt unterschiedliche Zeitspannen in Anspruch - für das Funktionieren der Marktwirtschaft ist aber das parallele Inkrafttreten der Elemente Bedingung (ein ‚Dilemma der Gleichzeitigkeit').

Abbildung 2.1 zeigt schematisch Inhalte und Ablauf der Systemtransformation. Hier wird deutlich, dass die einzelnen Aufgaben von Transformation auch unterschiedliche Auswirkungen auf den verschiedenen Systemebenen haben. Geht man davon aus, dass jedes Land während des Transformationsprozesses diese Phasen durchläuft, ergeben sich hinsichtlich der Abfolge und Geschwindigkeit der Vorgehensweise sowie der Abstimmung und Ausgestaltung der einzelnen Maßnahmen unterschiedliche Möglichkeiten. Die Transformationsstrategie dient der Auswahl der geeigneten strategischen und operativen Alternativen. Hier wird auch die mangelhafte Abgrenzung der Alternativen ‚Schocktherapie' und ‚Gradualismus' deutlich: Eine Strategie, die für die drei Hauptphasen ein unterschiedliches Tempo vorsieht, lässt sich keinem der beiden Begriffe zuordnen (LÖSCH 1993).

Auch wenn dieses ökonomische Ablaufschema als Modell nur eine begrenzte Aussagekraft hat, verdeutlicht es doch die Komplexität allein innerhalb dieses einen Segmentes. Es zeigt die ökonomischen Aufgaben auf, die auch von internationalen Beratern und Gebern durchgesetzt werden wollen, also das, was versucht wird zu realisieren. Im weiteren Verlauf der Arbeit ermöglicht das Modell eine Einordnung der betrachteten Länder bezüglich ihrer Transformationsstrategie und ihrer ökonomischen „Transformationsleistung". Dazu ist es im Weiteren notwendig auf die operative Ebene von Systemtransformation einzugehen und die gestellten Aufgaben Privatisierung, Liberalisierung und Stabilisierung/Strukturwandel auch auf die Berücksichtigung raumwirksamer Aspekte in ihrer Umsetzung hin zu analysieren.

Privatisierung

Privateigentum gilt als institutionelle Basis für eine funktionierende Marktwirtschaft. Privatisierung hat das Ziel, einen produktiven Wettbewerbsprozess in Gang zu setzen sowie eine gesamtwirtschaftliche Wohlfahrtssteigerung zu erzielen (WATRIN 1994: 11, WELFENS 1992: 492). Dabei zählt die Privatisierung des Bodenmarktes zu den mittelfristig wichtigsten Aspekten für die Kapitalbildung aus Eigentumstiteln (LICHTENBERGER 1991).

Die Komplexität der für die Privatisierung notwendigen Rahmenbedingungen wird in Abbildung 2.2 dargestellt. BRÜCKER berücksichtigt dabei die Notwendigkeit eines staatlichen Ordnungsrahmens für die operative Durchführung der Privatisierung, der Zusammenhang zwischen politischer und ökonomischer Transformation wird deutlich (BRÜCKER 1994: 2). Wieder zeigt sich, dass auf den verschiedenen Ebenen gleichzeitig Prozesse ablaufen[23].

Abbildung 2.2: Transformation von Wirtschafts- und Eigentumsordnung

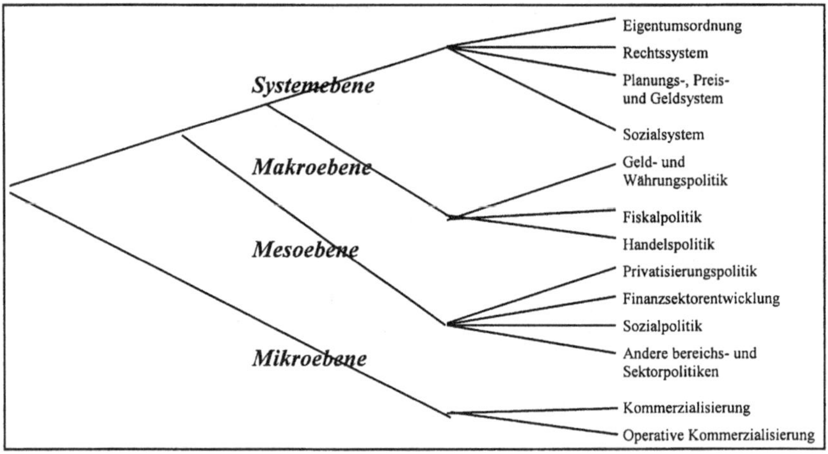

Quelle: BRÜCKER 1994: 2

Auf der Makroebene ist die Stabilisierung der makroökonomischen Rahmenbedingungen bedeutend für die Privatisierung. Grundlage dafür sind die Abschaffung des direktiven Planungssystems sowie eine restriktive Geld- und Fiskalpolitik. Dazu gehört die Einschränkung des staatlichen Unternehmenssektors. Aufgrund weicher Budgetschranken kann der staatliche Unternehmenssektor seine Verluste durch staatliche Unterstützung ausgleichen, so dass eine effiziente Wirtschaftsweise eher die Ausnahme darstellt. Eine

[23] Zu theoretischen Grundlagen der Privatisierung vgl. WELFENS 1992 und THIEME 1993.

Restriktion staatlicher Subventionen ist erforderlich (BRÜCKER 1994: 3-4, HAMM 1994: 307-308). Von Bedeutung ist in diesem Zusammenhang auch die Frage, welche Wirtschaftssektoren von der Privatisierung ausgenommen werden sollen. In den marktwirtschaftlich strukturierten Ländern befinden sich weiterhin Teile der Wirtschaft in staatlicher Hand, seien es öffentliche Verwaltung und Verteidigung oder die Bereiche Energieversorgung und Transportwesen (BRÜCKER 1994: 3, WELFENS 1992: 495). Auf der Mesoebene sollen schließlich durch Bereichs- und Sektorenpolitik die Verteilungseffekte der Privatisierung kompensiert werden – hier sind allerdings keine räumlichen Verteilungseffekte gemeint. Direkte Verteilungseffekte entstehen bei der direkten Allokation von Eigentumsrechten, während indirekte Verteilungseffekte die ökonomischen Effekte der Privatisierung für die Einkommen meint. Diese Effekte müssen bei der Privatisierung berücksichtigt werden, um die Akzeptanz bei der Bevölkerung sicherzustellen. Ein weiterer Aspekt ist die Entwicklung einer Sozial- und Arbeitsmarktpolitik, um den Arbeitnehmer bei Entlassung abzusichern (BRÜCKER 1994: 4-5). Die Mikroebene beschäftigt sich mit der Umsetzung der Privatisierung, der Übertragung von Staatseigentum auf juristische oder natürliche Personen. Neben der Unterscheidung von "kleiner" und "großer" Privatisierung werden im Hinblick auf die Durchführung echte / materielle Privatisierung und formale Privatisierung / Kommerzialisierung unterschieden[24].

Regionale Aspekte werden bisher kaum diskutiert. Gerade für die Fragen der Regionalentwicklung sind aber die Auswirkungen der Privatisierung von nicht zu unterschätzender Bedeutung. Eine engagierte Privatisierungspolitik in einigen Regionen, gegenüber einer vernachlässigten in anderen aufgrund einseitig verteilter Kompetenzen, kann genauso zur Verstärkung von Disparitäten führen, wie das Ignorieren regionaler Verteilungseffekte bei der ausgewählten Privatisierungspolitik. Auch bei der Privatisierung "von unten", der Neuetablierung von Unternehmen, können Verteilungsmuster von Bedeutung sein. Ohne Intervention werden sich Unternehmen in der Marktwirtschaft im Gegensatz zur Planwirtschaft bei freier Wahl am ehesten dort ansiedeln, wo die besten Produktionsbedingungen und Marktchancen liegen. Für eine Entwicklung ländlicher Agrarregionen ist aber dort auch bei Standortnachteilen die Errichtung eines privaten Unternehmenssektors zur

---

[24] Ausführlich zu Privatisierung vgl. ALTMANN 1997, BOHNET UND REICHARDT 1993, HENZLER 1994.

Schaffung neuer Arbeitsplätze notwendig. Hier besteht allerdings für die Akteure auch wieder Klärungsbedarf, inwieweit sich die Einbeziehung regionaler Strukturen bei der Privatisierung von den zentralen Entwicklungsplänen der Planwirtschaft unterscheidet. Die theoretischen Implikationen von Privatisierung für raumstrukturelle Wirkungen werden somit deutlich.

Liberalisierung der Märkte

Die Liberalisierung der Märkte erfolgt durch die Freigabe der Preise, welchen innerhalb des Wettbewerbs eine Ausgleichs-, Signal- und Lenkungsfunktion zukommen soll. Anhand des zu erzielenden Preises eines Produktes, der sich wiederum durch Nachfrage und Produktionskosten bildet, entscheidet der Unternehmer, ob es wirtschaftlich ist, dieses Produkt weiterzuproduzieren.

Nachfrage und Angebot pendeln sich auf einem Preis ein, der dem Anbieter Gewinnerwirtschaftung ermöglicht, solange der Nachfrager noch zu zahlen bereit ist. Damit reagieren die Preise flexibel auf Nachfrageänderungen und berücksichtigen Knappheitsfaktoren. So sieht es zumindest die Wirtschaftstheorie. Hier wird aber auch die Interdependenz der einzelnen Märkte deutlich. Sollte nur ein Markt, z.B. der Finanzmarkt, Regulierungen unterliegen, entstehen erneut Preisverzerrungen, welche die oben angesprochenen Funktionen beinträchtigen oder außer Kraft setzen (JUNGFER 1994: 215, LÖSCH 1993: 93-95).

Innerhalb des Transformationsprozesses werden mit der Freigabe der Preise Unzulänglichkeiten der bisherigen Preisgestaltung deutlich, die sich unter anderem in der Offenlegung der versteckten Arbeitslosigkeit, Absatzstockungen und aufgestauter Inflation äußern. Als Resultat verstärken sich die Unsicherheiten in bezug auf Preisentwicklung und Einkommens- und Beschäftigungsperspektiven (SCHÜLLER 1994: 469). Bei einer inflationistischen Politik besteht der Verdacht, dass diese wieder zurück zum Preisdirigismus führt[25]. Eine inflationistische Politik wird meist mit der Sicherung der Arbeitsplätze begründet, sie lässt aber die Wettbewerbsfähigkeit der Betriebe sowie die Nachfrage außer acht. Trotzdem ist der Arbeitsmarkt ein Markt, der eine direkte Freigabe der Löhne in Frage stellt. Innerhalb des privaten Sektors

---

[25] Zur Geldpolitik im Transformationsprozess vgl. LENZER 1998.

erscheint eine Freigabe unproblematisch, doch hat sich bereits gezeigt, dass der Staatssektor oft noch nicht vollständig privatisiert ist, wenn mit der Deregulierung der Märkte begonnen wird. Lohnregulierungen seitens des Staates sind aber auch hier nach Meinung LÖSCHs abzulehnen. Ebenso sieht er keinen Grund, die Deregulierung der Finanzmärkte aufzuschieben, unter der Bedingung, dass in der ersten Phase der Transformation ein zweistufiges Bankensystem eingerichtet wird (SCHÜLLER 1994: 469-476, LÖSCH 1993: 95).

Diese kurzen Ausführungen zur Problematik der Liberalisierung machen wiederum die wechselseitigen Abhängigkeiten deutlich und damit die nicht planbaren Unwegsamkeiten während dieses Prozesses. Für eine ökonomische Entfaltung des Wettbewerbs müssen Eingriffe wie staatliche Preiskontrollen, Subventionen und Monopolbildung weitgehend verhindert werden. Auf der anderen Seite gibt es bestimmte Rahmenbedingungen, die für die Etablierung von Wettbewerbspreisen notwendig sind.

Theoretische Implikationen für die Frage nach raumstrukturellen Wirkungen ergeben sich hier insbesondere bzgl. der Ausgestaltung des Liberalisierungsprozesses, der regional unterschiedliche Wirkungen hervorrufen kann. Hier spielen auch die Ausgangsbedingungen für die Frage nach Verschärfung oder Ausgleich von Disparitäten, im nationalen wie internationalen Kontext, eine Rolle.

Stabilisierung und wirtschaftlicher Strukturwandel

Im Zusammenhang mit Stabilisierung wird auf die Bedeutung des Kapitalmarktes hingewiesen. Innerhalb der Systemtransformation fallen dem Kapitalmarkt u.a. folgende Aufgaben zu (HENZLER 1994: 206):

- Abwicklung der Privatisierung (durch Bewertung und Verteilung von Unternehmensanteilen)
- Kontrolle der Kapitalgesellschaften (insbesondere durch Banken und Investmentfonds)

Für den Aufbau des Kapitalmarktes ist die Einrichtung eines zweistufigen Bankensystems notwendig – somit besteht wieder eine direkte Verbindung zur politischen Etablierung von Institutionen. Des weiteren müssen die weichen Budgetrestriktionen der Staatsunternehmen beseitigt werden, so dass die daraus resultierende Geldschöpfung gestoppt wird, d.h. die Subventionierung unrentabler Staatsbetriebe und Preissubventionen müssen unterlassen werden. Einen weiteren Beitrag zum staatlichen Budgetdefizit liefert die zurückgestaute Inflation. Aus Sorge vor der Unzufriedenheit der Bevölkerung sind aber gerade die Preisfreigabe für Grundbedarfsgüter und die Subventionskürzungen für unrentable Unternehmen, die zu Entlassungen führen würden, aus Sicht der Reformer sehr problematisch (BERNHOLZ 1994: 538-544). Hier implizieren regionale Präferenzen bei der Entscheidung, welches Unternehmen unrentabel ist oder nicht, mögliche raumstrukturelle Wirkungen.

Ein weiterer Faktor für die Funktionsfähigkeit der Märkte ist ein gut funktionierendes Geld- und Kreditsystem. Je höher die Inflation, desto geringer das Vertrauen zum Geld. Ohne Vertrauen zum Geld setzt aber auch die dringend notwendige Kapitalbildung durch Sparen nicht ein. Besonders beim Sparen wird die Bedeutung eines deregulierten Kapitalmarktes deutlich, denn auch hier orientieren sich Angebot und Nachfrage am Preis, d.h. im Falle des Kapitalmarktes am Zinssatz. Ein hohes Kapitalangebot führt zu einem niedrigen Zinssatz und ermöglicht damit Investitionen – die gesamtwirtschaftliche Bedeutung des Kapitalmarktes wird deutlich (FEHL 1994: 347-352). Die Entwicklung eines funktionierenden Kapitalmarktes ist also nur bei einigermaßen stabilem Geldwert möglich (BERNHOLZ 1994: 339). Neben den genannten Reformen ist auch die Etablierung ‚wettbewerblicher Kapitalmarktinstitutionen' von Bedeutung, welche die Aufgaben Schaffung einer Bankenaufsicht, eines Bank- und Kreditgesetzes, Aufbau einer Wertpapierbörse und die Konstituierung von Regelungen für Auslandsbanken erfüllen müssen (HENZLER 1994: 211). Alle genannten Reformansätze sind Teil des wirtschaftlichen Strukturwandels. Um den Strukturwandel zu lenken, sind auch strukturpolitische Maßnahmen notwendig, die in die Phase der Anpassung fallen. Hier soll der neu entstehende Privatsektor, vor allem kleinere und mittlere Unternehmen, durch Strukturanpassungshilfen unterstützt werden. Eine restriktive Geldpolitik und zugleich die Bereitstellung ausreichender Finanzierungsmittel sowie Steuererleichterungen sind weitere Ansatzpunkte. Wieder finden Aspekte der Regionalentwicklung wenig Beachtung in der wissenschaftlichen Diskussion. Diese sollten aber im Rahmen einer Strukturanpassung nicht unterschätzt werden. Gerade Strukturanpassungshilfen können zur Förderung unterentwickelter Regionen eingesetzt werden. Eine rechtzeitige Einbeziehung regionaler Disparitäten in die Struktur- und Wirtschaftspolitik innerhalb der Transformation wird andere raumstrukturelle Wirkungen nach sich ziehen als eine Unterlassung.

2.2.2 ASPEKTE POLITISCHER TRANSFORMATION

Die Bedeutung des Staates für die Schaffung der notwendigen institutionellen Rahmenbedingungen wurde bei der Betrachtung der ökonomischen Transformation ebenso deutlich, wie die enge Verknüpfung zwischen politischer und ökonomischer Transformation insgesamt (HERMANN-PILLATH 1998, HÖHMANN 1995). Die Etablierung einer pluralistisch-demokratischen Ordnung bildet oft – aber nicht notwendigerweise – erst den Ausgangspunkt für eine wirkliche Änderung der Wirtschaftsordnung. Aber auch hier ist neben der Überlagerung ökonomischer, sozialer, politischer und ideologisch-kultureller Prozesse ein „Dilemma der Gleichzeitigkeit“ schon bei Betrachtung des Segmentes der politischen Transformation festzustellen. Es wird notwendig, ein komplex strukturiertes politisches System in all seinen Komponenten, wie nationalstaatliche Identität, Verfassungsebene und Alltagspolitik, gleichzeitig zu etablieren. Hinzu kommt, dass diese Transformation eine ‚von oben' initiierte Umwandlung ist, wenn sie denn stattfindet, so dass vor allem zu deren Beginn wohl eher von der Bildung politischer Eliten als von der Etablierung einer demokratischen Ordnung gesprochen werden kann (BIERMANN 1996, HENZLER 1994, HÜBNER 1994, KOLLMORGEN 1993). Diese Aspekte spielen für die prätransformative wie die transformative Phase in Mittelasien eine entscheidende Rolle (s. Kap. 5 und 5). In diesem Kontext ist auch die Frage nach dem Politikvertrauen seitens der Bevölkerung, welches für die Durchsetzung der Reformen notwendig ist, zu betrachten. In der Diskussion zur politischen Transformation besteht weitgehend Einigkeit darüber, dass ein ‚starker Staat' für die Durchführung der Reformen zumindest zu Beginn der Transformation notwendig ist. Gleichzeitig wird betont, dass es sich dabei nicht um ein autoritäres System, sondern um eine demokratisch legitimierte Regierung handeln müsse (APOLTE u. CASSEL 1994: 663, ÅSLUND 1993: 40, KALTEFEITER 1994: 623, KRAUS 1994: 119 u.a.)[26]. Als Gegenargument wird das Beispiel der ‚vier kleinen Tiger' angeführt: Hong Kong, Südkorea, Taiwan und Singapur verzeichneten jahrelang hohe Wachstumsraten trotz autoritärer Regierungen (KRAUS 1994: 119). Inwieweit Vergleiche mit diesen Staaten angebracht sind, darf allerdings bezweifelt werden. Die Probleme eines autoritären oder diktatorischen Systems manifestieren sich schon darin, dass niemand dafür garantieren kann, dass das Ziel einer solchen Regierung oder

---

[26] Vgl. auch die Arbeit von LEIPOLD 1994.

Person der Wohlfahrt des Landes dienen wird, da sie, die Regierung, sich das Ziel selber aussuchen kann (APOLTE, CASSEL 1994: 663). Transformationspolitik fordert einen Staat, der seine eigenen machtpolitischen Interessen hinter die Anforderungen einer marktwirtschaftlichen Ordnung stellt. Die damit verbundene Gefährdung des Transformationsprozesses impliziert die Einschränkung regulierender Maßnahmen seitens des Staates auf das Anfangsstadium der Transformation und begründete Ausnahmefälle (LÖSCH 1993: 28). Im Interesse einer erfolgreichen Transformation muss der Staat auch gegen seine strategische Einschätzung der eigenen Rolle vorgehen (KÁDÁR 1993: 184). Die Kontroverse wird deutlich: In Bezug auf die postsozialistischen Staaten heißt das eventuell auch, zur Durchsetzung der Reformen gegen die etablierte Elite vorzugehen. In beiden Fällen – einer Autoritarisierung wie einer Demokratisierung – sind raumstrukturelle Wirkungen wahrscheinlich. Bei eher autoritären Regimen besteht z.B. die Gefahr verstärkter Zentralisierung oder der Bevorzugung bestimmter Regionen, etwa aufgrund bereits bestehender sozialer oder machtpolitischer Netzwerke. In diesem Kontext sind auch die lokalen und regionalen Verwaltungsstrukturen und Netzwerke in ihrer politischen Bedeutung zu analysieren (PICKVANCE 1997). Ein weiterer wichtiger Aspekt der politischen Transformation, vor allem der Staaten der ehemaligen Sowjetunion, ist die Umwandlung von einer abhängigen Teilrepublik in einen eigenständigen Nationalstaat. MERKEL bezeichnet die Nationenbildung als fundamentale Voraussetzung für die Demokratie. Nationenbildung bzw. die Neubestimmung des nationalstaatlichen Rahmens bedeutet, neben einer klaren territorialen Abgrenzung, dabei vor allem die Herausbildung einer nationalen Identität, einer staatlichen Integrität sowie einer inneren Souveränität des Staates (HÖHMANN 1995, MERKEL 1999: 378-379)[27]. Diese in Mittelasien neue und gleichzeitig alte Nationenbildung (Stalins Delimitationspolitik) steht dabei im Spannungsfeld der Globalisierung, d.h. die betroffenen Staaten stehen vor dem Problem, zeitgleich mit der Etablierung ihrer neuen Nation auch die Integration in die Weltwirtschaft und die dazugehörigen Globalisierungsprozesse zu bewältigen. Die theoretischen Implikationen für mögliche Effekte auf die Raumstruktur sind deutlich. Neben der faktischen territorialen Abgrenzung eines neuen Staates

[27] Die Frage der Nationenbildung ist zu komplex um sie ausreichend an dieser Stelle abzuhandeln. Aufgrund der nicht zu unterschätzenden Bedeutung dieses Komplexes, der schon im Exkurs des vorangegangenen Kapitels kurz angesprochen wurde, wird diese Frage spezifisch für die hier betrachteten Staaten in Teil C aber ausführlich diskutiert.

entstehen infrastrukturelle Veränderungen, die ebenso wie mögliche Veränderung, z.B. der ethnischen Zusammensetzung des neuen „Nationalvolkes“ sowie eine Neugestaltung der politischen wie wirtschaftlichen Beziehungen die Region, ihre Wahrnehmung und die Raumstrukturen beeinflussen. Dieser Aspekt wird als entscheidend für die Entwicklungen in Mittelasien in Teil C ausführlich diskutiert.

2.2.3 GESELLSCHAFTLICHE DIMENSIONEN VON TRANSFORMATION

Transformation und die bisher betrachteten Aspekte der Segmente Wirtschaft und Politik haben schon deutlich ihre gesellschaftliche Dimension gezeigt. Beide Aufgabenbereiche verlangen Akteure, die Transformation bewusst wollen und danach handeln. Damit werden den gesellschaftlichen Wandel betreffende und schon zum Teil erläuterte Aspekte, wie der Wandel tradierter Werte, zur Grundvoraussetzung für Transformation. Auch hier spielt Zeit eine bedeutende Rolle. Um die erläuterten Transformationsaufgaben zu bewältigen, müssen die Akteure den Wertewandel vollzogen haben, d.h. die notwendigen Werte der neuen Ordnung bereits für sich akzeptiert haben. Wertewandel ist ein langfristiger Prozess – Zeit wird benötigt, bis sich in Bildungswesen, Wissenschaft, Kultur und vor allem Alltag die ‚neuen' Werte eingeprägt haben. Wer aber bestimmt, welche Werte sich in welcher Form wandeln sollen und wird dies akzeptiert? Im Kontext der Transformation entsteht der Konflikt zwischen dem, was die Menschen bisher dachten, wussten und glaubten und den neuen Anforderungen einer demokratischen Rechtsordnung mit einer marktwirtschaftlichen Orientierung. Marktwirtschaft unterstellt ein interessenmotiviertes Verhalten des Individuums, während im Sozialismus die Menschen weitgehend von eigenverantwortlicher Initiative entfremdet wurden – so zumindest die Theorie. Hier kommt die Frage nach der Bedeutung des ‚kulturellen Kapitals', wie BOURDIEU es definierte, auf: Auch im Kommunismus gab es ein spezielles kulturelles Kapital (z.B. soziale Selbstverpflichtung), welches nicht nur negativ bewertet werden kann. Die Folge ist die Verknüpfung alter und neuer Wertvorstellungen zu einer hybriden Form, die eben nicht genau den Wertvorstellung der „modernen Zielgesellschaft“ entspricht. Nicht nur in diesem Zusammenhang steht die Kritik an Modernisierungstheorien, wie sie zu Beginn dieses Kapitels diskutiert wurden, sondern auch im Kontext der Tatsache, dass die vormalige Vorbildgesellschaft heute eher als postmoderne oder postindustrielle Gesellschaft bezeichnet wird, die Moderne somit schon ‚hinter' sich gelassen hat. Welche Werte sind also die ‚Wichtigen', die betroffene Akteure zu wandeln haben? Die Bedeutung der Informationsvermittlung über die Systemzusammenhänge sollte in diesem Zusammenhang nicht unterschätzt werden. Es scheint somit paradox, dass bildungspolitische Maßnahmen, die als Ansatzpunkt für die Akzeptanz und die Gestaltung des Transformationsprozesses fungieren, in der Priorität der Staaten oft erst weit hinter den Segmenten Wirtschaft und Politik landen (KAMINSKI 1996, KOLLMORGEN 1993, MEYER 1997).

Auswirkungen sind hier vor allem im Kontext der Transformation der für den Wertewandel „zuständigen" Institutionen zu erwarten, wie Bildungswesen und Kultur. Gesellschaftlicher Wandel lässt sich aber nicht quantitativ operationalisieren. Auswirkungen gesellschaftlichen Wandels sind untrennbar mit den Segmenten politischen und wirtschaftlichen Wandels verknüpft. Hinzu kommt der Wandel der Sozialpolitik: Zum Einen in der Dimension Infrastruktur sozialer Dienste und Institutionen, zum Anderen im Wertewandel auf Mikroebene, d.h. im Alltag, bei Familiengesetzgebung, Frauenrecht, Minderheitenpolitik oder anderer verknüpfter Aspekte.

2.2.4 POSTSOZIALISTISCHE TRANSFORMATION – BEDEUTUNG VON AUSGANGSBEDINGUNGEN

> *„Transformation ist mittlerweile zu einem Schlagwort im wissenschaftlichen Kampf mit den widerborstigen postsozialistischen Realitäten geworden"*
> (KOLLMORGEN 1993: 381)

Diese Zitat verdeutlicht kurz und knapp einige Ergebnisse der Transformationsforschung und der bisherigen Diskussion der theoretischen Konzeptionen und ihrer Umsetzung:

- Der Versuch, durch eine theoretische ex-post Analyse zu einer transformationstheoretischen Erklärung der in den postsozialistischen Ländern stattfindenden Prozesse zu gelangen und damit funktionierende alternative Handlungsstrategien zu den bisherigen anzubieten wurde, und wird weiterhin, von der postsozialistischen Realität in Frage gestellt[28].
- Das ‚Dilemma der Gleichzeitigkeit' aller genannter Segmente sowie auch innerhalb der einzelnen Segmente ist ein Merkmal von Transformation, das die Komplexität besonders verdeutlicht.

[28] Vgl. RHODE-LIEBENAU 1998 der das Programm des IWF in Russland kritisch betrachtet.

Als ein Grund für die Differenz zwischen Theorie und Realität wurde mittlerweile die mangelnde Berücksichtigung der Ausgangsbedingungen, seien es strukturell-allgemeine oder historisch-spezifische, bei der Analyse des Transformationsprozesses erkannt und kritisch angemerkt So kritisiert z.B. VON BEYME, dass westliche Berater aus Unwissenheit über spezifische Rahmenbedingungen unrealistische Ratschläge gaben, deren (negative) Folgen sie somit auch nicht absehen konnten (HANF, KRECKEL 1996, JUCHLER 1993, MERKEL 1999: 108, PÜTZ 1998: 61, VON BEYME 1994).

Die Bedeutung tradierter Werte und kulturellen Kapitals als Ausgangsbedingung wurden bereits im vorhergehenden Kapitel angesprochen. Zur Analyse der Ausgangsbedingungen im Transformationsprozess gehört demnach auch die Frage nach der Bedeutung der Kultur in ihren unterschiedlichen Dimensionen und in ihrer historischen Entwicklung (KAMINSKI 1996). Länderspezifische Besonderheiten der Transformation und das Hervortreten historischer Unterschiede sind ein weiteres Beispiel für die Notwendigkeit einer Analyse der Ausgangsbedingungen eines Landes. Das historischen ‚Erbe' – im negativen wie im positiven Sinn – zu erkennen und zu verdeutlichen, ist für ein Verständnis des Transformationsprozesses und möglicher persistenter Strukturen notwendig. Ein Beispiel für spezifische historische Entwicklungen in der ehemaligen Sowjetunion bilden die sich hier überlagernden europäisch-feudalen und asiatisch-despotischen Entwicklungen, welche das historische Erbe dieser Region nicht nur besonders problematisch machen, sondern auch deutlich von historischen Entwicklungen z.B. der mittelosteuropäischen Staaten unterscheiden. Die häufigen Fehleinschätzungen bezüglich des Stellenwertes dieses „Erbes" erschweren, bei der an sich schon vorliegenden Komplexität von postsozialistischer Transformation, die Einschätzung von politischer und ökonomischer Machbarkeit während des Überganges (FASSMANN 1995, FASSMANN, LICHTENBERGER 1995, HÖHMANN 1995, JUCHLER 1993, RUDOLPH 1995). Die Ausgangssituation muss somit als Voraussetzung für eine Analyse der Veränderungen analysiert werden. Dies entspricht auch dem Aspekt der Prozesshaftigkeit des hier zugrunde liegenden Regionenkonzeptes wie es in Kapitel 2.1 diskutiert wurde und dem regionalgeographischen Forschungsansatz.

2.2.5 REGIONALE DISPARITÄTEN IM TRANSFORMATIONSPROZESS

Es wurde bereits mehrfach gezeigt, dass es auch im Kontext regionaler Ausprägung von Transformation eine Reihe von möglichen Ansatzpunkten für empirische Untersuchungen gibt. Auch wurde deutlich, dass sowohl als Ausgangssituation wie auch als Folge von Transformation regionale Disparitäten auftreten, insbesondere im Kontext postsowjetischer Staaten (s. Exkurs S. 37 ff.). Die Analyse der Auswirkungen der Transformationsprozesse auf regionale Disparitäten bildet damit einen weiteren Aspekt raumstruktureller Wirkungen.

CSÉFALVAY führt aus, dass z.B. die Entstehung regionaler Disparitäten zwangsläufig ein Aspekt sozioökonomischer Umstrukturierungsmaßnahmen ist. Auch DANIELZYK UND OßENBRÜGGE stellen die Frage – ganz unabhängig vom Kontext der Transformation – wie sich wirtschaftlicher Strukturwandel auf bestimmte ‚localities' auswirkt (CSÉFALVAY 1997: 28, DANIELZYK, OßENBRÜGGE 1993: 211). Die folgende Diskussion regionaler Disparitäten als ein weiterer Aspekt von Transformation bestätigt diese Annahme. Trotzdem beschäftigen sich nur wenige Arbeiten im breiten Angebot transformationstheoretischer Forschungen bisher mit Regionalen Disparitäten als Aspekt von Transformation (z.B. die zitierte Arbeit von CSÉFALVAY zu Ungarn 1997 oder eher regionalökonomisch ausgerichtete Arbeiten wie die von ERNST 1996 oder SCHULZ-NIESWANDT 1996), „*place, the problem of localities, is out of place in these perspectives*" (GRABHER, STARK 1997: 16).

Bei einer Auswertung von Arbeiten zu regionalen Disparitäten im Allgemeinen fällt auf, dass auch hier wieder meist ökonomische Aspekte im Vordergrund stehen, also vergleichbar mit der Transformationsdiskussion.

> „*Bei regionalen Disparitäten handelt es sich zunächst ganz allgemein um Ungleichheiten im Stand der wirtschaftlichen Entwicklung verschiedener Teilräume einer Volkswirtschaft.*"
> (KRÄTZSCHMAR 1995: 10)

Wie weit verbreitet diese ökonomische Definition regionaler Disparitäten ist, zeigt ein Blick auf Veröffentlichungen internationaler Institutionen wie z.B. Weltbank und IWF. Der Vorteil einer rein ökonomisch basierten Definition liegt hier vor allem in der vergleichsweise einfachen Operationalisierung der Indikatoren, da diese als statistisches Datenmaterial oftmals vorliegen bzw. mit quantitativer Methodik zu erfassen und analysieren sind. Damit zeigen sich aber auch erste Mängel dieser Definition im Kontext der vorliegenden Arbeit. Statistische Daten in der ehemaligen Sowjetunion sind, wie noch erläutert wird, nicht mit Daten westlich-kapitalistischer Länder in Bezug auf deren Wahrheitsgehalt (sowie Zugänglichkeit) zu vergleichen. Eine quantitative Analyse schließt sich zudem durch den Forschungsansatz, wie er in Anlehnung an die Neue Regionale Geographie definiert wurde, aus. Hinzu kommt die Unzulänglichkeit der ökonomischen Schwerpunktsetzung, vor allem auch im Kontext der erfolgten Diskussion zur Transformation (KRÄTZSCHMAR 1995, VORAUER 1997). Regionale Disparitäten sind werden aber nicht ausschließlich als ökonomische Differenzierung definiert. Dieser Erweiterung wird die Definition im Handwörterbuch für Raumordnung eher gerecht:

> *„Unter regionalen Disparitäten werden Abweichungen von einer gedachten, je nach Fragestellung auf unterschiedliche räumliche Maßstabsebenen (Regionenabgrenzung) bezogene Referenzverteilung von als relevant erachteten Merkmalen."*
> (AKADEMIE FÜR RAUMFORSCHUNG UND LANDESPLANUNG 1995: 185)

Hier wird die Auswahl der Indikatoren offen gelassen, der Disparitätenbegriff ist damit für alle Arten von Merkmalen offen. Problematisch bleibt aber die Nutzung des Begriffes Disparität, da ihm eine – meist negative – Wertung implizit zu sein scheint.

> *„Die Feststellung, es gäbe Disparitäten, scheint daher stets auch die Wertung einzuschließen, dass diese als unerwünschte Zustände zu beseitigen seien."*
> (AKADEMIE FÜR RAUMORDNUNG UND LANDESPLANUNG 1995: 185)

Disparitäten ziehen vielfältige ökonomische, ökologische und soziale Folgen nach sich, aber ob diese zwangsläufig negativ sind, hängt genauso von der Interpretation wie von der vorherrschenden Politik und ihrer Pläne bezüglich gewünschter Wachstums- und / oder Allokationsprozesse ab. Dies begründet auch wieder die politische Interpretation ökonomischer Entwicklungen. Zudem gab es immer schon regionale Disparitäten – alleine die Unterschiede in der naturräumlichen Ausstattung bringen Disparitäten mit sich. Die zu unterschiedlichen Zeitpunkten der Entwicklung differenzierte Inwertsetzung dieser Ausstattung verdeutlicht aber auch, dass Disparitäten sich genauso wie ihre Bewertung verändern und vielfältige Ursachen haben können. Zudem zeigte die Diskussion der Besonderheiten der Zentralverwaltungswirtschaft, dass regionale Disparitäten zudem in den unterschiedlichen Wirtschaftssystemen differenzierende Folgen und Entwicklungen hatten (HERDZINA 1993, MASSEY 1996). Die Interpretation von Disparitäten unterliegt damit ähnlichen Prämissen wie die von Regionen und Raum und hängt maßgeblich vom Interpretierenden ab. Diese Bewertung wird noch deutlicher, wenn man mit MASSEY die Frage stellt: *„In what sense, then, are ‚regional' problems regional problems? Clearly such inequalities do not result form a simple absolute deficiency*" (MASSEY 1996: 410). Bezüglich des Untersuchungsgebietes spielt zudem die politische Dimension eine entscheidende Rolle. Diese lässt sich, vor allem in ihrer prozesshaften historischen Entwicklung nicht quantitativ operationalisieren. Die für die Transformation wichtigen ökonomischen Aspekte und die differenzierte Regionalentwicklung unter Einbeziehung des Prozesses der regionalen Disparitäten werden dem Konzept der neuen regionalen Geographie folgend vor allem im Kontext ihrer politischen Auswirkungen sowie den übergeordneten Aspekten Ethnizität und Identität analysiert.

2.3 RAUMSTRUKTURELLE WIRKUNGEN VON TRANSFORMATION: MITTELASIEN UND DAS FERGANA-TAL

> "*One obvious challenge is to identify the ways in which the process of reform is shaping the geography of the Soviet Union. Another challenge, informed by the new regional geography, is to identify the ways in which the geography of the Soviet Union is shaping the process of reform*".
> (BRADSHAW 1990: 319).

Die Diskussion in Kapitel 2.2 hat verdeutlicht, dass Transformationsprozesse, ihre Inhalte und Folgen nur selten im Kontext raumstruktureller Wirkungen und regionaler Ausprägungen analysiert werden. Regionalgeographische Ansätze, wie in Kapitel 2.1 diskutiert, werden bisher kaum zur Analyse von Transformationsprozessen angewandt. Obwohl ‚Raum' als Untersuchungsgegenstand gerade in den Sozialwissenschaften einen neuen Stellenwert erhalten hat, findet diese Entwicklung nur wenig Eingang in die Transformationsforschung. Aber auch innerhalb der geographischen Forschung findet sich eine vergleichsweise geringe Anzahl an Studien zu diesem Komplex, welche sich meist auf einzelne Aspekte von Transformation beschränken. So führt STADELBAUER in seiner Übersicht über sozialgeographische Transformationsforschung Arbeiten zu Minderheiten- und Konfliktforschung, Einzelhandelsforschung, Stadtentwicklung und Wohnungsmarkt und bevölkerungsgeographischen Fragestellungen wie Migration und Beschäftigung auf (STADELBAUER 1998)[29]. Zwar werden hier auch regionale Ausprägungen von Transformation auf unterschiedlichen Maßstabsebenen analysiert, aber sie bilden nicht das Untersuchungsziel selbst. Bei den hier genannten Arbeiten – und das gilt für den gesamten Bereich der geographischen Transformationsforschung – liegt der regionale Schwerpunkt auf Osteuropa und dem europäischen Teil der ehemaligen Sowjetunion. Die Kaukasusregion wird vor allem bezüglich geographischer Konfliktforschung betrachtet. Zur Region Mittelasien liegen vergleichsweise wenig Arbeiten vor. Mittelasien war zur Zeit der Sowjetunion eines der Gebiete, zu denen nur wenige Wissenschaftler Zugang hatten – ein Aspekt, der sich in der Menge an vorliegenden Arbeiten niederschlägt. Da die wichtigsten Arbeiten in den Teilen B und C (respektive für die Zeit vor und nach 1991) zitiert werden, soll an dieser Stelle auf eine Aufzählung verzichtet werden und nur ein kurzer Überblick unter Einbeziehung nichtgeographischer Arbeiten erfolgen.

Arbeiten über Mittelasien während und nach der Zeit der Sowjetunion liegen u.a. von GIESE 1980, 1983, GÖTZ, HALBACH 1991, 1996, HAMBLY 1966, HARRIS 1994, KARGER 1978, 1995, KLÜTER 1993, LEWIS 1979, 1992 und STADELBAUER 1973, 1990, 1991, 1996 vor. Aktuelle Arbeiten zu Mittelasien in der Geographie beschäftigen sich zu weiten Teilen mit der Aralseeproblematik bzw. der Wasserproblematik allgemein (GIESE 1998, DESSL, RECH 1993, KLÖTZLI 1997, MICKLIN 1992 u.a.), mit Management von Naturreservaten (HÜNNINGHAUS 2002), aber auch mit Transformation im sozioökonomischen Kontext (STEIN 1997) oder mit Grenzen und Identitäten (MEGORAN 1999).
Im weitesten Sinne politische Informationen und Artikel bieten die Zeitschriften Central Asia Monitor und Central Asian Survey sowie kurzzeitig die mittlerweile nicht mehr verlegte Zeitschrift Oxus. Auch verschiedene Newsletter im Internet bieten aktuelle Informationen zu Mittelasien, so z.B. der Turkestan-newsletter, Central Asia Online und der RFE/RL-Report. Des weiteren zu nennen sind die Publikationen des mittlerweile leider aufgelösten

---

[29] Es ist nicht beabsichtigt, eine abschließende Übersicht über geographische Transformationsforschung zu leisten. Berücksichtigt man, dass im weitesten Sinne alle Arbeiten zu Transformationsländern hier zuzuordnen wären, wird deutlich, dass eine solcher Überblick eine eigene Arbeit beanspruchen kann. Hinzu kommt, dass sich die Mehrzahl dieser Arbeiten nicht mit Mittelasien beschäftigen. Arbeiten zu Mittelasien werden im weiteren aufgeführt. Die zitierte Übersicht von STADELBAUER sowie z.B. die Zeitschrift des Instituts für Länderkunde e.V. Leipzig, *Europa regional* bieten weiterführende Quellen zu geographischer Transformationsforschung.

Bundesinstituts für ostwissenschaftliche und internationale Studien, neben VON BORCKE 1997 vor allem HALBACH 1991, 1994, 2000. Stellvertretend für weitere Arbeiten zu Mittelasien seien hier ANDERSON 1999, GUMPEL 1997, RUFFIN, WAUGH 1999, HAGHEYEGHI 1995, KOMATSU, OBIYA, SCHOBERLEIN 2000, NAUMKIN 1994 und ROY 2000 genannt[30]. Die Region Fergana-Tal als Gegenstand von aktuellen Arbeiten findet sich u.a. bei HALBACH 2000, LUBIN 1999, MEGORAN 2000, STEIN 2000 und TABYSHALIEVA 1999.
Im Vergleich zu Forschungen über Ost- und Mittelosteuropa liegen bisher wenige Arbeiten vor, die sich speziell mit Mittelasien beschäftigen – vor allem in der Geographie. Dies unterstreicht die explorative Funktion der vorliegenden Arbeit.

2.3.1 DIE THEORETISCHEN VORÜBERLEGUNGEN IM KONTEXT DER EMPIRISCHEN ANALYSE

Es besteht „*ein hohe räumliche Gebundenheit von Transformation als Prozess gesellschaftlichen Wandels, die mit globalen makrosoziologischen Kategorien nicht hinreichend zu analysieren ist, sondern die verstärkte Einbeziehung räumlicher Kategorien in die Transformationsforschung erfordert*“ (PÜTZ 1998: 64). Dies belegt die Notwendigkeit der in Kapitel 2.1 erfolgten Diskussion des hier zur Anwendung kommenden Raumkonzeptes und des regionalgeographischen Ansatzes und die Eignung dieses Ansatzes zur Analyse der regionalen Ausprägung der einzelnen Transformationsaspekte. Wie die Analyse in Kapitel 2.2 deutlich macht, werden die klassischen Aspekte von Transformation – Ökonomie, Politik und Gesellschaft – kaum auf ihre raumstrukturellen Wirkungen und damit ihre regionale Ausprägung hin analysiert. Die Aspekte Ausgangsbedingungen und vor allem Regionale Disparitäten bilden im Gegensatz dazu leicht zu integrierende Elemente im Kontext einer regionalgeographischen Analyse des mittelasiatischen Transformationsprozesses.
Der in Kapitel 2.1 für diese Arbeit definierte Raumbegriff und die Definition von Raumstrukturen als Ausprägung der Wirkungsgröße Raum im Kontext der gesellschaftlichen Praxis (hier im Fokus der Transformationsprozesse) als

[30] Die verschiedenen Arbeiten der zitierten Personen werden zum einen in den Teilen B und C ausführlicher besprochen, sind aber auch der Literaturliste am Ende dieser Arbeit zu entnehmen. Es sein noch einmal darauf hingewiesen das dieser Überblick nur eine Auswahl darstellt und in keiner Weise abschließend ist.

Grundlage eines regionalgeographischen Forschungsansatzes, angepasst an die Besonderheiten der hier betrachteten Region, bilden die theoretische Grundlage für die Analyse der Transformationsprozesse in Mittelasien. Diese, auf dem diskutierten und erweiterten regionalgeographischen Ansatz aufbauende Regionalanalyse wird damit auch dem ‚Dilemma der Gleichzeitigkeit' gerecht. Dieser Forschungsansatz ermöglicht theoretisch zudem erweiterte Erkenntnisse über die Zusammenhänge und Interaktionen zwischen einzelnen Teilsegmente der Transformation im Kontext ihrer regionalen Ausprägung, wobei diese Erkenntnisse auf Grund des spezifischen regionalen Untersuchungsgegenstandes dieser Arbeit nur eingeschränkt gewonnen werden können.

Die empirische Untersuchung folgt den Ergebnissen der theoretischen Analyse in dem Transformation in ihrer räumlichen Auswirkung analysiert wird. Der prozesshafte Charakter von Region und die Notwendigkeit der Analyse der Ausgangsbedingungen des Transformationsprozesses sowie der Prozess der Entwicklung und Interpretation regionaler Disparitäten bilden die theoretische Grundlage für die Analysen in Teil B der Arbeit. Fokus der Analyse ist die Frage nach Ursachen der Ausgangsstrukturen am Beginn des Transformationsprozesses. In wie weit hat sich die Raumstruktur vor allem in Folge von Kolonisation und Sowjetisierung verändert? Die politischen Folgen für die Identitätsveränderung der Region werden vor allem anhand der Aspekte Ethnizität und Nationalität analysiert. Die Raumwirkung des politischen Handelns wird bei der Diskussion ökonomischer und soziostruktureller Folgeprozesse deutlich. Die Analyse der Ausgangsstrukturen folgt dabei dem theoretischen Ansatz mit einer Fokussierung auf regionale Ausprägungen politischen Handelns und die Entwicklung von Nationalität und Identität.

Teil C der Arbeit analysiert schließlich den Transformationsprozess in Mittelasien. Die Bedeutung von Nationalität und Identität wurde als bedeutend für die Betrachtung der Region Mittelasien als postkoloniale Region herausgestellt. Die Bedeutung politischer Raumwirkung ist im Kontext der Besonderheiten postsowjetischer Regionen am Beispiel der Ursachen für regionale Disparitäten diskutiert worden. Dem neuen regionalgeographischen Ansatz sowie der Schwerpunktsetzung der Transformationsforschung folgend werden die raumstrukturellen Wirkungen der Transformation in den Bereichen Ökonomie und Gesellschaft somit vor allem in Hinblick auf Ethnizität, Nationalität und Identität im Kontext politischer Raumwirkung analysiert.

Fragen der territorialen Abgrenzung und der Umgang mit Grenzen spielen in die Analyse hinein. Regionale Disparitäten und die Entwicklung der Ausgangsbedingungen bilden verbindende Analyseelemente der beiden theoretischen Grunddiskussionen um Raum/Region und Transformation. Die Analyse dieser Elemente erfordert die Einbeziehung ökonomischer wie soziostruktureller Aspekte und ermöglicht auf Grundlage des regionalgeographischen Ansatzes die Fokussierung auf die Entwicklung von Identität, Nationalität und die Frage der Bedeutung von Territorialität am Beispiel der Analyse von Grenzen im politischen Kontext.

Insbesondere das Fallbeispiel Fergana-Tal setzt dieses Analysemodell um. Dieses Fallbeispiel kann aber nur im Kontext der vorhergehenden Analyse der Transformation in Mittelasien diskutiert werden und bildet daher zwar bereits die Fokusregion in Kapitel 6, bei der Diskussion von Raumstruktur und Transformation in Mittelasien, wird aber erst in Kapitel 7 im Hinblick auf die spezifischen raumstrukturellen Wirkungen des Transformationsprozesses für diese Teilregion analysiert. Während Teil B hauptsächlich – wenn auch nicht ausschließlich – auf Literaturanalysen aufbaut, konzentriert sich Teil C auf die Auswertung von qualitativen Daten, die im Rahmen von Feldaufenthalten in Mittelasien erhoben wurden. Die in Kapitel 3 dargestellten Rahmenbedingungen der Forschungsregion machen die Restriktionen einer komplexen Analyse der raumstrukturellen Wirkungen von Transformation in Mittelasien deutlich, welche vor dem Hintergrund des explorativen Charakters einer Arbeit über diese Region zu diskutieren sind.

3 METHODISCHE GRUNDLAGEN

RAHMENBEDINGUNGEN DES FORSCHUNGSPROJEKTES

Das Forschungsprojekt wurde mit dem Ziel der Promotion geplant und finanziell durch ein Graduiertenstipendium der Universität Bonn unterstützt. Die Forschung war in kein universitäres oder anderweitig bestehendes Projekt eingebunden. Während der Vorbereitung der Feldforschungsaufenthalte bestand somit nicht die Möglichkeit, auf bestehende Ressourcen oder die Infrastruktur eines laufenden Projektes zurückzugreifen. Ein weiterer restriktiver Faktor für die Aufenthaltsdauer in Mittelasien stellte die Förderhöchstdauer des Graduiertenstipendiums dar.

Als theoretische Grundlage für die Feldforschung wurde der theoretischen Konzeption folgend ein qualitativer Forschungsansatz gewählt. Die Aspekte von Transformation im Kontext ihrer raumstrukturellen Wirkungen bildeten dabei die Leitelemente der empirischen Untersuchung, so wie sie in Kapitel 2.3.1 erläutert wurden. Die Explorationsfunktion des qualitativen Ansatzes der empirischen Sozialforschung eignet sich dabei besonders für wenig erforschte Aspekte und Regionen, wie sie Gegenstand dieser Arbeit sind (LAMNEK 1993 Bd.1: 22-23, SEDLACEK 1989: 11-12). Die Methodik wurde in Anlehnung an das Konzept der *Grounded Theory* von STRAUSS (1994) erarbeitet. *Grounded Theory* ist eine Methode, die ‚Entdecken als ihr Hauptanliegen' ansieht und versucht, gegenstandsorientiert anhand von Daten Phänomene zu erkennen und später Theorien zu entwickeln (Begründung aus dem Datenmaterial). Somit spielt die Induktion in dieser Methode eine entscheidende Rolle (KLEINING 1992: 84-85). Die *Grounded Theory* stellt aber nach STRAUSS keine rein induktive Methode dar. Auch er erachtet alle drei Aspekte der wissenschaftlichen Untersuchung – Induktion, Deduktion und Verifikation – für notwendig (STRAUSS 1994: 37-38). In Abwandlung des aus der Soziologie stammenden Konzeptes wurde dieses für die qualitative Forschung in der Geographie an die Anforderungen der vorliegenden Fragestellungen angepasst. Diese Anpassung erfolgte u.a. in Bezugnahme auf die Forderungen zur qualitativen Forschung in der Geographie von BAILEY, WHITE UND PAIN (1999) und der dazu geäußerten Kritik von BAXTER UND EYLES (1999). Eine Rechtfertigung der Anpassung ergibt sich aus dem Konzept der *Grounded Theory* selbst. STRAUSS betont, dass die hier zu Grunde gelegte Form der Analyse „*nicht von den Perspektiven einer Disziplin abhängig ist*" und bezeichnet die *Grounded Theory* als einen generellen Forschungsstil, „*der in seiner Reichweite bezüglich analysierbarer Daten überhaupt nicht eingeschränkt ist*" (STRAUSS 1994: 19, 21). Auch schließt er eine kombinierte Nutzung qualitativer und quantitativer Daten nicht aus. Er betrachtet die Wahl des Analyseinstrumentes (quantitativer oder qualitativer Natur) als differenzierendes Kriterium und nicht den Charakter der Daten. Die Gegenstandsbezogenheit der *Grounded Theory* ermöglicht durch die Kombination verschiedener Methoden der Datenerhebung und durch die Einbeziehung verschiedener Datenformate eine ganzheitliche und umfassende Analyse und damit die Möglichkeit, trotz der für Mittelasien geltenden eingeschränkten Forschungsbedingungen, Ergebnisse zu generieren. Neben den im weiteren Verlauf dargestellten empirischen Methoden der qualitativen Forschung konnten somit auch quantitative Daten berücksichtigt werden. (MAYRING 1993: 100, SEDLACEK 1989: 14-16, STRAUSS 1994: 25-31).

BAILEY, WHITE UND PAIN betonen, dass die *Grounded Theory* die Möglichkeit eröffnet, rationales und kreatives Denken in einer Analysemethode zu integrieren. Um auch der Forderung nach Validität nachzukommen, die auf Transparenz und systematischer Evaluierung im Forschungsprozess beruht, schlagen sie reflektives Management vor. Durch die ständige Reflektion während des gesamten Zeitraumes des Forschungsprojektes sollen die Ansprüche an eine integrative Analysemethode erfüllt werden. STRAUSS wie BAILEY, WHITE UND PAIN weisen zudem auf die Bedeutung des Kontextwissens des Forschers hin, welches in die Analyse mit einfließen soll. Dieses Wissen soll nicht zugunsten einer nicht erreichbaren Objektivität unterdrückt werden, denn bisher Erfahrenes und Erlerntes beeinflusst den Forschungsprozess und soll bewusst genutzt werden (BAILEY, WHITE UND PAIN 1999 , STRAUSS 1994: 35-37).

DIE ROLLE ALS FORSCHERIN

Die reflektierende Betrachtung der eigenen Rolle, der Vorkenntnisse und der Bedingungen der empirischen Forschung dienen der Transparenz und damit der Nachvollziehbarkeit der Forschung, der Ergebnisse und der Interpretation und sind von besonderem Interesse im Rahmen qualitativer Forschung. STRAUSS weist in seinen Ausführungen zur *Grounded Theory* auf die „*immense Bedeutung der eigenen Erfahrungen als Forscher und über die Kontexte in denen die Forschungen durchgeführt werden*" hin (STRAUSS 1994: 33). Innerhalb der geographischen Forschungen wird diese Bedeutung vor allem in der Feministischen Geographie (z. B. MCDOWELL 1991, ROSE 1993) unter Bezugnahme auf die Geschlechterrollen diskutiert. Auch der bereits zitierte Aufsatz von BAILEY, WHITE UND PAIN (1999) geht auf den Aspekt ‚Kontext' ein und kritisiert die unzureichende Transparenz vieler Forschungsberichte in dieser Hinsicht. In den Diskussionen innerhalb der Feministischen Geographie ist hinsichtlich vieler männlicher Kollegen, und hier vor allem derjenigen, die sich auf die *Grounded Theory* berufen (und damit die Bedeutung der Reflektion der eigenen Rolle als grundlegend anerkennen), eine mangelnde Auseinandersetzung mit ihrer Rolle als Mann im Forschungsprozess zu konstatieren. Hier ist es meines Erachtens notwendig, die eigene Person auch gender-spezifisch einzuordnen, um eine bessere Bewertung der Rahmenbedingungen des Projektes und damit auch der erarbeiteten Ergebnisse zu ermöglichen. So ist der Zugang zu bestimmten sozialen Gruppen innerhalb der Gesellschaft gender-spezifisch durch große Unterschiede gekennzeichnet[31], die folglich Auswahl der Forschungsregion und/oder der Interviewpartner beeinflussen. Das Problem eines nicht reflektierenden Vorgehens tritt dann auf, wenn Forscher, wie ROSE darlegt: „*see themselves as detached explorers who produce transcendent visions of neutral truth untouched by the contexts in which they are produced*" (ROSE 1993: 7). Neben den gender-spezifischen Rahmenbedingungen der Feldforschung sind auch andere Aspekte der Person des Forschers, z.B. die Einbindung des Forschungsprojektes in Institutionen und die Rolle, die der Forscher während seines Aufenthaltes einnimmt, von Bedeutung.

FORSCHUNGSBEDINGUNGEN IN MITTELASIEN

Die Mobilität einer alleinreisenden ausländischen Wissenschaftlerin ist in Mittelasien in länder- und regionenspezifisch unterschiedlichem Ausmaß eingeschränkt. Vor allem in ländlichen Gebieten war eine Vermittlung und Begleitung von Vertrauenspersonen unerlässlich. Unabhängige Reisen (d.h. ohne Begleitperson) z.B. in abgelegene Dörfer sind für eine Forscherin in einigen der hier untersuchten Regionen zum Zeitpunkt der Feldforschung nicht zu empfehlen.

---

[31] Dies gilt nicht nur für die genannten Gesellschaftsformen. Unterschiede in sozialem Stand, Bildung, Beruf, Hautfarbe etc. und eben auch gender spielen innerhalb aller Gesellschaften eine Rolle, die im Rahmen des Reflektionsprozesses der Forscher einfließen sollen.

Hier spielt auch die fehlende institutionelle Einbindung eine Rolle, denn individuelle und unabhängige Forschung ist in Mittelasien so nicht bekannt. Um der Frage vorzugreifen, ob denn einheimische Frauen alleine reisen, ist auf ihre beschränkten Alternativen hinzuweisen. Werden sie nicht von ihren Ehemännern, Vätern oder Brüdern begleitet, versuchen sie häufig andere weibliche Personen zur Mitreise z.B. im Überlandtaxi oder Bus zu bewegen, da eine Reise allein auch für einheimische Frauen unangenehm werden kann. Eine offensichtlich ausländische Frau ohne Begleitung wird zudem anders eingeordnet als eine einheimische Frau, so dass hier auch andere Erwartungen an ihr Verhalten gestellt werden.
Politische Konflikte wie die Bombenanschläge in Taškent, Auseinandersetzungen und Grenzschließungen zwischen Uzbekistan und Tadžikistan im Frühjahr 1999 und Rebellenübergriffe im südlichen Fergana-Tal Ende 1999 erschwerten die Organisation der Reisetätigkeit und beschränkten die Bewegungsfreiheit. In Dušanbe wirkten sich zusätzlich der vorangegangene Bürgerkrieg und die Verhandlungen zwischen Opposition und Regierung einschränkend aus.

REFLEKTION

Für das Zustandekommen von Interviewterminen führte mein Status als ‚Privatperson' teilweise zu Schwierigkeiten. Gleichzeitig ermöglichte die Unabhängigkeit von Institutionen aber auch sehr offene Gespräche, da keine negativen Konsequenzen für die Interviewpartner durch die Aussagen befürchtet wurden. Ein positiver Aspekt meiner Rolle als Forscherin war der Einblick in den Alltag der Frauen, der im Rahmen des Transformationsprozesses eine wichtige Rolle spielt und den männliche Kollegen aufgrund der gesellschaftlichen Organisation in diesen Ländern meist nur ungenügend erfassen können. So beschränken sich Frauen, besonders in ländlichen Gebieten, in der Gegenwart von Männern oft auf eine reine Zuhörerrolle oder verlassen den Bereich der Gäste ganz. Einschränkungen gelten aber auch für den umgekehrten Fall, da mir als Frau nicht die Möglichkeit offen stand, z.B. das Gespräch mit Männern in der Teestube zu suchen. Bei offiziellen Stellen wie Bürgermeister etc. traten allerdings keine diesbezüglichen Probleme auf. Die Bedeutung dieser Aspekte sollte der Anforderung an Transparenz entsprechend in beiden Fällen (Mann/Frau) immer offengelegt werden, um eine Einordnung der Ergebnisse zu ermöglichen. Eine Unterlassung dieser Offenlegung kann zur Verallgemeinerung geschlechtsspezifischer Einsichten führen, d.h. diese spezifischen Ansichten werden als vollständige Darstellung der Realität verstanden. Die voranstehenden Ausführung sollen eine Einordnung dieser Forschungsarbeit ermöglichen und damit der Anforderung ,Transparenz' genügen.

Folgende Abbildung fasst die Prinzipien einer qualitativen Forschung in der Geographie auf Grundlage der *Grounded Theory* zusammen:

Abbildung 3.1: Prinzipien qualitativer geographischer Forschung

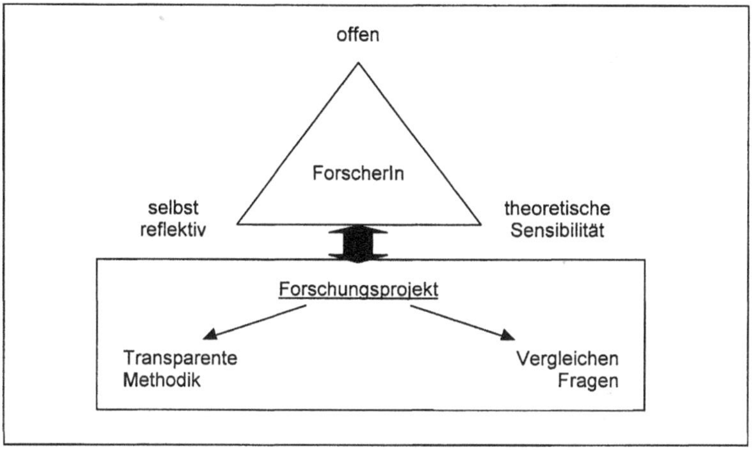

Quelle: EIGENER ENTWURF

Aufgrund der Verschiedenartigkeit von Forschungsprojekten innerhalb unterschiedlicher Disziplinen werden von STRAUSS keine allgemeingültigen und dauerhaften Regeln für die Vorgehensweise nach der *Grounded Theory* aufgestellt. Die von ihm aufgestellten Leitlinien („*Leitlinien und Faustregeln, keine Vorschriften*" STRAUSS 1994: 32) für eine effektive Datenanalyse bilden aber auch nach der konkreten Anpassung an die hier zu bearbeitende Fragestellung eine wichtige Grundlage der Analyse[32].

Folgende Aspekte (die nach STRAUSS ausdrücklich Gegenstand von Modifikation darstellen!) (STRAUSS 1994: 33) sind signifikant für die Vorgehensweise nach der *Grounded Theory*:

[32] Für eine ausführliche Darstellung der *Grounded Theory* vgl. STRAUSS (1994).

Abbildung 3.2: Aspekte und Methodik nach der *Grounded Theory*

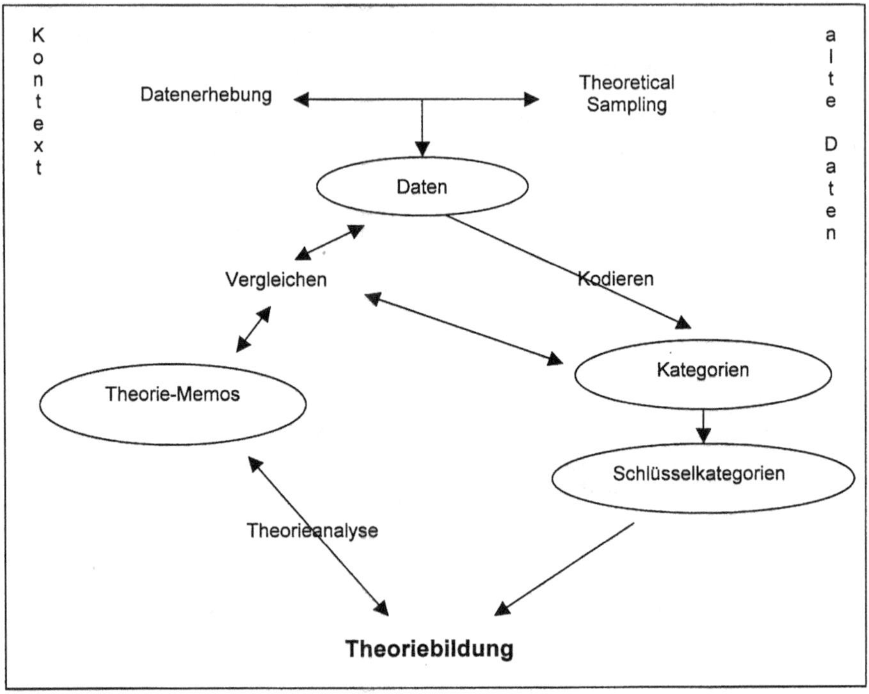

Quelle: EIGENER ENTWURF

Die einzelnen Vorgehensweisen sind in jedem Forschungsabschnitt miteinander kombinierbar. Besondere Bedeutung kommt der Kodierung zu. Durch die Analyse der Interviews werden Kategorien gebildet, denen die einzelnen Daten zugeordnet werden (kodieren). Im Laufe des Forschungsprozesses bilden sich dann eine oder mehrere Schlüsselkategorien heraus. Die Ergebnisse der Kodierung werden wieder für die weitere Datenerhebung genutzt, so dass der Forschungsprozess in ständiger Bewegung ist. Neben der Kodierung werden Theorie-Memos erstellt, *„laufende Aufzeichnungen von Einsichten, Ideen, Hypothesen und Diskussionen über die .. Kodes, weiterführende Gedanken“* etc. (STRAUSS 1994: 152). Die Kodierung sowie die Erstellung der Theorie-Memos dienen dem ständigen Reflektionsprozess während der Forschung und ermöglichen so die rasche Einbeziehung erster Ergebnisse in den weiteren Forschungsablauf. Die Kodierung erfolgt im Rahmen des Forschungsprojektes in Abweichung zu den dazu vorliegenden Hinweisen bei STRAUSS (1994), da z.B. eine ‚Zeile für Zeile' Analyse bzw. eine Wortanalyse der Interviews innerhalb der hier durchgeführten Forschung nicht notwendig ist (siehe Erhebungsmethoden).

KONTEXT UND HINTERGRUNDDATEN

Die Idee zur Untersuchung von Transformation bezüglich ihrer raumstrukturellen Wirkungen entstand aus dem Kontextwissen. Im Rahmen früherer Forschungen zu Transformation in Mittelasien wurde deutlich, dass sich die durch den Transformationsprozess initiierten Veränderungen auch in räumlichen Dimensionen ausprägten. In den ökonomischen Theorien zur Transformation wurden diese Prozesse kaum diskutiert. Um ein theoretisches Grundgerüst aufzubauen, wurden also zu Beginn auch ‚alte Daten' neu analysiert, was nach STRAUSS ein zulässiger Vorgang während des Forschungsprozesses ist (STRAUSS 1994: 46). Die Analyse vorhandener Theorien und Konzepte der Transformation in Bezug auf Raumwirkung wurde im vorherigen Kapitel durchgeführt. Dieser Analyseprozess darf nun nicht als statisch betrachtet werden. Die Leitlinien für die Interviews in Mittelasien wurden im Rahmen dieser Analyse entwickelt, aber während des Forschungsprozesses immer wieder mit den Ergebnissen der Interviewanalysen verglichen und angepasst (STRAUSS 1994: 359).

DATENERHEBUNG

Für die Datenerhebung wurden drei qualitative Erhebungsmethoden gewählt: Teilstrukturierte Interviews, Experteninterviews und Teilnehmende Beobachtung. Die Erkenntnisse aus den qualitativen Daten wurden durch die Analyse von Literatur, Erlassen und Verordnungen der Regierungen und anderen Quellen, z.B. Zeitungsartikel, Informationen aus Newslettern im Internet sowie quantitativen Daten wie statistischen Informationen ergänzt. Die qualitativen Daten wurden größtenteils während zwei Auslandsaufenthalten in Mittelasien im Mai-Juli 1999 und im April-Mai 2000 erhoben. Der erste Aufenthalt diente gleichzeitig der Sammlung quantitativer Daten. Der regionale Schwerpunkt des ersten Auslandsaufenthaltes lag in Uzbekistan und Tadžikistan. Hier wurden Interviews im Fergana-Tal sowie in den Hauptstädten der Länder geführt. Ebenso fanden erste Interviews im kyrgyzischen Teil des Fergana-Tals statt. Kyrgyzstan bildete den regionalen Schwerpunkt des zweiten Auslandsaufenthaltes. Im Rahmen dieser zweiten Forschungsreise wurden zudem weitere Interviews in Taškent / Uzbekistan geführt. Neben den Hauptstädten bildeten die Regionen des Fergana-Tals den Schwerpunkt der empirischen Untersuchung.

3.1 Qualitative Datenerhebung

EXPERTENINTERVIEWS

Experteninterviews bildeten den Schwerpunkt der qualitativen Untersuchung. Es handelt sich bei Experteninterviews um eine Form teilstrukturierter Interviews, die sich von den noch zu besprechenden Teilstrukturierten Interviews vor allem durch ihren Gegenstand unterscheiden. Den Gegenstand der Befragung bildet hier nicht die Gesamtperson, sondern der organisatorische und institutionelle Zusammenhang. Befragt wurden zum Einen Personen, die Teil des Handlungsfeldes des Forschungsgegenstandes sind (hier sind vor allem die einheimischen Experten zu nennen), zum Anderen Personen, die einen privilegierten Zugang zu Informationen hatten (hier kommen einheimische wie ausländische Mitarbeiter internationaler Organisationen oder ausländische Forscher in Frage). Inhalt des Interviews ist hier das Kontextwissen des Experten, nicht seine Person (MEUSER u. NAGEL 1991: 442-446).
Leitfäden kommen in diesen Befragungen zur Anwendung, um gezielter auf die thematische Fragestellung der Erhebung einzugehen. Die in Kapitel 2. diskutierten Aspekte im Kontext der Analyse von raumstrukturellen Wirkungen im Transformationsprozess bildeten Themenkomplexe für die Interviews.

1. Ökonomische Aspekte:
    - Transformationsstrategie
    - Ökonomische Transformation mit Schwerpunkt auf dem Sektor Landwirtschaft
    - Ressourcenverteilung und Infrastruktur
2. Gesellschaftliche und soziokulturelle Aspekte:
    - Akzeptanz
    - Bildung und Wissenschaft
    - Bevölkerungsdynamik

Dies Entwicklungen in diesen Bereichen resultieren aus den politischen Entscheidungen, die zudem den Transformationsprozess entscheidend bestimmen. Fragen zu politischen Entscheidungen bildeten damit einen weiteren Themenkomplex.

3. Politische Aspekte:
   - Demokratisierung
   - Nationenbildung und Grenzen
   - Identitäten

Diese Themenkomplexe stehen im Kontext der Analyse regionaler Ausprägungen politischen Handelns. Auf Grund der in Kapitel 2.2. diskutierten Komplexität des Transformationsprozesses konnten jeweils immer nur bestimmte Teilaspekte analysiert werden, die in einer zusammenschauenden Analyse dann Aussagen über raumstrukturelle Wirkungen von Transformation erlaubten.

Wurden z.B. Experten befragt, die über ein sehr spezifisches Wissen verfügten, z. B. Mitarbeiter des Drogenkontrollprogramms der Vereinten Nationen, wurden entweder nur bestimmte Themenkomplexe bearbeitet oder auch neue für dieses spezielle Interview entworfen. Alle Ergebnisse und Analysen fließen in den Interpretationsprozess ein.

Idealtypisch sollte die Auswahl der Befragten nach dem Prinzip des *theoretical sampling* erfolgen, d.h. eine Auswahl der Fälle nach den Forschungsinteressen. Eine zufällige Stichprobenauswahl widerspricht diesem Prinzip (LAMNEK 1993 Bd.2: 93, STRAUSS 1994: 70). Aufgrund der Forschungsbedingungen war es leider nicht immer möglich, Gesprächspartner zu finden, die genau den Forschungsinteressen entsprachen. Für eine Erweiterung der Auswahl an Gesprächspartnern wurden im Anschluss an die Interviews die Interviewpartner gebeten, weitere mögliche Interviewpartner zu empfehlen, so dass auf diesem Wege neue Informationen für den weiteren Forschungsprozess gewonnen werden konnten („*Snowball Sampling*“). Die Vermittlung durch Kontaktpersonen erhöhte zugleich die Gesprächsbereitschaft, da zwischen dem Vermittelnden und dem Vermittelten in vielen Fällen bereits ein Vertrauensverhältnis bestand. Besuche landwirtschaftlicher Betriebe, Firmen oder Administrationen eröffneten weitere Gelegenheiten für Gespräche.

Auf Tonbandaufnahmen wurde verzichtet, um die Gesprächsbereitschaft zu erhöhen (auch ausländische Experten tendierten schon 1996 zu offeneren Gesprächen ohne Tonbandpräsenz). Es wurden entweder stichwortartige Mitschriften angefertigt oder im Anschluss an die Gespräche Gedächtnisprotokolle erstellt. Von diesen Aufzeichnungen wurden (in Modifizierung der Vorgehensweise nach STRAUSS) inhaltliche Zusammenfassungen erstellt, die dann noch vor Ort einer ersten Analyse unterzogen wurden (MEUSER u. NAGEL 1991: 455). Auch hier diente die

frühzeitige Reflektion einer ständigen Anpassung des Forschungsprozesses an die Gegebenheiten vor Ort.
Um ein möglichst breites Spektrum an Informationen zu erfassen, liegt hier ein weit gefasster Expertenbegriff zu Grunde. Leiter von Landwirtschafts- oder Industriebetrieben oder Lehrer wurden genauso bezüglich ihres Kontextwissens zu den oben angegebenen Themenkomplexen befragt wie Wissenschaftler, Mitarbeiter von Regierung, Nichtregierungsorganisationen (NGO) oder Mitarbeiter Internationaler Organisationen. Bei Interviewpartnern, die mehrfach befragt wurden, wurden alle Gespräche aufgelistet. Von Seiten der Experten wurde zudem vielfach um Anonymität gebeten, so dass in diesen Fällen auf eine Namensnennung bzw. Nennung der Organisation verzichtet wird. Es wird aber versucht das Umfeld soweit wie möglich zu beschreiben um ein Einordnung zu erleichtern. Da, wie bereits ausgeführt, hier das Kontextwissen und nicht die Person von Bedeutung war, werden die Experteninterviews einzelnen Gruppen zugeordnet und nur das Kürzel der jeweiligen Gruppe und ein Buchstabe zitiert. Es werden folgende Gruppen gebildet:

- Interviews mit in Mittelasien tätigen ausländischen Experten, gekennzeichnet mit dem Kürzel „EI“ für Experteninterview International und dem Kürzel U, K oder T für die Anfangsbuchstaben der Länder, in denen die Experten tätig sind. Ein Interview wird z.B. wie folgt zitiert: EIUa für Internationaler Experte a, tätig in Uzbekistan. Es wurden 20 Interviews mit internationalen Experten geführt.
- Interviews mit einheimischen Experten werden mit „E“ für Experteninterview und dem Kürzel U, K oder T für die Anfangsbuchstaben der Länder, in denen die Experten tätig sind gekennzeichnet. Aufgrund der Anzahl an Interviews werden hier für jedes Land eigene Übersichten erstellt. Ein Interview wird z.B. wie folgt zitiert: EKa für Nationaler Experte a, tätig in Kyrgyzstan. Es wurden 38 Interviews mit nationalen Experten geführt.

Eine interne Tabelle ermöglicht anhand des Buchstaben die Rückführung auf das Interview und die Gewährleistung der durchgehenden Dokumentation. Für die Analyse hat diese 1:1 Rückführung keine Bedeutung, d.h. die Buchstaben im Text dienen nur dazu verschiedene Äußerungen einer Person transparent zu machen. Insgesamt wurden 58 Experteninterviews geführt (siehe Anhang).

TEILSTRUKTURIERTE INTERVIEWS

Die Teilstrukturierten Interviews ermöglichten Gespräche über persönliche Erfahrungen und Meinungen zu den einzelnen Aspekten des Transformationsprozesses und erweiterten damit die Erkenntnisse. Bei der Durchführung teilstrukturierter Interviews wird mit einem Leitfaden gearbeitet. Dieser ermöglicht ein flexibles Vorgehen bezüglich der Fragenformulierung und -reihenfolge, sichert aber gleichzeitig, dass während der Gespräche die zu erforschenden Themenkomplexe angesprochen werden. Diese Art von Interview ist für unerwartete Informationen offen und gibt den Befragten die Möglichkeit frei zu formulieren. Aus diesen Gründen eignet sich die Technik der teilstrukturierten Interviews gut für den explorativen Charakter der vorliegenden Arbeit (HOPF 1991: 170, LAMNEK 1993 Bd.2: 56-64, POHL 1989: 39).
Die Themenkomplexe stimmten mit denen der Experteninterviews überein. Es wurden nicht immer alle Themenkomplexe im Rahmen der Interviews behandelt, sondern auf die Akzentuierung der Befragten eingegangen, so dass die Interviews unterschiedliche thematische Schwerpunkte aufweisen. Auf Tonbandaufnahmen wurde auch hier verzichtet, da wie erwähnt bereits 1996 während erster Forschungen in Mittelasien die Problematik dieser Aufnahmen deutlich wurde: Offene oder kritische Aussagen wurden vermieden. Die Sorge vor möglichen Folgen der Aussagen verhinderte damals vielfach eine angemessene Durchführung der Interviews. Wenn die Möglichkeit bestand, wurden während des Interviews Mitschriften angefertigt. In Fällen die Mitschriften nicht zuließen und bei spontanen Gesprächen wurden im Anschluss Gedächtnisprotokolle angefertigt. Die Gespräche wurden stichwortartig transkribiert. Eine erste Analyse erfolgte direkt im Anschluss an die Interviews. Neue Aspekte für die Befragung konnten so direkt in die Leitlinien der weiteren Interviews übernommen werden. Für die Auswahl der Gesprächspartner gelten die Ausführungen zu Experteninterviews sowie die Rahmenbedingungen der Forschung (s.o.).
Die Interviewpartner wurden auf ihren Wunsch hin anonymisiert, die Tätigkeitsfelder sollen auch hier wieder eine gewisse Einordnung der Interviews ermöglichen. Die Nummerierung ermöglicht eine Zuordnung anhand der Tabelle. Interviews werden z.B. wie folgt zitiert: TI6 kennzeichnet das Teilstrukturierte Interview Nummer 6. Es wurden 15 teilstrukturierte Interviews geführt (siehe Anhang).

ERGÄNZENDE ERHEBUNGEN

Während der Forschungsaufenthalte wurden Gespräche mit vielen verschiedenen Personen geführt, die nicht in die oben genannten Kategorien einzuordnen sind. Dabei wurden zum Teil auch die jeweils zu dem Zeitpunkt erhobenen Daten besprochen und damit weiter reflektiert. Innerhalb dieser Unterhaltungen wurden zudem zusätzliche Informationen gewonnen. Informationen aus diesen informellen Gesprächen gingen ebenfalls in die Auswertung ein und werden zur Verdeutlichung im Text als ‚inoffizielle Informationen' (I.I.) gekennzeichnet, um auch hier die Anonymität zu sichern.

TEILNEHMENDE BEOBACHTUNG

Teilnehmende Beobachtung in der qualitativen Forschung wird als unstrukturierte Beobachtung durchgeführt. Sie unterscheidet sich von der strukturierten Beobachtung der quantitativen Forschung dadurch, dass es kein vorab festgelegtes Beobachtungsschema gibt. Die Beobachter nehmen in gewissem Grad am Alltagsleben teil. Der teilnehmenden Beobachtung kommt in diesem Projekt eine wichtige Rolle zu, da auf diese Art und Weise Informationen gesammelt und der Analyse zur Verfügung gestellt wurden, welche eine Überprüfung der in Interviews geäußerten Aussagen ermöglichten (Welche Faktoren führen beispielsweise dazu, dass sich tagsüber eine Vielzahl von Personen in Teestuben aufhält, wenn es offiziell nur 2 % Arbeitslosigkeit gibt etc). Beobachtungen während der Auslandsaufenthalte wurden stichwortartig notiert. Eine Analyse neuer Beobachtungen erfolgte in regelmäßigen Abständen und führte z. T. zu einer Erweiterung der Befragungen. Auch die Durchführung von Interviews enthält Aspekte der Beobachtung, da das Umfeld und der soziale Kontext in die Auswertung eingehen. Zu beachten ist, dass der Gegenstand sowie die Methode der Beobachtung zeitlich begrenzt sind und somit immer nur Ausschnitte der sozialen Realität erfasst werden können (LAMNEK 1993 Bd.2: 240-243, 246, LEGEWIE 1991: 189-192).

3.2 Quantitative Daten

Die Möglichkeiten, quantitative Daten in und über Mittelasien zu erhalten, sind begrenzt und ihre Interpretation ist problematisch. HÖHMANN führt unter anderem folgende Charakteristika für offizielle Daten der ehemaligen Staaten der Sowjetunion an:

- Unzuverlässigkeit aufgrund der Erhebungsverfahren
- unterschiedliche Konzeption im Vergleich mit westlicher Statistik
- vielfach veraltetes Datenmaterial, bedingt auch durch den institutionellen Umbruch der nationalen Statistiken (HÖHMANN 1992: 27).

Bedingungen internationaler Kreditgeber wie z.B. Weltbank und die politischen Machtkämpfe in der Region sowie in den einzelnen Ländern machen es wahrscheinlich, dass Zahlen auch heute noch teilweise verfälscht wiedergegeben werden. Im Rahmen dieser Arbeit sind jedoch nicht die exakten Zahlenwerte von Bedeutung, sondern eine durch sie verdeutlichte Entwicklung. Die Daten zeigen den Entwicklungstrend zuverlässig an und sollen aus diesem Grunde, wenn auch mit Vorbehalt, in die Analyse eingehen[33].
Soweit es möglich ist, wird die Quelle der Daten angegeben. Während der Feldforschung wurden aber auch auf halboffiziellem Wege Daten übermittelt. Hier wird das Problem im Umgang mit vertraulichen Informationen deutlich. Auf der einen Seite soll die wissenschaftliche Nachvollziehbarkeit gewährleistet sein, auf der anderen Seite muss die Situation der Personen, welche die Daten vertraulich zur Verfügung stellen, berücksichtigt werden (WIEGANDT 1989: 141). Diese quantitativen Daten wurden als solche gekennzeichnet und ihr Umfeld so weit wie möglich beschrieben.

3.3 Auswertung

Erste Analysen der erhobenen Daten wurden bereits unmittelbar im Anschluss an die jeweilige Erhebung durchgeführt. Analysiert wurden die Interviews hier vor allem in Hinblick auf Schlussfolgerungen für die weitere Erhebungsarbeit. Im Anschluss an die jeweiligen Auslandsaufenthalte wurden die Interviews kodiert. Hier wurde in Abweichung von STRAUSS vorgegangen, da bei der Kodierung einzelne thematisch zusammenhängende Passagen untersucht wurden. Die Analyse der Passagen der Interviews resultierte in der Bildung von Kategorien. Es wurde zudem eine systematische Kodierung nach Kategorien durchgeführt, die durch die Theorieanalyse erstellt wurden. Der zweite Auslandsaufenthalt konnte somit auch dafür genutzt werden, bei bestimmten Unstimmigkeiten in den Interviews noch einmal nachzufragen und dem

---

[33] Ein Beispiel für eine aktuelle Datenerhebung ist die Volkszählung in Kyrgyzstan 1999, aber auch diese Daten sind aus genannten Gründen für eine Analyse problematisch.

theoretical sampling folgend neue Aspekte durch Interviews zu erschließen. Die ständige Reflektion ermöglichte somit eine aktive Anpassung der Forschung.
Die beiden erarbeiteten Schlüsselkategorien gliedern Teil C der Arbeit in die Hauptbereiche:

- Die Transformationsregion Mittelasien
- Das Fergana-Tal als spezifische Teilregion Mittelasiens

Die Schlüsselkategorien wurden somit pragmatisch für die Darstellung gewählt und bilden die Überkategorien für die Vielzahl inhaltlicher/thematischer Kategorien, die sich an den Themenkomplexen der Interviews sowie der in Kapitel 2.2 diskutierten Aspekte der Transformation orientierten. Die regionale Verteilung der Befragungen – entweder in den Hauptstädten der Staaten oder in verschiedenen Städten und Regionen des Fergana-Tals – unterstützen die Einteilung in diese Schlüsselkategorien.

Durch die Bildung der Schlüsselkategorien werden die Daten eingeschränkt, die direkt als Zitate in die Arbeit einfließen. Da aber die gesamte Masse der erhobenen Daten analysiert wurde und der Bildung der thematischen Kategorien diente, werden auch alle geführten Interviews in den jeweiligen Listen verzeichnet.

Teil B Die Entwicklung von Raumstrukturen bis 1991

Die zu Beginn des Transformationsprozesses 1991 bestehenden räumlichen Strukturen sind nur im Kontext der Entwicklung der gesamten Region Mittelasien zu verstehen. Der Analyse der Transformation nach 1991 muss folglich eine Diskussion der verschiedenen Aspekte der Raumentwicklung bis zu diesem Zeitpunkt – auch vor historischem Hintergrund – vorausgehen. Dieses entspricht der Anforderung der Transformationsforschung, die Ausgangsbedingungen als entscheidend für die regionsspezifischen Auswirkungen des Transformationsprozesses in die Analyse einzubeziehen. Der Prozess der Entwicklung der Raumstrukturen bis 1991 bildet die Basis für die politischen Entscheidungen im Kontext des Transformationsprozesses. Beginnend mit der frühen historischen Entwicklung Mittelasiens wird die Raumstruktur bis zur Einflussnahme Russlands charakterisiert. Hier findet sich auch die Definition des territorialen Raumes Mittelasien. Diese Definition dient der politischen Abgrenzung des Untersuchungsgebietes, so wie es den heutigen nationalen Grenzen entspricht. Die weiteren Diskussionen zeigen aber, dass diese territoriale Abgrenzung für die Analyse der historischen Entwicklung nicht adäquat ist. Hier spielen Einflussbereiche die sich räumlich eben nicht als Container-Raum sondern als Funktionsraum bzw. Wirkungsraum gesellschaftspolitischer Akteure definieren die entscheidende Rolle (Kapitel 4). Das Fergana-Tal bildet in sofern eine Sonderrolle, da es sich naturräumlich als Becken gut abgrenzen lässt. U.a. die politischen Grenzen aber zeigen, dass auch hier eine hybride Definition der Region notwendig wird (s. Kap. 7).
Die sich anschließende - für die Region einschneidende – Epoche der russischen Eroberung und Sowjetisierung wird in einem eigenen Unterkapitel (Kapitel 5) bezüglich der hier erfolgten Veränderung der Raumstruktur und damit der Prägung der Ausgangssituation für die Transformation analysiert. Hier wird deutlich, welche Veränderungen von Raumstrukturen aus politischen Definitionen von Regionen resultieren, nicht nur für territoriale oder politische Abgrenzungen sondern auch für Wirtschafts- und Bevölkerungsstruktur sowie sich entwickelten Disparitäten. Dabei steht zum Einen die Region Mittelasien als Untersuchungsobjekt im Fokus der Analyse, zum Anderen die Frage der Einordnung Mittelasiens in die Raumstruktur der Sowjetunion. Das Fergana-Tal wird auch hier bereits auf die spezifischen Folgen der Entwicklung für diese Teilregion hin betrachtet.

4 MITTELASIEN

Die Definition des Begriffes Mittelasien und damit die territoriale Abgrenzung dieser Region unterliegt vielfältigen Variationen. ROY beschreibt diese Problematik treffend: „*Central Asia is a concept which has a variable geography, in the sense that it can be taken as referring only to Transoxania, or can be expanded to take in everything from Istanbul to Sinkiang*" (ROY 2000: 1). Problematisch in diesem Kontext ist zudem, dass es für diese Region keine den „gesamten Raum" umfassende einheimische Bezeichnung gab, die Region keine sprachliche Einheit bildete und auch ihre Grenzen dem ständigen Wechsel, je nach vorherrschenden Machtverhältnissen, unterlagen (GABAIN 1979: 4, HAYIT 1980: 20). Bei den hier betrachteten Begriffen handelt es sich somit um nur begrenzt anwendbare politisch-territoriale Begriffe:

Mittelasien ist Teil der historischen Region, die mit den Benennungen ‚Turkestan' (‚Land der Türken') bzw. ‚Transoxanien' (aus der Antike, in Anlehnung an die antiken Bezeichnungen der Flüsse Amudar`ja und Syrdar`ja – Oxus und Jaxartes) oder ‚Mawarannahr' (aus dem Arabischen – ‚hinter dem Fluss') bezeichnet wird. Die historischen Begriffe Transoxanien und Mawarannahr bezeichnen dabei den Kernraum der Einzugsgebiete der Flüsse Amudar`ja und Syrdar`ja im Tiefland Mittelasiens. Die Bezeichnung Turkestan dagegen umfasst die Gebiete der ehemaligen Sowjetrepubliken Kyrgyzstan, Tadžikistan, Turkmenistan, Uzbekistan und den südlichen Teil Kasachstans (auch: Westturkestan) und Teile des westlichen Chinas (auch: Ostturkestan). Der Begriff Mittelasien wiederum entstammt der russischen Wirtschaftsraumgliederung und umfasste die 4 Sowjetrepubliken Kyrgyzstan, Tadžikistan, Turkmenistan und Uzbekistan und ist die korrekte Übersetzung des russischen Begriffes *Srednaja Azija*. Kasachstan ist nicht Teil dieses Begriffes, auch wenn der südliche Teil des Landes natur- und kulturräumlich der Region Mittelasien zuzuordnen wäre (hier wird auch wieder die Komplexität einer Regionendefinition deutlich). Im russischen Sprachgebrauch trifft man heute z.T. auch auf den Begriff *Central`naja Azija* – Zentralasien. In Anlehnung an den englischen Begriff *Central Asia* wird die hier bezeichnete Region auch in Deutschland mittlerweile häufig als Zentralasien bezeichnet. Dieser Wortgebrauch ist problematisch, da Zentralasien im deutschen Sprachgebrauch auch für die sich östlich an ‚Westturkestan' anschließenden Gebiete (Mongolei, Sinkiang und Tibet) steht. (KARGER 1978: 322-323, SINNOT 1992: 74, STADELBAUER 1996: 32-34, ROY 2000: 1-2). Weitere Verunsicherung in bezug auf diese Benennung entsteht bei Betrachtung anderer möglicher Definitionen:

GABAIN z. B. definiert Zentralasien als das Gebiet „*vom Kaspi und dem Iran im Westen bis an die Grenze des eigentlichen Chinas im Osten, von Süd-Sibirien im Norden bis zum Himalaya im Süden .. Das umfaßt heute Afghanistan, West- und Ostturkestan, die Mongolei und Tibet*“ (GABAIN 1979: 1). Eine ähnliche Regionendefinition findet sich bei HAMBLY (1966)[34]. Neben der bisher aufgezeigten Problematik spielt auch die politische Dimension der Begriffe eine Rolle, so verwendet HAYIT konsequent den Namen Turkestan (HAYIT 1962, 1980), da er die Übernahme sowjetischer Begriffe ablehnt. Dieser Begriff wird allerdings kritisiert, da er die turkstämmigen Völker vor den Völkern ostiranischer Herkunft bevorzugt (s. Kap. 4.3) – und belegt die Bedeutung der definierenden Akteure bei der Begriffsfestlegung.
Eine konkrete Definition des territorialen Raumes der hier betrachtet wird ist in einer geographischen Arbeit von besonderer Bedeutung. In Anlehnung an die bisherigen Ausführung und die Definitionen innerhalb der Geographie von KARGER und STADELBAUER wird folglich in dieser Arbeit unter Mittelasien die Region der vier ehemaligen Sowjetrepubliken Kyrgyzstan, Tadžikistan, Turkmenistan und Uzbekistan verstanden Die Verwendung des Begriffes Mittelasien bezüglich seiner territorialen Bedeutung in dieser Arbeit meint dabei keine politische Stellungnahme. Der Begriff wird gewählt, da in der vorliegenden Arbeit konkret ein Teil des Gebietes der genannten ehemaligen Sowjetrepubliken untersucht wird. Die Entwicklung dieser Region verlief seit der russischen Eroberung getrennt von der Entwicklung anderer genannter Regionen, so dass die Verwendung des Begriffes Mittelasien im Kontext dieser Arbeit und vor allem der Prämissen der Raumdiskussion schlüssig ist (GEIß 1995: 35, KARGER 1978: 322, STADELBAUER 1996: 32 , 1997: 261).

4.1 Struktur des Naturraumes

Der Gegensatz zwischen Tiefland und Hochgebirgen ist die prägende Struktur des Naturraumes Mittelasien. Diese Struktur ist die Voraussetzung für die Entwicklung der unterschiedlichen Lebensräume und Kulturen in diesem Gebiet: Die hier in enger Nachbarschaft nebeneinander entstehenden Oasen- und Nomadenkulturen sind Grundlage der spezifischen Entwicklung des Kulturraumes Mittelasien und spielen auch heute (z.B. im Kontext bestehenden Konfliktpotenziale, s. Kap. 6 u. 7) eine wichtige Rolle. Diese Entwicklung ist

[34] Eine Diskussion der Einordnung dieser Region in den Großraum Islamischer Orient und der Problematik des Begriffes Orient kann im Rahmen dieser Arbeit nicht erfolgen. Zur Einführung in diese Problematik vgl. SAID 1979, EHLERS 1990, KRAUSE 1993.

auch ein Beleg für die Bedeutung des physisch-materiellen Raumbegriffes – hier zeigt sich, dass die physische Struktur des betrachteten Raumes das soziale und wirtschaftliche Handeln beeinflusst – ohne das diese einem Naturdeterminismus gleich zu setzen wäre. Das gilt im Besonderen für das Fergana-Tal.

Mittelasien lässt sich großräumig in trockene Tiefländer, die sich nach Westen bis zum kaspischen Meer erstrecken und flächenmäßig den größten Teil der Region ausmachen und Gebirge im Süden und Osten gliedern, in denen der Großteil der Niederschläge der Region auftreten. Im Westen zwischen Kaspischem Meer und Aralsee erstreckt sich das Ustjurt Plateau mit Erhebungen bis zu 220 m ü. N.N. Südöstlich schließt sich das Turan-Tiefland an. Hier liegen die großen Wüsten Kysulkum (‚Roter Sand'), die sich zwischen Amudar`ja und Syrdar`ja bis zu den Ausläufern des Tienshan erstreckt und die sich südlich des Amudar`ja anschließende Wüste Karakum (‚Schwarzer Sand'), die sich bis zur Gebirgskette des Kopet Dag an der Grenze zum heutigen Iran erstreckt. Im Osten und Südosten der Wüsten schließt sich der Hauptteil des mittelasiatischen Gebirgsmassiv, bestehend aus Tienshan, Alai, Hissar und Pamir mit den höchsten Erhebungen der ehemaligen Sowjetunion (Pik Kommunismus 7495m) an. Zwischen den westlichen Ausläufern der Gebirge entstanden Tieflandbuchten mit ausgedehnten Steppengebieten, an denen Hunger- und Karsisteppe einen großen Anteil haben. Die mittelasiatischen Gebirgsmassive entstanden teils während der variskischen, und teils während der alpidischen Orogonese. Der komplexe geologische Aufbau ließ intramontane Becken entstehen, von denen das Ferganabecken das größte und bedeutendste ist. Es wird im Norden begrenzt durch die Ausläufer des westlichen Tienshan (Ferganakette, Tschatalkette), im Süden durch die Gebirgsketten des Hissar-Alai-Systems (Turkestankette, Alaikette) und ist ca. 300 km lang und 150 km breit. Der Beckenboden, aufgebaut aus Löß und Sand, liegt auf einer durchschnittlichen Höhe von 350 bis 500 m und wird in seiner Länge vom Syrdar`ja durchflossen. Dieser entwässert das Becken und bildet damit im Südwesten einen natürlichen Zugang (in der Nähe des heutigen Chudžand in Tadžikistan), welcher sich über nur ca. 9 km erstreckt (BERG 1952: 139, 192, SINNOT 1992: 78-82, STADELBAUER 1995: 349, 1996: 335). Mittelasien ist reich an Bodenschätzen, von denen vor allem Erdöl, Erdgas und Gold von Relevanz sind (s. Kap. 5.2). Des weiteren finden sich Steinkohle, Blei-, Kupfer- und Eisenerze sowie Uranerze, Quecksilber, Silber, Wolfram und Molybdän. (DEUTSCHLAND 1993 , KRAFT U. KAMPE 1994: 7-8 , STADELBAUER

1996: 337)[35]. Die Gebirge sind durch Gebirgssteppenböden mit geringem Humusgehalt im geringmächtigen Oberboden über anstehendem Gestein gekennzeichnet. Auch in den Wüsten- und Halbwüstengebieten treten hauptsächlich Böden mit geringem Humusgehalt auf. Der Salzgehalt des Bodens ist relativ hoch, bei intensiver Bewässerung besteht die Gefahr der Bodenversalzung. Im Bereich abflussloser Senken treten Salzböden (Solontschak) und Salzseen auf. Die Halbwüstengebiete werden auf Grund einer Bodenbedeckung von über 50% auch als Wüstensteppe bezeichnet und hauptsächlich als extensive Viehweide genutzt.

Die natürliche Vegetation wird durch Artemisia-Arten und Steppengräser charakterisiert, zum Teil treten Halophyten auf. Beim Übergang zur Wüstenzone finden sich auch vermehrt Xerophyten, wobei die Vegetation weniger als 50% des Bodens bedeckt. Relevant für die spätere Entwicklung in der Region zeigte sich vor allem eine Kulturpflanze: Die Baumwolle. Die Art Gossypium herbaceum ist in Mittelasien heimisch. Mittelasien ist ein abflussloses Becken ohne Verbindung zu den Weltmeeren. Die bedeutendsten Flüsse sind der Amudar`ja und der Syrdar`ja mit ihren Zuflüssen, sie entwässern in den Aralsee[36]. Weitere bedeutende Flüsse sind der Zeravšan, der bei Buchara ein ausgeprägtes Binnendelta bildet sowie der Ču. Der Aralsee im Westen und der Issyk Köl im Nordosten sind die größten Seen Mittelasiens (STADELBAUER 1995: 352, 1996: 393-395). Das vorherrschende Kontinentalklima kann im Süden als kontinental-subtropisch bezeichnet werden. Der Jahresgang der Temperaturen und des Niederschlags weist große Schwankungen auf und ist in den Gebirgsregionen durch die starke Höhengliederung geprägt. Niederschläge treten geringfügig im Winter auf, haben ihr Maximum im Frühjahr, während der Sommer beinahe niederschlagsfrei ist. Die Jahresniederschläge liegen im Bereich des Aralsees bei 50 - 100 mm, in den Ebenen bei 100 - 200 mm und steigen zum Gebirgsrand auf 300 - 400 mm an, wo sie noch begrenzt Regenfeldbau ermöglichen. In den Gebirgen können Niederschläge bis 1000 mm (nach anderer Quelle bis zu 2400 mm im heutigen Tadžikistan, FAO 1997: 11) auftreten. Gleichzeitig befinden sich ausgeprägte Trockengebiete auch in

35 Auf die Verteilung der Bodenschätze wird im Kontext der wirtschaftlichen Entwicklung in Kapitel 5 genauer eingegangen. Hier sollen nur der Großraum und seine Ressourcen kurz charakterisiert werden.

36 Wenn in dieser Arbeit die Aralseeproblematik angesprochen wird, so geschieht das im Kontext der Entwicklungen auf Makroebene. Die komplexe Aralseeproblematik als Forschungsgegenstand wird innerhalb dieser Arbeit nicht betrachtet.

den Höhenlagen, z.B. die Hochflächen des östlichen Pamir (Leelage) mit ca. 80 mm Niederschlag. Auf Grund der geringen jährlichen Niederschlagsmengen ist der Tieflandbereich für die landwirtschaftliche Nutzung fast vollständig von künstlicher Bewässerung abhängig. Mit Syrdar'ja, Amudar'ja und Zeravšan werden Fremdlingsflüsse, also im Gebirge entstandene Ressourcen, für die Inwertsetzung der Tieflandbereiche genutzt[37]. Die Temperaturen des extremen Kontinentalklimas erreichen ihr Maximum im Sommer, die mittleren Temperaturen liegen zwischen 25° und 32°C. Maximumwerte können bis 49°C (Termes) erreichen. Die durchschnittliche Januartemperatur liegt regional unterschiedlich zwischen -6°C und 3°C. Auch hier können Extremwerte bis -38°C (Ustjurt) erreicht werden. Die hohen Temperaturen im Sommer bedingen eine hohe Evapotranspiration, die durch die geringen Niederschläge nicht ausgeglichen wird. Aufgrund der günstigen naturräumlichen Bedingungen entlang der Flussläufe und -delten wurde hier das Land schon früh landwirtschaftlich genutzt und bildete die Grundlage für die Entstehung von Oasenkulturen. Die naturräumliche Ausstattung der Gebirgs- und Steppenregionen erlaubt keine intensive landwirtschaftliche Nutzung, so dass diese Gebiete die Basis für die Entstehung von Nomadenkulturen bildeten (STADELBAUER 1995: 349-50, KARGER 1978: 323). Dieser Gegensatz von Lebensformen spiegelt sich auch in der historischen Entwicklung und in der Struktur der Völker wieder (s. Kap. 4.3).

4.2 Historische Entwicklung

> *„If you have nothing to tell us but that on the banks of the Oxus and the Jaxartes, one barbarian has been succeeded by another barbarian, in what respect do you benefit the public?*
> (Voltaire 1764)

Entscheidend für die historische Entwicklung Mittelasiens wurde der ständig wechselnde Einfluss persisch-städtischer und turk-nomadischer Kulturen. Ein kontinuierlicher einheitlicher Einfluss war hier somit nicht vorhanden – prägend für die kulturelle Entwicklung wurde gerade der Wechsel, der eine stetige Integration der verschiedenen Einflüsse notwendig machte.

[37] Hier wird schon deutlich, das Wassernutzung potenziell einen Streitfaktor bedeutet, je nachdem in welchem Machtbereich Gebirge und Tiefländer liegen (s. Kap.6).

Schon für das erste Jahrtausend v. Chr. lassen sich im Süden und Südosten des Aralsees Bewässerungskulturen nachweisen[38]. Mit Beginn des 7. Jahrhundert bildete Mittelasien unter der Dynastie der Achämeniden[39] (700 - 330 v. Chr.) einen Teil des Persischen Reichs und war damit erstmals Teil eines territorialen Großreichs. Der zeitgleich beginnende persische Einfluss (aus Südwesten), der auch im weiteren Verlauf der Geschichte vor allem die sesshaften Kulturen bzw. die Stadtkulturen prägte, war eine der beiden prägenden Einflussrichtungen für die Entwicklung Mittelasiens. In der Antike noch Teil des Reichs Alexanders des Großen, geriet die Region nach dessen Zerfall und dem entstandenen Machtvakuum im Bereich des früheren Perserreiches unter den Einfluss verschiedener Reiche. Im Norden bzw. Nordwesten gewannen eurasische Steppennomaden an Einfluss (z.B. Parther ab ca. 280 v. Chr.) und drängten die Seleukiden (Nachfolgereich Alexander des Großen) nach Süden bzw. Südwesten zurück. Mit dem Sieg der Sassaniden über die Parther Mitte des 3. Jh. n. Chr. und der beginnenden Konsolidierung des 2. Persischen Großreiches (der Sassaniden) wechselte der Einfluss und die persisch-städtische Kultur gewann wieder an Bedeutung in der mittelasiatischen Entwicklung.

Von großer wirtschaftlicher Bedeutung war seit dieser Zeit die Entwicklung der Handelsrouten, allen voran der Seidenstraße[40]. Im siebten Jahrhundert n. Chr. erreichte mit den Arabern der Islam die Region und das Gebiet bildete (nach dem arabischen Sieg über die Sassaniden) zunächst einen Teil des arabischen Kalifats, mit Beginn des neunten Jahrhunderts dann das Kerngebiet des Samanidenreichs mit Buchara als Zentrum. Die Islamisierung (die hier keiner Arabisierung entsprach!) der nord- und nordöstlichen Steppen- und Gebirgsräume folgte der Intensität des kulturellen Einflusses der Großreiche in diesen Gebieten – zum Einen über einen wesentlich längeren Zeitraum hinweg (z. T. bis in das 18. Jahrhundert), zum Anderen konnte die Religion nicht den Einfluss gewinnen, den sie in den städtischen Siedlungen Transoxaniens erhielt.

Der Gegensatz zwischen sesshafter und nomadischer Bevölkerung spielte in der Entwicklung der verschiedenen Volksgruppen eine entscheidende Rolle. Trotz der unterschiedlichen Lebensweisen waren beide Gruppen doch nicht nur durch Konflikte miteinander verbunden. Durch die Notwendigkeit des Austausches

---

[38] Für eine ausführliche Diskussion der historischen Entwicklung der Region Mittelasien vgl. HAMBLY 1966.

[39] Zur Entwicklung Mittelasiens von der Frühzeit bis zum Achäminidenreich vgl. BRENTJES 1988.

[40] Vgl. dazu HAUSSIG 1992 Bd.1.

von Waren entstand eine Komplementärbeziehung zwischen Nomaden und sesshafter Bevölkerung (ADSHEAD 1993: 24-26, AKINER 1996, CANFIELD 1991: 1-14, GÖTZ, HALBACH 1996: 285, HAMBLY 1966: 28-45, 61-88, KARGER 1978: 323).

Während das Gebiet Transoxanien zunächst vollständig Teil der aus dem Südwesten expandierenden Reiche wurde, setzten sich im 11. Jahrhundert verstärkt die Turkvölker aus dem Norden, zuerst in den ländlichen Gebieten, aber später auch im Gebiet des Samanidenreichs durch. Damit begann eine verstärkte Turkisierung der sesshaften Bevölkerung. Die klare Trennung zwischen turksprachigen Steppengebieten und persischsprachiger sesshafter Bevölkerung, die noch zu Beginn des 8. Jahrhunderts existierte (nur im östlichen Fergana-Tal existierten wahrscheinlich schon zu früherer Zeit gemischtsprachige Gruppen), endete mit diesem Einfluss. Mit dem Sieg der Qarachaniden sowie später im 12. Jahrhundert unter den Choresm-Khans migrierten erstmalig ganze Turkstämme (erst Qarachaniden, später Qiptschaks) nach Mittelasien. Trotz der verstärkten Turkisierung blieb aber die persische Sprache die Sprache der „Hochkultur". Weder den Qarachaniden, noch den Kahns von Choresm gelang es, ein stabiles Großreich zu bilden, so dass sie den im 13. Jahrhundert in die Region vordringenden Mongolen unter Dschinghis Khan nur wenig entgegensetzen konnten. Im Zuge der Eroberung Mittelasiens durch die Mongolen fand die zahlenmäßig größte Migration von Turkvölkern nach Mittelasien statt, da die Invasoren sich aus nomadischen Turkstämmen zusammensetzten[41], während die Mongolen die soziale und militärische Elite bildeten (BREGEL 1991: 53-60, KNOBLOCH 1999: 37-43). Nach dem Tod Dschinghis Khans wurde Mittelasien Teil des Ulus (Territorium) Chagatais, seines zweiten Sohnes. Die Gebiete nördlich des Aralsees und westlich des Irtysch wurden zum Ulus seines ersten Sohnes Batus und bildeten später den „Staat" oder das Chanat der Goldenen Horde. Der Dynastie der Chagatais gelang es nicht, eine ähnliche Unabhängigkeit zu erlangen. Quasi-unabhängige Kleinfürsten regierten die einzelnen Regionen und Oasen in Transoxanien. Das persische Verwaltungs- und Steuersystem wurde beibehalten, die persische Sprache existierte neben der Turksprache der Chagatai. Mitte des 13. Jahrhunderts (1365) gelang es dem aus der Nähe von Samarkand stammenden Timur-Leng (Tamerlan[42] 1336 - 1405) Transoxanien zu erobern. Timurs Vater

[41] Ausführlich auch zur Migration anderer Gruppen (Araber, Juden etc.) vgl. AKINER 1983, RTVELADZE 2000.

[42] Tamerlan bedeutet der ‚Lahme' oder ‚Hinkende'.

war ein Kleinfürst der Barlas, eines turkisierten Mongolenstammes, der mit den Chagatai nach Transoxanien gekommen war. Timur besiegte die Chagatai und errichtete ein Großreich mit dem Zentrum Samarkand. Zur Zeit Timurs konsolidierte sich die sprachliche und kulturelle Synthese persischer und türkischer Einflüsse in Mittelasien: die persische Sprache als Sprache des Staates steht neben dem Chagatai. Turkisch-persische Zweisprachigkeit war dabei vor allem in den Gebieten der sesshaften Bevölkerung Transoxaniens und im Fergana-Tal verbreitet. Unter Ulughbek (1409 - 1449), einem Enkel Tamerlans, entwickelte sich Samarkand zu einem Zentrum der islamischen Kultur[43]. Nach dessen Tod zerfiel das Reich der Timuriden und Ende des 15. Jahrhunderts war nur noch das timuridische Fürstentum von Chorasan mit der Hauptstadt Herat von politischer Bedeutung (ALLWORTH 1989: 8-12, BREGEL 1991: 54-62, KNOBLOCH 1999: 51-55, ROY 2000: 6-7). Abgelöst wurde das Timuridenreich durch die Dynastie der Schaibaniden, zurückgehend auf Mohamed Shaibani, einem Enkel Abul Khayrs, einem direkten Nachkömmlings von Dschingis Khan[44], der Samarkand ca. 1500 eroberte und als Führer der Uzbeken-Clane galt. Die Uzbeken waren eine Abspaltung der Goldenen Horde (eine andere Abspaltung bildeten die Qazak – die später als Kasachen bezeichnet werden), entstammten also nicht der Chagatai-Dynastie. Nach dem Tod Hussain Beichara, dem Herrscher des Timuridenreiches von Herat, gelangte dieses unter uzbekische Herrschaft. Der letzte Timuridenherrscher, der sich den Uzbeken entgegensetzte, war Muhammad Barbur, der nach seiner Niederlage und Verteibung aus Fergana, im heutigen Afghanistan ein neues Reich mit Zentrum Kabul aufbaute. Zeitweise gelang Barbur die Rückeroberung Samarkands (1511-12), schließlich unterlag er aber den Uzbeken und flüchtete nach Indien, wo er 1526 Delhi eroberte und die Mogul-Dynastie begründete, die bis 1857 Bestand hatte. Diese ausführliche Wiedergabe der historischen Ereignisse um die Machtübernahme der Schaibaniden-Dynastie der Uzbeken ist vor allem aus heutiger Sicht für das Verständnis der Nationen- und Identitätsbildung in Mittelasien notwendig. Wie deutlich wurde, waren die Uzbeken Gegner der Timuriden, keine direkten Nachkommen dieser, sondern lediglich Nachfolger in der Herrschaft Mittelasiens, aus unterschiedlichen Mongolendynastien hervorgegangen (ADSHEAD 1993: 151-158, ALLWORTH 1990: 6-11, HAMBLY 1966: 175, ROY 2000: 7-9).

---

[43] Vgl. dazu HAUSSIG 1992 Bd.2.

[44] Vgl. zur Entwicklung des Mongolenreiches, der Chagatai Chanate und des Timuridenreiches ADSHEAD 1993.

Mit der Eroberung Transoxaniens durch die Uzbeken und Indiens durch die Timuriden wurde ein Gegensatz begründet, der später im Rahmen des *Great Game* von Briten und Russen weiter verfolgt wurde. Ungefähr zur gleichen Zeit eroberten die Saffawiden den heutigen Iran. Die drei entstandenen Einflussbereiche der Timuriden, Uzbeken und Saffawiden hatten eines gemeinsam: sie waren keine ethnischen oder sprachlichen Einheiten. In allen vorgenannten Herrschaftsbereiche war die persische Sprache Staatssprache, auch unter turksprachigen Herrschern. So schrieb der Timuride Babur in Indien als Mogul seine Memoiren z.B. in Chagatai, während die Staatssprache seines mittelasiatischen Herrschaftsbereiches persisch war. Sprache und Ethnie waren nur zweitrangig in der Festigung des Herrschaftsbereiches, Loyalität zur herrschenden Dynastie von größerem Einfluss. Bedeutender Unterschied zwischen dem Iranischen Reich (Saffawiden) und Transoxanien bildeten auch nicht die ethnischen oder linguistischen sondern religiöse Merkmale. Mit der Übernahme des schiitischen Glaubens im Gebiet des heutigen Iran bildete sich ein Gegensatz zu den Sunniten der Hannafi-Schule in Mittelasien. Das Saffawidenreich war damit keine Verbindung mehr zwischen den sunnitisch-islamischen Gebieten Mittelasiens und des Nahen Ostens, sondern bildete vielmehr ein Keil zwischen diesen. Der religiöse Gegensatz verhinderte ein Ausbreiten des Schaibanidenreiches und es bestanden bis ins 19. Jahrhundert Auseinandersetzungen an dieser „Glaubensgrenze". Der politische Gegensatz zwischen Indien und Mittelasien erklärt sich aus der erläuterten historischen Auseinandersetzung zwischen Timuriden und Uzbeken (HAMBLY 1966: 176-185, ROY 2000: 9-11).

Mit der Entdeckung der Seewege durch die Europäer begann der Bedeutungsverlust transkontinentaler Handelswege wie der Seidenstraße. Als Folge dieser Entwicklung verlor Mittelasien ab dem 16. Jahrhundert weltgeschichtlich und wirtschaftlich an Bedeutung, nur die Stadt Buchara entwickelte sich zu einem islamischen Lehrzentrum mit weitreichendem Einfluss. Gleichzeitig bedeutete dies aber auch, dass Mittelasien als ‚landlocked country' nicht durch die zweite europäischen Kolonialisierungswelle beeinflusst wurde und somit weiterhin unabhängig von Kolonialreichen blieb. Die Schaibaniden regierten bis ca. 1599. Das Oberhaupt eines Familienzweiges setzte sich als unabhängiger Herrscher in Choresm fest, woraus das Chanat von Chiva entstand, welches bis 1920 unter Einfluss der Schaibaniden-Dynastie stand. In Buchara regierten nach den Schaibaniden die mit ihnen verwandte Dynastie der Dschaniden bzw. Astrachaniden (ab 1753 gefolgt von der Mangit

Dynastie, deren Oberhaupt den Titel Emir anstelle des Titels Khan annahm), deren Reich zu Beginn die Gebiete Transoxanien, Balch, Badachschan und das Fergana-Tal umfasste. Um Balch und Badachschan gab es im 17. Jahrhundert Auseinandersetzungen mit den Timuridenherrschern aus Indien, die versuchten diese Gebiete zu erobern – jedoch erfolglos. Das Chanat von Kokand wurde Anfang des 18. Jahrhunderts von Schah Rukh Beg begründet, der sich als direkter Nachkomme Dschinghis Khans (ebenso wie die Timuriden und Uzbeken) bezeichnete. Im frühen 19. Jahrhundert umfasste das Chanat das Fergana-Tal, sowie die Gebiete um Taškent und Šymkent nördlich des Syrdar`jas. Die Bevölkerung soll ca. eine ¾ Millionen betragen haben.

Die naturräumliche Lage des Fergana-Tals ermöglichte nur eine Expansion nach Westen und damit eine Auseinandersetzung mit dem Chanat von Buchara. Neben den Uzbeken und Tadžiken als meist sesshafter Bevölkerung gehörten seit 1830 auch alle in diesem Gebiet lebenden nomadischen Kyrgyzenstämme zum Chanat von Kokand (ADSHEAD 1993: 180-183, ANDERSON 1999: 2-4, HAMBLY 1966: 186-196).

Die Unabhängigkeit der Chanate bzw. des Emirats in Mittelasien endete mit der Kolonisation durch das Russische Reich. Zu Beginn des 18. Jahrhunderts war Russland unter Zar Peter dem Großen die Erste der damals herrschenden europäischen Großmächte, welche ein Interesse an der Region bekundete. Es dauerte aber ein weiteres Jahrhundert bis es Russland gelang, seinen Einflussbereich auf diese Gebiet auszudehnen. Damit wurde Mittelasien in den Konflikt zwischen England, mit dem dazugehörigen Britisch-Indien, und dem russischen Zarenreich, der als *Great Game*[45] in die Geschichtsschreibung einging[46], einbezogen. Eine endgültige Festlegung der Interessenssphären der beiden europäischen Großmächte erfolgte erst 1887 mit dem russisch-afghanischen Grenzabkommen und der Festlegung des Wachan-Korridors 1895.

[45] Den Ausdruck ‚Great Game' prägte laut KREUTZMANN nicht wie oft zitiert Rudyard Kipling in seinem Buch ‚Kim' sondern Captain Conolly (ein britischer Offizier auf Mission in Buchara) in einem Brief 1837 an Henry Rawlinson (KREUTZMANN 1997).

Abbildung 4.1: Mittelasien im frühen 19. Jahrhundert

Taškent wurde 1865 von den Russen erobert und bildete den Sitz des neugegründeten Generalgouvernements ‚Russisch Turkestan'. 1868 eroberte Russland das Chanat von Kokand, das 1876 endgültig in das Russische Reich eingegliedert wurde. Das Emirat von Buchara war nur noch quasi-unabhängig und verlor an Einfluss, dass Chanat von Chorezm wurde 1873 russisches Protektorat. Erst durch den beginnenden Eisenbahnbau wurde Mittelasien wirtschaftlich von den Russen erschlossen. Als erste Verbindung entstand 1880 die Transkaspische Eisenbahn, die 1888 nach Samarkand, 1898 nach Taškent und 1899 nach Andižan im Fergana-Tal verlängert wurde. Von Bedeutung war der Bahnausbau auch für den schon damals begonnenen Ausbau des Baumwollanbaus in der Region. Erst die Bahnverbindung ermöglichte einen Transportweg, mit dem eine größere Produktion bewältigen konnte. Die Eisenbahn ermöglichte neben der wirtschaftlichen Erschließung aber vor allem den Transport größerer Militärtruppen und damit die endgültige Kolonisation Mittelasiens (AKINER 1983: 272, FIERMAN 1991: 13, GÖTZ, HALBACH 1992: 285-288, STADELBAUER 1996: 284).

[46] Für eine ausführliche Darstellung des *Great Game* vgl. HOPKIRK 1990.

4.3 Völker in Mittelasien

Der historische Überblick hat den ständigen Wechsel von Einflüssen auf die Region und damit auf die Bevölkerung Mittelasiens verdeutlicht. Die daraus hervorgegangene komplexe Zusammensetzung der Bevölkerung ist bis heute eine der wichtigsten Themenkomplexe in der wissenschaftlichen Diskussion zu Mittelasien – vor allem in Bezug auf mögliche Konfliktpotenziale. Auffällig ist dabei die große Übereinstimmung der Charakterisierung einzelner Bevölkerungsgruppen, welche von SCHOEBERLEIN-ENGEL kritisiert wird. Er stellt heraus: „*the task of characterizing any large group of people in Central Asia (on the scale of these 'nations' or 'peoples') using a coherent array of characteristics is tremendously problematic*" (SCHOEBERLEIN-ENGEL 1994: 45)[47]. ROY geht in seinem Buch über *The creation of nations* ebenfalls auf die bei SCHOEBERLEIN-ENGEL angesprochene Problematik näher ein und erläutert diese anhand verschiedener Beispiele: Ein Uzbeke ist jemand, der uzbekisch spricht und sich als Uzbeke bezeichnet und nicht jemand mit einem „türkischen" Erscheinungsbild. Auch sind die Joggi (Zigeuner) des Fergana-Tals z.B. zwar tadžikisch-sprachig, bezeichnen sich selbst jedoch nicht als Tadžiken, und die Irani in Samarkand sprechen zwar uzbekisch, unterscheiden sich aber von den Uzbeken durch ihre Religion (Schiiten). ROY betont, dass für die Definition einer Gruppe nicht Ethnizität und Sprache, sondern der Platz in der Gesellschaft und der Lebens‚raum' von Bedeutung sind. In seiner Untersuchung stellte er fest, dass bei der Frage nach der Identität (Wie würden Sie sich selbst bezeichnen?) die Antworten auf eine sehr heterogene Auffassung der Realität hinweisen. Identitäten können sich auf ethno-linguistische, tribale, religiöse oder regionale Aspekte beziehen. Ein weiteres Beispiel soll dies verdeutlichen: Die Gruppe der ‚Kwahja' in Fergana berufen sich zum Einen auf religiöse Wurzeln. Sie sind als erste freiwillig zum Islam konvertiert. Zum Anderen berufen sie sich aber auch auf soziale Kategorien (sie waren traditionell Landbesitzer). Eine linguistische Charakterisierung gibt es nicht, da unterschiedliche Sprachen gesprochen werden. Jede ‚Gruppe' hat eine eigene Vorstellung von ihren historischen Wurzeln, welche in Konflikt zu anderen Erklärung sowie auch zur sowjetischen Nationenpolitik stehen kann (ROY 2000: 12-23).

---

[47] SCHOEBERLEIN-ENGEL stellt am Beispiel der unterschiedlichen Abgrenzungsmöglichkeiten des Begriffs ‚Uzbeken' (nach Sprache, Abstammung, Kultur, Geschichte etc.) diese Problematik ausführlich dar (SCHOBERLEIN-ENGEL 1994: 44-72).

Die heute bestehenden Gruppen sind das Produkt eines ununterbrochenen Mischungsprozesses und berufen sich auf die unterschiedlichsten Definitionsmaßstäbe (religiöse, tribale, soziale etc.). Ein klares Nationenkonzept gab es vor der Russifizierung und Sowjetisierung in Mittelasien nicht. Vor allem in den traditionell sesshaften Gebieten Mittelasiens sorgte die anhaltende Zuwanderung von Bevölkerungsgruppen für einen konstanten Wechsel der ethnischen Komposition innerhalb der Bevölkerung (BREGEL 1991: 63, PORKHOMOVCKY 1994: 5-14, BALDAUF 1991). Diese Vorbemerkungen zur Komplexität einer Charakterisierung von Volksgruppen in Mittelasien sind zur Einordnung der folgenden Beschreibungen notwendig. Nur auf diese Weise kann eine korrekte kontextuelle Einordnung gewährleistet werden. Die Einordnung der Bevölkerung nach Nationen der Länder Uzbekistan, Kyrgyzstan und Tadžikistan, welche nur als Folge der stalinistischen Delimitiationspolitik entstanden (s. Kap. 5), ist innerhalb dieser Arbeit keine politische, sondern eine rein pragmatische Entscheidung. Der Fokus dieser Arbeit liegt auf der Entwicklung Mittelasiens zur heutigen Zeit. Begriffe, die heute zur Charakterisierung der Bevölkerung genutzt werden, sind solche, welche heutigen nationalen Staatsgebieten entsprechen. Um dementsprechend eine Beziehung zwischen den nachfolgenden Aussagen und der aktuellen Problematik zu gewährleisten, werde ich auf die genannten Nationenbegriffe als Gliederungspunkte zurückgreifen[48], eine Simplifizierung bezüglich der Zuordnung der Ethnien soll jedoch innerhalb der Erläuterung zu den Gliederungspunkten vermieden werden. Bereits der erste Punkt „Sart" weicht von dieser Einordnung ab: Als historischer Begriff ist er heute nicht mehr in Gebrauch, für die Einordnung der Bevölkerungsgruppen ist eine Erläuterung dieses Begriffes aber notwendig.

SART

ROY bezeichnet mit Sart die sesshafte Bevölkerung in Mittelasien bzw. Transoxanien, unabhängig von der gesprochenen Sprache. Die Sart unterschiedenen sich nicht durch die Sprache (es wurden Turksprachen und Persisch gesprochen). Der Begriff Sart war keine ethnische, sondern eine soziale, ökonomische und kulturelle Kategorie (ROY 2000: 17). Auch BALDAUF

[48] Neben den hier im folgenden beschriebenen Volksgruppen gibt es selbstverständlich eine Reihe weiterer, wie z.B. die Karakalpaken in Uzbekistan und Kasachstan. Für eine umfassende Beschreibung der Gesamtheit der Völker Mittelasiens sei auf die dazu zitierte Literatur verwiesen.

bezeichnet mit diesem Begriff die sesshafte Bevölkerung ohne tribale Strukturen. Die Bezeichnung Sart war gleichzeitig Selbst- und Fremdbezeichnung (z.B. im heutigen südlichen Kasachstan, dem Fergana-Tal, Taškent sowie in Chorezm). BALDAUF führt aus, dass auch dem Begriff Chagatai historisch die selbe Bedeutung wie dem Begriff Sart zukommt. Chagatai als Beschreibung der turksprachigen Bevölkerung ist eine Entwicklung der russischen Nationalitätenpolitik und wird erst seit den zwanziger Jahren des 20. Jahrhunderts so verstanden (BALDAUF 1991). Der Begriff Sart hatte in den unterschiedlichen Epochen unterschiedliche Bedeutungen. Nach KRADER wurde der Begriff im 11. Jahrhundert als Bezeichnung für indischstämmige Händler eingeführt. Später, mit der Übernahme der Handelsrolle durch die persisch-stämmige Bevölkerung Mittelasiens, wurde diese mit dem Begriff bezeichnet. Mit der Herrschaft der Mongolen änderte sich die Bedeutung erneut. Der Begriff erhielt nun eine religiöse Bedeutung und bezeichnete alle Anhänger des islamischen Glaubens. Unter der Timuridenherrschaft tauchte der Begriff Tadžik gleichbedeutend mit dem Begriff Sart auf. Der Eroberung Mittelasiens durch die Uzbeken folgend bezeichnete Sart dann schließlich die gesamte sesshafte Bevölkerung Mittelasiens. Diese konnte turk- oder persischsprachig sein. Die persische Sprache bildete aber bis zur russischen Eroberung die „Lingua franca" in Mittelasien. Auch wenn sich die meisten Autoren auf die jüngste, letzte Definition von Sart beziehen, wurde der Begriff von den einzelnen Herrschern doch unterschiedlich verwendet. KRADER führt als Beispiel das Chanat von Kokand im 19. Jahrhundert an. Hier gab es 3 Bevölkerungsgruppen: Uzbeken, Tadžiken **und** Sart. Auch die Interpretation des Begriffes Sart von Seiten westlicher Wissenschaftler war different, d.h. es gab keine einheitliche Festlegung. KRADER fasst zusammen, dass es erst die seit langem in Mittelasien lebende persisch-iranisch-stämmige Bevölkerung war, die Tadžiken, die als Sart bezeichnet wurden. Mit der Migration von Turkstämmen in diese Region wurden später auch die sesshaft gewordenen Uzbeken und Kasachen als Sart bezeichnet (KRADER 1963: 54-56).

TADŽIKEN

Die Definition der Tadžiken ist komplex, je nachdem ob die heutige Bedeutung oder die ethnische Herkunft im Vordergrund der Analyse steht. Die Tadžiken als ethnische Gruppe berufen sich auf ostiranische Wurzeln. Sie bildeten die erste Zivilisationen in Mittelasien. Ihre Sprache gehört zur indo-iranischen

Sprachgruppe (das heutige offizielle Tadžikisch ist sehr eng mit dem im heutigen Iran gesprochen Persisch verwandt). Der Name Tadžik oder Tajik geht auf die sogdische und persische Bezeichnung *Taiy* für Araber zurück. Im 8. und 9. Jahrhundert änderte sich diese Bedeutung und der Begriff Tadžik bezeichnete die islamische Bevölkerung. Als früh islamisierte Bevölkerung wurde der Begriff zur Bezeichnung für die iranisch-persischstämmigen Bevölkerung. Eine weitere Unterscheidung der Tadžiken von den im Norden lebenden Turkvölkern bildete neben der Sprache ihre Sesshaftigkeit. Die Tadžiken wurden auch als Sart bezeichnet (s.o.). Im weiteren wurden traditionelle tadžikische Siedlungsgebiete entlang der Flussläufe auch von den aus dem Norden vordringenden Turkvölkern besiedelt (s. Kap. 4.2). Das tadžikische Siedlungsgebiet überschneidet sich nun mit den Siedlungsgebieten anderer Völker, vor allem der Uzbeken (s.u.). Persisch- und turkstämmige Bevölkerungsteile vermischten sich und die sesshafte Bevölkerung war als Folge meist bilingual. Heute wird der Begriff Tadžike sprachlich abgegrenzt: die persischsprachige Bevölkerung wird als Tadžiken bezeichnet – unabhängig von ihrer ethnischen Zugehörigkeit sowie ihrer territorialer Verbreitung. Ein ethnischer Tadžike, der nur noch uzbekisch spricht, gilt nicht als Tadžike und wird sich heute auch nicht mehr als Tadžike[49] bezeichnen. Neben der Ungenauigkeit der sprachlichen Abgrenzung spielt auch die Unterscheidung zwischen Bergtadžiken und Stadttadžiken eine wichtige Rolle für die heutige Identitätsfindung. Die Bergtadžiken, die Gebiete des heutigen Berg-Badachšan sowie benachbarte Täler im heutigen China und im Wachschan Korridor in Afghanistan besiedeln, sprechen ostiranische Sprachen wie Yagnobi und Pamirsprachen, welche von den Stadttadžiken nicht verstanden werden. Menschen, die heute als Tadžiken bezeichnet werden, bezeichnen sich selber häufig auch nach regionaler Abstammung, wie z. B. Panshiri oder Darwazi. Eine rein linguistische und territoriale Abgrenzung des Begriffes Tadžike in seiner heutigen Bedeutung – Bewohner des heutigen Tadžikistans die Tadžikisch sprechen – entspricht somit nicht der sich historisch ständig veränderten Bedeutung diese Begriffes, sondern wurde um eine Bezeichnung konstruiert, die auf eine Vielzahl unterschiedlicher Menschen zutraf (AKINER1983: 302-305, BREGEL 1991: 63, BUSHKOV 2000, CENTLIVERES, CENTLIVRES-DEMONT 1998: 11-12, KRADER 1963: 54-57, PAYNE 1990: 259-261, PORKHOMOVSKY 1994: 11, ROY 2000: 4-5,17).

[49] Vgl. auch SCHOEBERLEIN-ENGEL 1994:137-142.

UZBEKEN

Die Uzbeken, in ihrer Mehrzahl turkstämmig, wurden erst im 16. Jahrhundert zu einer ethnischen Gruppe in dem Sinne, dass die Bevölkerung unabhängig von ihrer tribalen Zugehörigkeit diese Bezeichnung für sich übernimmt. Die Ursprünge der Uzbeken liegen in der Kiptschak-Steppe (Desht-i-Kipchak). Der Name Uzbek oder Özbek tritt erstmals[50] im Zusammenhang mit dem Namen Khan Uzbek (1282-1342) der Goldenen Horde, aus dem Haus Dschotschis, des ältesten Sohns Dschinghis-Khans, auf. Er gilt auch als der Herrscher, der den Islam zur offiziellen Religion erhob. Die Goldene Horde bestand aus einem Zusammenschluss verschiedener Turkstämme unter mongolischer Herrschaft (s. Kap. 4.2). Der Begriff Uzbeke ist somit ursprünglich politischer Natur. Mit der Eroberung Mittelasiens durch Shaibani erreichten die Uzbeken eine dominante Rolle unter den Völkern Mittelasiens. Nach seiner ursprünglichen Definition wäre ein Uzbeke damit als Mitglied der Schaibaniden-Dynastie charakterisiert. Die bereits in Mittelasien sesshafte Bevölkerung sah die Uzbeken zwar als Eroberer und Fremde an, übernahm aber später trotzdem die Bezeichnung Uzbeken. Hier wird wieder die Schwierigkeit einer klaren Bezeichnung deutlich. Die aus dem Norden zugewanderten Uzbeken vermischten sich mit der Bevölkerung Mittelasiens. Die ursprüngliche Bezeichnung Uzbeken stand für eine nomadische Bevölkerung, im Laufe der historischen Entwicklung änderte sich diese Lebensform und die Mehrzahl der Uzbeken lebte schließlich sesshaft (s. Sart). KRADER unterscheidet für die heutigen Uzbeken 4 ethnische Elemente:

1. Die ursprüngliche Bevölkerung der Kiptschak-Steppe
2. Turkisierte Mongolen und Migranten der Goldenen Horde
3. Andere Turkvölker, sowohl einheimische als auch zugewanderte Turkvölker
4. Ältere turkisierte iranisch-stämmige Bevölkerung Mittelasiens.

Der Versuch, für die heute als Uzbeken bezeichnete Bevölkerungsgruppe, eine oder mehrere Identitäten zu definieren erweist sich als schwierig. SCHOEBERLEIN-ENGEL wie KRADER gehen auf diese Problematik näher ein. Heute gibt es tadžikische und uzbekische Dialekte, die mehr miteinander gemeinsam haben, als mit der jeweiligen Staatssprache. Das heutige Uzbekisch kann als direkter Nachfolger des Chagatai definiert werden, der Turksprache der sesshaften Bevölkerung.

---

[50] Nach PORKHOMOVSKY war der Name schon früher bekannt, als Name des letzten Herrschers der Ildegiziden-Dynastei die 1225 vom Choresm-Schah Jajal ad-din besiegt wurde (PORKHOMOVSKY 1994:14).

Ursprünglich sprachen die nomadischen Uzbeken Kiptschak, welches dem heutigen Kasachisch verwandt ist. Bis heute findet man vor allem im Fergana-Tal aber eine Vielzahl möglicher Sprachausprägungen, vom Kiptschak-Uzbekisch bis zum stark iranisierten Chagatai. In fast jeder Familie gab es Mischehen und es ist kaum möglich, eine originale tadžikische oder uzbekische Kultur zu identifizieren (AKINER 1990: 214-215, HOSTLER 1960: 85, KRADER 1963: 60-63, PORKHOMOVSKY 1994: 13, ROY 2000: 16-17).

KYRGYZEN

Auch die Herkunft der Kyrgyzen ist Gegenstand von Spekulationen. Es sind mongolische, uralische oder eigene nördliche Wurzeln auf die jeweils hingewiesen wird. Einigkeit herrscht allein darüber, dass es sich bei den Kyrgyzen nicht ursprünglich um ein Turkvolk handelt, sondern diese später turkisiert wurden[51]. Die erste Erwähnung der Kyrgyzen findet sich bei den Han-Chinesen. Hier werden sie als ‚Kie-k`un' bezeichnet und sollen von den Chinesen als rothaarig und blauäugig beschrieben worden sein. Als Siedlungsgebiet wird die Region am oberen Jenissej genannt. 840 n. Ch. eroberten sie das uighurische Territorium in der Mongolei. Im 10. Jahrhundert wurden sie entweder aus dem Mongolischen Reich vertrieben oder sie sind aus anderen Gründen nach Süden emigriert. Sie werden im Zusammenhang mit der mittelasiatischen Region erst im 16. Jahrhundert wieder erwähnt. Sie waren zeitweise Teil des Mongolen- später des Kalmükenreiches, mit dem sie nach ihrer Islamisierung zahlreiche religiöse Auseinandersetzungen hatten. Diese Auseinandersetzungen bilden die Grundlage des heroischen Epos „Manas"[52]. Kurzzeitig unter chinesischer Herrschaft (ab 1758) kamen sie in den 30er Jahren des 19. Jahrhunderts unter die Herrschaft des Chanats von Kokand. Ein Teil der Kyrgyzen im Tien Shan und im Pamir erlebte unter der Herrschaft von Atalik Ghazi (1862-1878) eine kurze Zeit eigener politischer Macht im chinesischen Turkestan. Die Kyrgyzen waren bis zur russischen Eroberung Nomaden und tribal organisiert. Eine Vermischung mit der sesshaften Bevölkerung der Region war selten. Im 18. und 19. Jahrhundert gab es einen Bruch zwischen den nördlichen und südlichen Stämmen, der auch im heutigen Kyrgyzstan noch eine Rolle spielt. Im Gegensatz zu den Uzbeken, die auch einen nomadischen Ursprung haben, aber im Laufe der Zeit sesshaft wurden, blieb die nomadische

[51] Im Widerspruch steht dazu allerdings die Ausführung von HOSTLER, der die Kyrgyzen als ‚ethnisch reinstes Turkvolk' bezeichnet (HOSTLER 1960: 92-94).

[52] Auf die Bedeutung des Manas-Epos wird in Kapitel 6 näher eingegangen.

Lebensweise kennzeichnend für die Kyrgyzen. Die kyrgyzische Sprache gehört nach PORKHOMOVSKY zu den Kiptschaksprachen, nach MENGES ist sie dem Uighurisch und dem Chagatai näher als dem Kiptschak. Im Norden und Süden werden unterschiedliche Dialekte gesprochen. Die heutige Literatursprache geht auf den nördlichen Dialekt zurück. Der Name Kyrgyz, der auch die Eigenbezeichnung der Kyrgyzen ist, geht auf kirgh oder quirgh – vierzig und qiz – d.h. Töchter, Mädchen zurück. Auf diese Bedeutung berufen sich auch die Kyrgyzen. Eine weitere Theorie vermutet, der Name gehe auf quirgh – vierzig und yuz – hundert zurück (AKINER 1983: 327-329, ANDERSON 1999: 2-3, CRISP 1990: 246-247, GABAIN 1979: 14-15, KRADER 1963: 59-60, PORKHOMOVSKY 1994: 13, SHAHRANI 1979: 46-49).

4.4 Raumstruktur vor der russischen Kolonisation

Die historische Entwicklung in der naturräumlich unterschiedlich ausgestatteten Region Mittelasien brachte zwei unterschiedliche, die Region bis Ende des 19. Jahrhunderts prägende Strukturen hervor: Städtische Siedlungen an den Flussläufen bzw. in den Oasen mit intensiver Ackerbau- und Bewässerungskultur, sowie die eine extensive Viehwirtschaft betreibende nomadische Bevölkerung. Diese Kulturformen wurden durch die ständige Migration unterschiedlicher Völker nach Mittelasien, die Zugehörigkeit zu den unterschiedlichsten politischen Machtstrukturen bzw. Reichen, sowie durch die Einflüsse einer der bedeutendsten Handelsrouten, der Seidenstrasse, nachhaltig geprägt. Neue Einflüsse wurden, genau wie zugewanderte Völker, in bestehenden Strukturen integriert.

Die Funktion Mittelasiens als Verbindungsstück zwischen Kulturen bzw. als Durchgangsregion hatte die Vermischung unterschiedlicher Ethnien zur Folge. Ein Beispiel für die Integration von Einflüssen sind die bis Ende des 19. Jahrhunderts bestehenden Strukturen der staatlichen Organisation, welche wie die Hofsprache auf die frühern persischen Einflüsse zurückgehen, jedoch von den Turkvölkern in ihren Chanaten und Emiraten übernommen wurden. Die Adaption des Begriffs Uzbeke und die gleichzeitige Beibehaltung der Turksprache der sesshaften Bevölkerung (Chagatai) stellt ein weiteres Beispiel dar. Die Städte und Oasen bildeten die Knotenpunkte der Handelswege, ihre Bevölkerung war damit ständiger Beeinflussung östlicher sowie westlicher Werte und Normen ausgesetzt (WIEBE 1977). Mit der schwindenden Bedeutung transkontinentaler Handelswege nahm diese Beeinflussung ab. Die Städte stagnierten ab dem 17. Jahrhundert weitgehend in ihrer Entwicklung. Mit dem Wegfall des Handelsweges als Verbindung unterschiedlicher Kulturen gewann nun der Islam als verbindendes Element an Bedeutung. Ihm kam aber aufgrund der gefestigten politischen Strukturen im Indien der Moghul-Dynastie, sowie dem mittlerweile schiitischen persischen Einflussraumes keine überregionale politische Bedeutung zu. Der Islam war ein kultureller Verbindungsfaktor über ethnische und sprachliche Grenzen hinweg innerhalb Mittelasiens. Auch wenn die nomadische Bevölkerung zu einem geringeren Ausmaß islamisiert war, so war der Islam neben der wirtschaftlichen Beziehung ein bedeutendes kulturelles Verbindungsstück zur sesshaften Stadtbevölkerung. Differenzierend in der sozioökonomischen Struktur des Raumes Mittelasien waren die sich ergänzenden Wirtschaftsweisen von Stadt- und sesshafter Agrarkultur und Nomadismus. Ohne einen Naturdeterminismus zu beschwören hat die naturräumliche Struktur Mittelasiens zum Einen zu dieser Differenzierung beigetragen, zum Anderen hat das Fehlen unüberbrückbarer physischer Barrieren im Südwesten und Norden die Wanderungsbewegung der verschiedenen Völker begünstigt. Die Prägung der sozioökonomischen Entwicklung wurde somit auch durch den physischen Raum und seine Struktur beeinflusst, die für den hier betrachteten Zeitraum bis zum Ende des 19. Jahrhunderts analysiert wurde.

Die Bezeichnung der Völker und die Bedeutung der verschiedenen Bezeichnungen entsprach größtenteils dieser Differenzierung der Lebensformen in Stadt- und Nomadenkultur. Es gab in der historischen Entwicklung Mittelasiens keine Reichsgründungen oder territorialen Abgrenzungen, welche auf ethnische Konzepte zurückgehen. Grenzen der verschiedenen politisch-staatlichen Gebilde (Reiche, Chanate, Emirate etc.) unterlagen einem ständigen Wandel. Die Chanate bzw. Emirate hatten feudale Strukturen, die nomadischen Völker waren tribal organisiert.

Wenn Mitte des 19. Jahrhunderts bereits große Teile der nomadischen Kyrgyzen zum Machtbereich des Chanats von Kokand gehörten, waren damit keine konkreten territorialen Grenzen begründet, sondern es handelte sich um Tribut-Beziehungen und damit um Grenzen von Kokands Einflussbereich. Der Raum wurde damit nicht klar territorial, sondern diffus nach Lebensräumen abgegrenzt. Ein Konzept ethnisch begründeter Nationalstaaten gab es für die Zeit vor der russischen Kolonisation nicht.

5 MITTELASIEN: RUSSISCHE KOLONISATION UND SOWJETISIERUNG[53]

Die russische Kolonisation und vor allem die darauf folgende Sowjetisierung Mittelasiens hatten einen ausgeprägten Einfluss auf die Entwicklung der Raumstrukturen. Eine der bedeutendsten Veränderungen stellte die erstmalige territoriale Abgrenzung von Gebietseinheiten auf der Grundlage einer Idee von Nationenbildung dar. Wie im vorangegangenen Kapitel erläutert wurde, gab es aber für eine ‚Nationale Abgrenzung' keine historische Grundlage. Sie war ein externer, von russisch-sowjetischer Einflussnahme gekennzeichneter Prozess, der seine Wirkungen im Raum nachhaltig hinterlassen hat. Dieser Vorgang fand innerhalb des übergeordneten staatlichen Gebildes der Sowjetunion statt, so dass die neu entstandenen Grenzen als Folge der nationalen Abgrenzung, administrativ wie sozioökonomisch, in dieser Zeit den Charakter von Gebietsgrenzen mit ganz entscheidenden Unterschieden zu Staatsgrenzen hatten. Die einzige Nationalgrenze im klassischen Sinne wurde durch die Außengrenze des Gesamtgebietes Sowjetunion markiert. (s. Kap. 5.1).

Somit wurde das Gebiet Mittelasien Teil eines Kolonialreiches, welches vor allem als Sowjetunion die Entwicklungsrichtung der Teilgebiete zentralistisch entscheidend beeinflusste. Diese Entscheidungen veränderten die wirtschaftliche Struktur des Raumes und zogen gravierende ökologische Folgen nach sich (s. Kap. 5.2). Mit dem Begriff ‚Sowjetisierung' war aber auch ein Wandel von Denk- und Verhaltensmustern – operationalisiert durch z.B. Bildungswesen – einhergegangen. Dieser war verbunden mit Veränderungen der Bevölkerungsstruktur und den Siedlungsmustern, auch beeinflusst durch Zwangsan- und Umsiedlungen (s. Kap. 5.3).

Die skizzierten Aspekte haben nicht nur die Raumstruktur Mittelasiens entscheidend gewandelt, sondern in der Folge die Ausgangsbedingungen und Ausgangsdisparitäten für die 1991 einsetzenden Transformationsbestrebungen (wie sie in Kapitel 2.2 erläutert wurden) nachhaltig geprägt (s. Kap. 5.4). Die folgenden Ausführungen sollen die Entstehung der Ausgangsraumstruktur für die Transformation und ihrer Folgen analysieren. Dabei spielt zum Einen die Frage nach den Ursachen der 1991 bestehenden Disparitäten, zum Anderen die Frage nach den Veränderungen im Vergleich zu den Raumstrukturen vor der Kolonisierung und Sowjetisierung eine Rolle. Um auch die Grundlage für die

[53] Wie in Kapitel 1 erläutert, wird die Entwicklung in Turkmenistan aufgrund der Ausrichtung der Fallstudie auf das Fergana-Tal nicht betrachtet.

empirische Untersuchung des Fallbeispiels zu legen, wird als Abschluss der jeweiligen Teilkapitel auf die speziellen Entwicklungen, Folgen und Auswirkungen von Kolonisierung und Sowjetisierung für das Fergana-Tal eingegangen.

5.1 Politische Entwicklung

Mit der russischen Kolonisation und der folgenden Sowjetisierung wurde Mittelasien somit wieder einmal Teil eines Großreiches. Die Entwicklungen in Mittelasien stellen dabei die Folgen bzw. Implementierungen von Entscheidungen der ‚Herrschermacht' dar. Es ist hier nicht beabsichtigt, die Gründe für russische bzw. sowjetische Vorgehensweisen zu analysieren. Im Rahmen der folgenden Ausführungen wird damit der Fokus auf die Analyse der Wirkungen der Politik der kolonial handelnden Herrschaftsstruktur in und für Mittelasien gelegt – nicht auf die Hinterfragung russischer oder sowjetischer Beweggründe[54].

Im Unterschied zu den europäischen Kolonialisierungswellen vollzog sich die russische Kolonisation in der Zeitdimension kontinuierlich und in territorialer Kontinuität mit dem russischen Stammland. Auch die Auseinandersetzung mit muslimischen Bevölkerungsgruppen während der Kolonisierungsbestrebungen verlief ohne Unterbrechung – beginnend mit dem Einzug in Kazan 1552 und endgültig endend schon zu bolschewistischer Zeit in Buchara 1920. Die Erfahrungen Russlands mit muslimischer Bevölkerung bzw. ihrer Integration aus Kazan sollten sich aber in Mittelasien nur begrenzt wiederholen lassen. Zwar nutzten die Russen z.B. die bereits weitgehend integrierten muslimischen Tataren als Mittler in Mittelasien, deren pan-türkische Tendenzen führten aber zu Widerständen auf russischer wie z.T. auch auf mittelasiatischer Seite.
Die Kolonisation fand in zwei Formen statt. Während das Emirat von Buchara (1868) und das Chanat von Chiva (1873) ihre dynastischen Herrscherstrukturen vorerst behielten – aber durch Verträge zu Schutzstaaten und damit abhängig von Russland wurden, errichtete Russland in den restlichen eroberten Gebieten (ehemaliges Chanat von Kokand, Samarkand und Gebiete südlich der Schutzstaaten) die Provinz Turkestan. Diese wurde 1867 in ein Generalgouvernement mit einer Militärverwaltung umgewandelt. Die territorialen Abgrenzungen änderten sich in den Folgejahren.

---

[54] Literatur zu den Bereichen Russisches Reich und Sowjetunion liegen zahlreichst vor. Zur Einführung sei an dieser Stelle auf ALTRICHTER1993 und BÜTOW 1988² verwiesen.

Am Ende des 19. Jahrhunderts war der Großraum Mittelasien in 4 Gebiete aufgeteilt: Das Gouvernement Steppe, dass Gouvernement Turkestan (hinzugekommen sind die Gebiete Transkaspien und Semirechie), sowie die Protektorate Chiva und Buchara (HAMBLY 1966: 212-213, ROY 2000: 30-32). Mit der fortschreitenden Kolonisation setzte auch die Migration russischer Siedler ein. Diese waren zum Einen Facharbeiter für Bahnbau und die neuen Industrien (s. Kap. 5.2), zum Anderen Bauern, für die große Landflächen enteignet wurden bzw. welche für nomadisch genutzte Gebiete einen (russischen) Besitztitel erhielten. Russland sah sich auch als kulturell überlegen an: Die Bevölkerung Mittelasiens wurde als ‚Fremde' eingestuft und verfügte damit weder über die Privilegien der Russen noch über deren Pflichten. Während die Steppengebiete die Hauptansiedlungspunkte russischer Bauern wurden, bildeten sich die bestehenden Siedlungsschwerpunkte durch die dort erfolgende Ansiedlung der russischen Arbeiter zu Kolonialstädten, mit einem Nebeneinander von moderner ‚Russenstadt' und Altstadt, heraus. Der Widerstand der einheimischen Bevölkerung gegen die Politik der Kolonialmacht führte Ende des 19. Jahrhunderts zu ersten Aufständen, die ihren Schwerpunkt im Fergana-Tal hatten (1885, 1891, 1892, 1898), aber auch in anderen Gebieten Erhebungen hervorbrachten, wie 1892 in Taškent. Die Aufstände standen größtenteils unter religiöser Führung. Der Aufstand 1892 in Andižan wurde von seinem Anführer, einem Angehörigen der Sufi-Brüderschaft (Naqschbandi), als ‚Heiliger Krieg' bezeichnet. Alle Aufstände konnten aber von der russischen Kolonialmacht unter Kontrolle gebracht werden (Neben diesen Aufständen mit eher islamisch-konservativem Hintergrund bildeten sich auch politische Reformbewegungen, deren Bedeutung noch ausgeführt wird). Der größte Aufstand in Mittelasien fand 1916 statt. Neben der desolaten Wirtschaftslage der Bevölkerung war der direkte Auslöser der Versuch der Mobilisierung der einheimischen Bevölkerung für die Teilnahme am Ersten Weltkrieg. Der Aufstand begann mit einer Demonstration von ca. 10.000 Menschen in Oš (Fergana-Tal) und setzte sich nach Norden fort. Der Aufstand wurde brutal niedergeschlagen. Die in diesem Gebiet lebenden Kyrgyzen und Kasachen flohen zum Teil nach China (ca. 150.000-200.000!), viele starben (auch hier gibt es Angaben zu Opferzahlen bis zu 200.000). Opfer der Aufständischen waren vor allem russische Siedler, von denen ca. 2000 starben. Die brutale Vorgehensweise der Kolonialmacht schürte die Widerstände in der mittelasiatischen Bevölkerung und erhöhten anfangs die Chancen der Vertreter der russischen Revolution in ihrer Rolle als Gegner des Zarenreiches (FIERMAN 1991: 11-30, HAMBLY 1966: 235, OLCOTT 2000, ROY 2000: 33-34).

Bedeutendste politisch-religiöse Reformbewegung Anfang des 20. Jahrhunderts war die von den Tataren nach Mittelasien getragene islamische Modernisierungsbewegung ‚Jadidismus'. Charakteristika dieser Bewegung waren in Mittelasien Pan-Islamismus, Anti-Kolonialismus und religiöse Reformen. Prominentester Vertreter war der Krimtatare Ismail Bai Gasprinski. Während die Tataren ein eher nationalistisches Konzept, eine Verbindung zwischen Pan-Islamismus und Pan-Türkismus favorisierten, war der mittelasiatische Jadidismus keine nationalistische Bewegung. Die Geschichte Mittelasiens und die ethnische Pluralität kannten eben keine territoriale kulturell-sprachliche Einheit. Die Jadidismus – Bewegung bildete auch den Hintergrund muslimischer Parteienbildung, so beispielsweise die der Jung-Bucharer und Jung-Chivaer (s. Kap. 5.1.1).
Anti-Kolonialismus bzw. Anti-Imperialismus war eine der geistigen Strömungen, die vor allem nach dem japanischen Sieg über Russland 1905 im mittelasiatischen Jadidismus an Bedeutung gewann. Diese Thematik wurde auch von den Bolschewiken aufgenommen und war u.a. Ursache dafür, dass viele Anhänger der Jadidismus – Bewegung zu Anhängern der kommunistischen Partei wurden. Prominentester Vertreter einer Kombination von Anti-Imperialismus und Internationalismus in Mittelasien war Sultan Galiev, welcher 1917 der kommunistischen Partei beitrat. Seine Versuche, eine eigene Turkestanische Kommunistische Partei zu etablieren, scheiterten nach anfänglichen Erfolgen schließlich, und damit auch seine Bestrebungen, ein ‚Groß Turkestan' innerhalb des sowjetischen Reiches zu gründen. Seine turkestanisch-nationalistischen Ansichten begründeten auch seinen Ausschluss aus der Kommunistischen Partei 1923 sowie seine Verhaftung 1928 (FRAGNER 1989, GEIß 1995: 58-63, ROY 2000: 35-49).

Die russische Revolution 1917 war in Mittelasien eine rein russische Angelegenheit und weitgehend auf die Hauptstadt des Gouvernements Turkestan, Taškent, beschränkt. Da die Führung der Revolutionäre noch einige Jahre durch den Bürgerkrieg in Russland gebunden war, stieß die Rote Armee erst Ende 1919 nach Mittelasien vor und erst mit der Entsendung der Turkestan Kommission – ohne muslimische Mitglieder – unter der Leitung von Frunze konnte die sowjetische Macht endgültig gefestigt werden.
Die Zeit von 1917 bis 1920 war von Widerstandsbewegungen geprägt. Anfangs führte der Widerstand gegen das Zarenregime wie gesehen zu einer Unterstützung der revolutionären Bestrebungen, die einheimische Bevölkerung sah darin die Chance ihre Forderungen nach Verbesserung der

Lebensbedingungen, Landrückgabe etc. zu stellen. Auch wurde die Entwicklung der politischen Bewegungen forciert. Diese Unterstützung währte aber nur kurz, denn die neue provisorische Regierung in Turkestan ging auf keine der Forderungen ein. Der erste Sowjet hatte keine einheimischen Mitglieder und der 3. Kongress der sowjetischen Arbeiter beschloss, dass eine Einbeziehung einheimischer Bevölkerungsgruppen zu jener Zeit nicht akzeptabel sei. Der Klassenkampf des russischen Bürgerkrieges nahm in Mittelasien eher die Kontur eines inter-ethnischen Konfliktes an. Die Arbeiter und Funktionäre waren Russen, die Bauern Mittelasiaten. Dementsprechend war die Oktoberrevolution eine Sache der neuen Siedler. Kommunisten bzw. Bolschewiken entsprachen für die betroffene einheimische Bevölkerung der Zuordnung zu Russen und Kolonialmacht.

Als Antwort auf diese Vorgehensweise wird die Etablierung einer Gegenregierung gesehen. Das neugegründete turkestanisch-islamische Nationalkomitee rief im Dezember 1917 in Kokand (Fergana-Tal) die Autonomie Turkestans aus. Dies war keine nationalistische Bewegung auf einem ethnisch begründeten Nationenkonzept, ein Drittel der Mitglieder dieser Gegenregierung waren Russen, der Regierungsführer Čokaev war Kasache und der Finanzminister war der nicht muslimische Herzfeld. Diese Gegenregierung wurde von der kommunistischen Führung nicht akzeptiert und von der Armee des Taškenter Sowjets im Februar 1918 abgesetzt, Kokand wurde geplündert und es soll bis ca. 10.000 Tote gegeben haben. (FIERMAN 1991, ROY 2000: 58, RYWKIN 1990: 19-31, SABOL 1995).

Der Sturz der Kokander Gegenregierung wird als Ausgangspunkt für die Entstehung der größten Widerstandsbewegung Mittelasiens gesehen – die Basmačen Bewegung. Neben der Eroberung Kokands war die desolate wirtschaftliche Lage, vor allem auch im Fergana-Tal, in welchem die Bewegung ihren Ausgang nahm und einen Schwerpunkt hatte, eine Ursache für die Bewegung[55]. Die Bewegung (Basmačen bedeutet Banditen) wurde von der ländlichen Bevölkerung getragen und verfolgte keine politisch-einheitliche Strategie. Sie bestand aus einer Vielzahl von Gruppen unter unterschiedlichsten Führern (religiöse, tribale etc.), die sich durch Guerilla-Kämpfe gegen die Kolonialmacht und die sowjetischen Reformen wehrten. Die Bewegung wurde vor allem mit dem Einrücken der Roten Armee stärker bekämpft und verlor

[55] Ausführlich zur Basmačen-Bewegung vgl. HAYIT 1956, LORENZ 1989, RYWKIN 1990.

schließlich ab 1924 an Bedeutung, auch wenn es in einigen Bergregionen östlich von Buchara noch Aktivitäten bis ca. 1936 gab. Neben dem Fergana-Tal waren auch die Gebiete der turkmenischen Stämme und die Gebiete im Süden des heutigen Tadžikistan Einflussgebiete der Bewegung (FIERMAN 1991, HAMBLY 1966: 214-215, LORENZ 1989, ROY 2000: 46-48).

Mit dem schwindenden Einfluss der unterschiedlichen politischen Bewegungen die in Mittelasien gegen bzw. für eine Veränderung des russisch-sowjetischen Einflusses kämpften und durch die Assimilation verschiedener politischer Vereinigungen in andere sowjetische politische Organe sowie durch die Stärkung der moskauer Zentralgewalt durch Entsendung der Roten Armee und der Turkestan Kommission wurde schließlich eine Integration Mittelasiens in die Sowjetunion erzwungen.

5.1.1 TERRITORIALPOLITIK UND ‚NATIONALE ABGRENZUNG'

> *„But this was the first time that the colonial power forged not only countries, but also languages and national histories, not to mention folklores and literatures"* (ROY 2000: 61).

Die territoriale Aufgliederung Mittelasiens begann bereits mit der russischen Kolonisation. Aus Sorge vor Pan-Türkismus, Pan-Islamismus und turkestanischen Separationsbewegungen behielt auch die sowjetische Regierung diese Aufgliederung bei, welche zum Einen die ehemaligen Feudalreiche zerschlug bzw. verkleinerte, zum Anderen gleichzeitig ethnische Strukturen außer Acht ließ. Das Verhalten der lokalen Sowjets in den ersten Jahren nach 1917[56] und die verstärkten Widerstände in der einheimischen Bevölkerung hatten die zufriedenstellende Eingliederung des Gebietes Mittelasien in das sowjetische Reich bislang behindert. Eine Festigung der Strukturen wurde somit zur Sicherung der politischen Macht der Sowjetunion in dieser Region notwendig. Das Gouvernement Turkestan wurde 1918 in die Turkestanische Sozialistische Sowjetrepublik (TSSR) umbenannt und von Moskau anerkannt. Problematisch für die Regierung in Moskau war allerdings die Konstitution, welche die neue TSSR aufstellte, da sie deren föderalistische Tendenz nicht teilte. Die TSSR wollte neben der problematischen Forderung nationale Kader aufzustellen das Recht selbstständig über die Einsetzung von allen Kadern, die Gesetzgebung und die Administration zu bestimmen. Moskau lehnte diese Forderungen als gefährlich für den Zusammenhalt der Union ab und überließ der

[56] Zur Entwicklung in Mittelasien nach 1917 vgl. auch HAUNER 1991.

TSSR nur kulturelle und administrative Vollmachten. Noch 1918 wurden als offizielle Sprachen für die TSSR Uzbekisch und Kyrgyzisch festgelegt (zu den russischen Vorstellungen bezüglich der Sprachen und Ethnien s. Kap. 5.1.2, an dieser Stelle sei nur darauf hingewiesen, dass mit Kyrgyzisch Kasachisch gemeint war, welches die Russen zu dieser Zeit als Kyrgyzisch bezeichneten). Mit der Entsendung der Turkestan Kommission sollten die Fehler der ersten Jahre ausgeglichen werden. Nachdem zuerst Mitglieder der Jadidismus Bewegung an der Regierung beteiligt wurden änderte sich diese Strategie 1920 hin zur Förderung junger Mittelasiaten, die keine Verbindung zum Jadidismus hatten und oft ländlichen Gebieten entstammten.

Abbildung 5.1: Die mittelasiatischen Staaten in den Grenzen bis 1924/1925

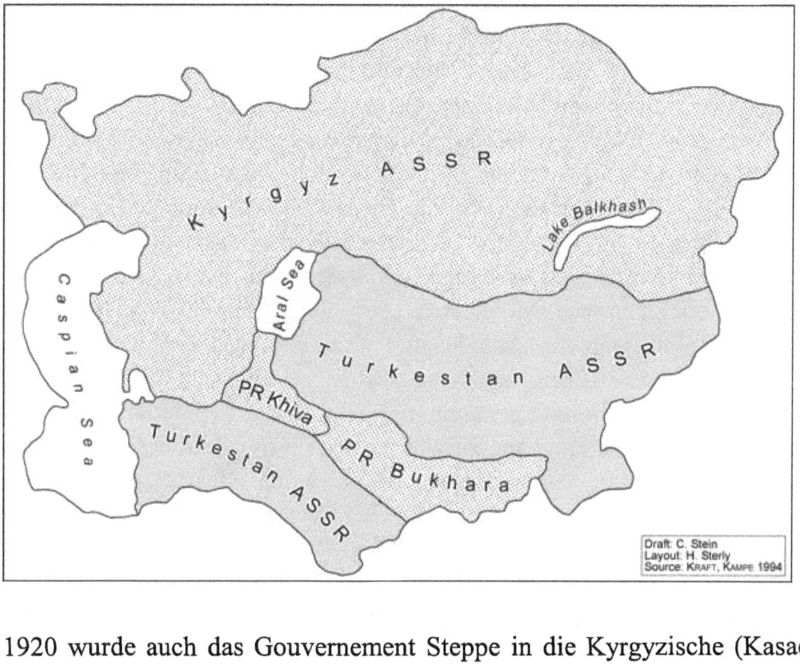

1920 wurde auch das Gouvernement Steppe in die Kyrgyzische (Kasachische s.o.) Autonome Sozialistische Republik umgewandelt und an die Russische Sozialistische Republik angegliedert. Teile des Siedlungsgebietes der Kyrgyzen (von den Russen als Kara-Kyrgyzen bezeichnet) fielen der TSSR zu. Weiter in Richtung Nationenbildung gerichtet war die Entscheidung von 1921 das transkaspische Gebiet in Turkmenisches Territorium umzubenennen. Hintergrund dieser nationalen Nuancierung war die Aufforderung Lenins 1920 eine ethnographische Kartierung Turkestans durchzuführen, aufgeteilt nach Gebieten der Uzbeken, Kyrgyzen und Turkmenen. Gleichzeitig sollten die Bedingungen für eine mögliche Teilung der Gebiete aufgezeigt werden. In den Protektoratsgebieten Buchara und Chiva mussten aber zuerst noch Sowjets institutionalisiert werden. Die sowjetische Regierung unterstützte in diesen Gebieten nun doch wieder jadidistische Reformbewegungen, die Jungen Bucharaer und die Jungen Chivaer. Mit ihrer Unterstützung gelang es dann auch die bestehenden Regierungen zu stürzen. Nach dem Sturz der Regierung von Chiva wurden die Jungen Chivaer aber wegen ihres Vorgehens gegen die Turkmenen in diesem Gebiet 1921 aus der Kommunistischen Partei ausgeschlossen und viele verließen die neue Volksrepublik Choresmien. Damit war auch hier der Widerstand gegen die sowjetische Macht gebrochen und das Gebiet wurde 1923 in eine sowjetische Volksrepublik umgewandelt. In Buchara verlief die Situation mit der begonnen Unterstützung der Jungen Bucharaer ähnlich und der Emir konnte 1920 besiegt und vertrieben werden. Hier setzte sich zwar mit Faizulla Chodžaev ein Mitglied der Jungen Bucharaer schließlich 1921 als Präsident der neuen Volksrepublik Bucharien durch, aber die Masse der Reformer wurde auch hier aus der Partei ausgeschlossen. 1924 wurde auch diese Volksrepublik in eine Sowjetrepublik umgewandelt (GEIß 1995: 79-82, SABOL 1995, ROY 2000: 58-60). Damit war die Basis für die Nationale Abgrenzung geschaffen. Die Sowjets hatten bereits realisiert, dass die zaristischen Abgrenzungen in Mittelasien problematisch waren. Für eine Abgrenzung nach ethnischen Merkmalen war Mittelasien aber nicht geeignet – es gab kaum homogene Siedlungsgebiete. Lokale und tribale Zugehörigkeiten und die überregionale Zugehörigkeit zur islamischen Gemeinschaft prägten die Bevölkerung. Um den bereits genannten Gefahren von Separations- und Pan-Türkismus Bewegungen entgegen zu wirken, wurde trotzdem beschlossen eine Nationale Abgrenzung vorzunehmen. 1924 wurde festgelegt, dass die Abgrenzung nach nationalen und ökonomischen Aspekten erfolgen sollte, wobei die nationalen Merkmale von der sowjetischen Regierung vorgegeben wurden. Eine uzbekische, eine turkmenische, eine kyrgyzische (kasachische) und eine kara-kyrgyzische (kyrgyzische) Gebietseinheit sollten gegründet werden. Vorrangiges Ziel bestand hier, trotz der proklamierten Einbeziehung ökonomischer Aspekte, in der Sicherstellung, dass möglichst keines der neuen Gebiete selbstständig existieren konnte. Damit sollten separatistischen Bestrebungen das Fundament zu entzogen werden. Nationalistische Tendenzen der verschiedenen Ethnien, welche diese untermauerten, gab es allerdings wie erläutert nicht – dafür eine weit verbreitete Unkenntnis der Bevölkerung, welcher der möglichen „Nationen" sie zuzuordnen wären. Die Abgrenzung erfolgte nach dem Kriterium Sprache – was allerdings die Probleme keineswegs verringerte, da es ja zum Beispiel die Sprache „uzbekisch" nicht gab (s. Kap. 4.3). Der Prozess, den ROY als *„The Creation of Nations"* (ROY 2000: 61) bezeichnete, begann 1924 und brauchte bis zu seinem Abschluss 1936 zwölf Jahre (DAWISHA, PARROT 1994: 80-82, GEIß 1995: 82, SABOL 1995). Die bestehenden Gebietseinheiten wurden aufgelöst und neue gegründet. Damit einher ging auch die Kreation von Nationen, Ethnien, Sprachen und Alphabeten sowie neuer ‚nationaler' Geschichten. Es wurde eine neue Realität geschaffen.

1924 wurden die Sozialistischen Sowjetrepubliken Turkmenistan und Uzbekistan gegründet. Innerhalb der SSR Uzbekistan existierten die Autonomen Republiken (AR) Tadžikistan und Berg-Badachšan. Weiter wurden die Autonomen Republiken Kyrgyzstan (AR) (Kasachstan) und Kara-Kyrgyzstan (Kyrgyzstan) gegründet, die Russland angeschlossen waren. Als Teil der Russischen Föderativen Sowjet Republik wurde die Autonome Region Karakalpakstan etabliert. 1929 wurde die AR Tadžikistan inkl. der AR Berg-Badachšan in eine Sozialistischen Sowjet Republik umgeformt und aus der SSR Uzbekistan ausgegliedert. Als weiteres Gebiet wurde der SSR Tadžikistan (der vormals uzbekische) Oblast Leninabad im Fergana-Tal zugeteilt – angeblich um die ökonomische Ausgangssituation der SSR Tadžikistan zu unterstützen. Damit wurde das Fergana-Tal auf drei unterschiedliche SSR's aufgeteilt. Samarkand als traditionelles Siedlungsgebiet der tadžikisch-sprachigen Bevölkerung verblieb in der SSR Uzbekistan als Hauptstadt. Dieser Hauptstadtstatus wurde 1930 von Samarkand auf Taškent übertragen. 1929 wurde zudem Kyrgyzstan in Kasachstan umbenannt und Kara-Kyrgyzstan in Kyrgyzstan. 1932 wurde Karakalpakstan zuerst zur Autonomen Republik und dann 1936 in die SSR Uzbekistan eingegliedert. Kyrgyzstan und Kasachstan wurden 1936 in eigenständige Sozialistische Sowjetrepubliken umgewandelt. Die Nationale Abgrenzung war abgeschlossen[57] (SABOL 1995, ROY 2000: 61).

---

[57] Die Nationalgrenzen blieben ab 1936 bestehen. Verändert wurde aber immer wieder die innere Struktur der Republiken, d.h. einzelne Oblaste wurden abgeschafft, verändert oder neugegründet. Die Ursachen waren hier schwerpunktmäßig republikintern begründet und werden nur in den Fällen erwähnt, in denen sie im Kontext dieser Arbeit von Bedeutung sind.

5.1.2 NATIONALITÄT – IDENTITÄT – ETHNIZITÄT? STALINS NATIONENKONZEPT UND SEINE UMSETZUNG

Betrachtet man die Entwicklungen der Zeit von 1917 bis 1936, jedoch vor allem die Zeit der Nationalen Abgrenzung, so stellt sich die Frage, welches Nationenkonzept und welche Nationenpolitik auf sowjetischer Seite zu Grunde gelegt wurden[58]. Dass es sich hierbei um ein sowjetisches Konzept handeln muss, ist schlüssig, da eine Grundlage für diese Entwicklung nicht aus der mittelasiatischen Geschichte stammen kann (s. Kap. 4 und 5.1.1).

Während die kommunistische Bewegung vor der Oktoberrevolution noch das Recht der einzelnen Nationen auf Selbstbestimmung und das Recht der Völker auf politische Unabhängigkeit proklamierte, sah die reale Umsetzung eine eingeschränktere ‚Selbstbestimmung' der Völker vor. Mit der Etablierung der Sowjetunion sah sich die Regierung aber bald mit dem Problem konfrontiert, eine politische Organisationsform der multiethnischen Bevölkerung zu finden. Selbstbestimmung stellte dabei nach Stalins Meinung eine Gefahr dar, denn sie konnte als Plattform für eine mögliche Konterrevolution dienen. Da sich aber an anderen Orten ‚Nationen' innerhalb des ehemaligen russischen Reiches gebildet hatten, bzw. bereits existierten, blieb somit nur die Möglichkeit eine gewisse föderalistische Struktur einzurichten, welche die nationalen Gebilde umfasste und ihnen eine bestimmte Form von Autonomie zuschreibt. (ZASLAVSKY 1993).

Um nun eine solche politisch-administrative Struktur einzurichten, war es notwendig Nation zu definieren. Stalin definierte Nation mit ‚Territorium' als notwendigem Kriterium. MARK gibt die stalinistische Nationendefinition wie folgt wieder: *„Eine Nation ist eine historisch entstandene, stabile Gemeinschaft von Menschen, entstanden auf der Grundlage der Gemeinschaft der Sprache, des Territoriums, des Wirtschaftslebens und der sich in der Gemeinschaft der Kultur offenbarenden psychologischen Wesensart"* (MARK 1989: 18). Das Konzept verband also Territorialität, Ethnizität und Sprache innerhalb einer Nation. Eigenstaatlichkeit gehörte dagegen nach Stalin nicht notwendig zu einer Nation. Fehlte eines der von Stalin definierten Merkmale, so handelte es sich bei der Bevölkerungsgruppe um ein Volk oder einer Völkerschaft. Dabei war für die Völkerschaft bezeichnend, dass sie zwar über die Einheit von Sprache und Territorium verfügte, aber ohne wirtschaftliches und kulturelles Leben auf einem noch primitiven Entwicklungsstadium lebte. Auf einer noch niedrigeren Entwicklungsstufe fand sich schließlich die ethnische Gruppe. Durch die

[58] Vgl. ausführlich zur sowjetischen Konzepten von Nation, Nationalität und Identität in der Sowjetunion: BREMMER 1993, KAISER 1997.

Eintragung in den Pass wurden Nationalität und gewisse Völkerschaften institutionalisiert (GEIß 1995: 84-86, MÜLLER 1997, ZASLAVSKY 1993). Dieser Zuordnung von Entwicklungsstadien entsprach dann auch die administrative Gliederung. Nur eine ‚Nation' konnte in einer SSR leben, in einer AR lebte die Gesellschaft somit noch auf einer niedrigeren Entwicklungsstufe. Die Zuordnung konnte sich aber ändern, was zuweilen zu Problemen führte. Die potentielle Gefahr einer ‚persischen Identität', die durch einen erstarkten Iran unterstützt werden könnte, führte ursprünglich zur Eingliederung der Tadžiken als AR Tadžikistan in die SSR Uzbekistan im Jahre 1924. 1929 erfolgte (im Kontext der Entwicklungen in Afghanistan) die Umwandlung der AR Tadžikistan in eine SSR Tadžikistan. ROY beschreibt die daraus folgende Aufgabe für die sowjetischen Theoretiker treffend: „*to explain in 'scientific' terms how it was that between 1924 and 1929 the Tajiks had suddenly acquired characteristics which enabled them to make a transition from the status of a 'feudal society' to that of a 'nation', which presupposed entry into the capitalist sphere (which would have had to have taken place during the five years of Sovietisation)*" (ROY 2000: 67).

Sowjetische Nationalitätenpolitik brachte somit einen besonderen Prozess der Nationenbildung innerhalb einer Art übergeordneter sowjetischer Nation hervor. Die Anfangs unterstützte Akzentuierung auf nationale Besonderheiten und Unterschiede im Zuge der Nationalen Abgrenzung sollte aber im Rahmen der Sowjetisierung zu einer standardisierten Lebensweise innerhalb der gesamten Sowjetunion führen. Es sollten die Unterschiede sesshafter und nomadischer Lebensweisen überbrückt werden. Eine einheitliche Bildung sollte lokale, tribale und kulturelle Unterschiede überwinden und im Ergebnis ein zwar erst nationales aber in der Vollendung sozialistisches Bewusstsein der Bevölkerung hervorbringen (SABOL 1995, ZASLAVSKY 1993).

Wie passten stalinistisches Nationenkonzept und die Vorraussetzungen in Mittelasien zusammen? Es ergab sich eine komplexe Situation. Da aber nun die Nationale Abgrenzung beschlossen wurde und auch die ‚Gefahr' des Pan-Türkismus und ‚nationalistischer' Bestrebungen nach Meinung der Sowjetregierung beseitigt werden musste, wurde es notwendig, die Bedingungen in Mittelasien so zu ‚interpretieren', dass eine Eingliederung in das Nationenkonzept durchgeführt werden konnte. Eine ethnische Abgrenzung wäre zu komplex (s. Kap. 4.3 z.B. Sart, Tadžik, Uzbek), so dass eine sprachliche Klassifizierung, zumindest als Abgrenzungskriterium zwischen Tadžiken und

Uzbeken, stattfand – obwohl diese nicht mit den ethnischen Einordnungen übereinstimmte (PORKHOMOVSKY 1994: 5). Um eine sprachliche Abgrenzung zu ermöglichen war es aber notwendig, auch Sprachen für die entsprechenden Nationen zu bestimmen bzw. zu entwickeln, sowie die bestehenden Bevölkerungsgruppen den jeweiligen Nationen zuzuordnen[59]. Zudem mussten noch territoriale Verteilungsmuster gefunden werden, die eine Abgrenzung von administrativen Gebietseinheiten ermöglichten. Die Chance für die Sowjetregierung in Moskau, durch diese administrative Grenzziehungen auch politisch-strategische Aspekte einzubeziehen, kommt hinzu. Dies alles musste schließlich auch dem Anspruch nach der proklamierten nationalen und ökonomischen Abgrenzung genügen und überzeugend begründet werden. Eine komplexe Aufgabe, die in wenigen Jahren bewältigt werden sollte.

Das erste Problem bestand darin, die späteren Nationen auszuwählen. Ohne ein nationales Bewusstsein der Bevölkerung fehlte eine klare Grundlage für eine solche Wahl. Diese Unsicherheit spiegelt sich auch im Vorgehen der Verantwortlichen wieder. Vor 1924 gab es kein ‚uzbekisches Nationalbewusstsein' und auch die Turkmenen identifizierten sich, wie die Kyrgyzen, auf Grund ihrer Stammeszugehörigkeit und lokaler Beziehungen – und nicht nach „nationalen" Kriterien. Die Abgrenzung zwischen Uzbeken und Tadžiken bedeutete eine weitere Schwierigkeit (s. Kap. 4.3). Hinzu kommt die große Vielfalt an Bezeichnungen für die Bevölkerungsgruppen in diesem Raum, welche sich nicht mit 5 Namen umfassen ließ. So zeigten die Bevölkerungszensen seit der Russischen Kolonisation eine große Flexibilität, was Anzahl an Volksgruppen, Ethnonymen und Auswahlkriterien betraf.

Die Tatsache, dass ethnische Gruppen über eine Sprache definiert sein sollten, führte z.B. dazu, dass die zeitweilig als Gruppe anerkannten Sart dann auch die Sprache Sart sprachen, eine Sprache die nie existierte, da die Sart turk- oder persischsprachig waren. Ein Beispiel für den Wechsel der Ethnonyme ist die Bezeichnung Kyrgyz, welche die Russen für die Kasachen wählten und Kara-Kyrgyz für die Kyrgyzen. Die Bezeichnung Kasachen verschwand für eine Zeit ganz von der Liste möglicher Volkszugehörigkeiten. Als Lenin 1917 seine Rede an die Muslime Mittelasiens richtete, adressierte er diese unter Anderem an die Kyrgyzen und Sart. Diese Bezeichnungen machten nicht viel Sinn für die angesprochene Bevölkerung, da Lenin mit Kyrgyzen eigentlich die Kasachen

[59] Hier sei noch einmal auf den historischen Überblick in Kap. 4 verwiesen.

ansprechen wollte und mit Sart alle turk- und persischsprachigen Bevölkerungsteile, nicht nur die städtische Bevölkerung (vgl. Kap. 4.3). Diese Unsicherheiten in den Zuordnungen spiegelten sich auch bei der Abfrage der nationalen Zugehörigkeit wieder. Viele Gruppen konnten sich der offiziellen Liste der nationalen Zugehörigkeiten nicht zuordnen. Auch andere Kriterien spielten bei der ‚Wahl' der eigenen Nationalität eine Rolle. Da mit der Einrichtung einer SSR Uzbekistan, im Gegensatz zu einer AR Tadžikistan, Uzbekistan als ‚fortschrittlicher' klassifiziert wurde, bezeichneten sich auch Tadžiken anfangs teilweise als Uzbeken im Zensus – da keine nationale Identität vorhanden war ein wenig problematisches Vorgehen (ROY 2000: 17, 70-72).

Zudem wurde sukzessiv die Anzahl der möglichen Volksgruppenzughörigkeiten reduziert. Dazu erfolgte eine Zuordnung bestehender Gruppen zu anderen ‚größeren' Gruppen. So wurden 1926 (für die gesamte Sowjetunion) aus 530 Gruppen 194, 1937 aus 769 Gruppen 168 und schließlich 1989 aus 823 Gruppen 128 (TISHKOV 1997: 15-21). Auf welcher Grundlage schließlich die Titularnationen der Kasachen, Kyrgyzen, Tadžiken, Turkmenen und Uzbeken ausgewählt wurden, ist somit schwer nachvollziehbar.
Als Titularnation wurden diese Gruppen als Nation nach der Stalinistischen Definition klassifiziert. Damit wurde die Förderung der kulturellen und sprachlichen Eigenheit der Völker garantiert (nachdem z.T. die Sprache zuerst definiert werden musste) und durch ihre Verwendung in Bildung, Administration und Medien verfestigt. Nachdem auch die territoriale Zuordnung erfolgte, wurden auch eigene nationale Regierungen etabliert (s. Kap. 5.1.3).
Die Zuordnung der Kyrgyzen erwies sich dabei als etwas weniger problematisch als die der Tadžiken und Uzbeken. Die bis zur Eingliederung in die Sowjetunion nomadische Bevölkerungsstruktur basierte auf einer Stammeskultur, bei der es seit dem 18. und 19. Jahrhundert einen Bruch zwischen nördlichen und südlichen Stämmen gab, aber kaum Vermischung mit der sesshaften Bevölkerung. Die kyrgyzische Sprache wurde in Anlehnung an die nördlichen Dialekte festgelegt. Das Gebiet der SSR Kyrgyzstan umfasste größtenteils auch das Siedlungsgebiet der Kyrgyzen. Ein erster Hinweis auf die politisch – strategische Grenzziehung ist aber, dass die hauptsächlich von Uzbeken (per Definition) bewohnte Stadt Oš und weitere uzbekische Siedlungsgebiete im Fergana-Tal in die Kyrgyzische SSR eingegliedert wurden.
Die Zuordnung von Uzbeken und Tadžiken erwies sich als schwieriger. Die Uzbeken sollten die turksprachige Bevölkerungsgruppe außer Kasachen und Kyrgyzen umfassen und somit sprachlich von den Tadžiken abgegrenzt werden.

Dafür wurde zunächst das zum Teil abschätzig gebrauchte Wort Sart als mögliche Bezeichnung eliminiert. Die Bezeichnung Uzbeke stand nun als Alternative offen und die Bedeutung wurde als "jemand der sein eigener Herr ist" umschrieben und somit mythologisiert. Da jeder Nation per Definition auch eine Sprache zuzuordnen ist, wurde Uzbekisch als Sprache festgelegt, aber auf ost-türkischer Basis begründet – nicht auf nordtürkischen Dialekten der historischen uzbekischen Stämme. Um dem Anspruch an eine historische Kontinuität zu genügen, wurde das Chagatai (welches von den Einwohnern dieser Region lange vor dem Eindringen uzbekischer Stämme gesprochen wurde) als ‚Alt-Uzbekisch' bezeichnet. Damit war die historische Legitimation Uzbekistans begründet: Die heutigen Uzbeken waren immer Uzbeken und haben immer Uzbekisch gesprochen. Die territoriale Definition Uzbekistans umschließt dabei das historische Gebiet Transoxaniens und kann sich nach FRAGNER somit: *„seither durchaus sozialgeschichtlich als kontinuierliche Fortführung der transoxanischen Kulturgesellschaft präsentieren, mit größerer Berechtigung als dies bei einem ‚gesamtturkestanischen' Staatswesen der Fall gewesen wäre*" (FRAGNER 1989: 26). Nach FRAGNER wurde mit der territorialen Festlegung der uzbekischen Grenzen somit eine Art ‚Klein-Turkestan' begründet (FRAGNER 1989: 26, GEIß 1995: 88-89, FRAGNER 1989, ROY 2000: 16, 62).

Ähnlich problematisch erwies sich die Nationenbildung Tadžikistans. Auch hier musste – dem Nationenkonzept entsprechend – eine Sprache zugeordnet werden: Tadžikisch. Um sich nun aber von ‚Persien' bzw. dem Iran zu differenzieren, musste diese Sprache in Abgrenzung zum Persischen normiert werden. Die Analyse des Begriffes Tadžik hat nun aber gezeigt, dass unter diesem Begriff auch anderssprachige Bevölkerungsteile der SSR Tadžikistan gefasst wurden, die nun als Bergtadžiken bezeichnet wurden. Hier wird auch wieder die Fragwürdigkeit der Nationalitätenpolitik deutlich. Während die Pamiri über eine eigene Sprache – und damit nach Stalin einem wichtigen Merkmal einer Nation – verfügten und auch in den 1920er Jahren als solche im Zensus erfasst wurden, erhielten sie keinen Nationenstatus. Sie wurden den Tadžiken angegliedert und waren ab 1937 auch in keinem Zensus mehr verzeichnet. Dass sie als Tadžiken weiterhin mit der Autonomen Region Berg-Badachšan eine eigene territoriale Zuordnung behielten hatte insofern politische Gründe, da in den angrenzenden Ländern (China, Pakistan und Afghanistan) auch ismailitische Bevölkerungsgruppen vertreten waren.

Nachdem die neue tadžikische Sprache festgelegt worden war, musste auch die historische Entwicklung der Tadžiken schlüssig fundiert werden. Die Tadžiken wurden als direkte Nachkommen der iranischen Sogdier bezeichnet. Damit wurden sie auch als älteste mittelasiatische Ethnie festgelegt. Um auch eine kulturelle Blütezeit in der Geschichte vorweisen zu können, wurde die feudale – und damit von sowjetischer Seite eigentlich kritisch zu betrachtende – Zeit der Samanidenherrschaft als Blüte tadžikischer Kultur präsentiert. Die territoriale Begrenzung der SSR Tadžikistan erscheint wenig schlüssig, da ein großer Anteil der als tadžikisch zu definierenden Bevölkerung mit den Gebieten Samarkand und Buchara territorial in der SSR Uzbekistan verblieb. JAHANGIRI spricht von einer ungefähren Bevölkerung von 1.2 Mio. Tadžiken von denen ca. 800.000 außerhalb der neugegründeten SSR verblieben (JAHANGIRI 1998: 18). Zudem wurden Gebiete mit einem großen Anteil Uzbeken, wie der Oblast Leninabad, der SSR Tadžikistan zugeordnet (GEIß 1995: 90-91, FRAGNER 1989, ROY 2000: 17, 66).

Die Frage nach den Beweggründen für die Nationale Abgrenzung konnte beantwortet werden. Nicht zu klären ist die Frage nach der Begründung für die Art und Weise der erfolgten Grenzziehung, die weder geographisch noch ökonomisch rational erscheint. Auch die räumlich Verteilung der Bevölkerung war so verwoben, dass eine ethnisch begründete Grenzziehung nicht schlüssig sein konnte.

5.1.3 POLITISCHE ENTWICKLUNGEN IN DEN MITTELASIATISCHEN SOWJETREPUBLIKEN BIS 1991

Mit der Festlegung des Status als SSR war auch die Vergabe von Symbolen zur Darstellung der Nation innerhalb des großen Völkerverbundes Sowjetunion verbunden. So gab es ein Staatsoberhaupt, eine Flagge, eine nationale Kommunistische Partei (KP) sowie Nationalsprache, nationale Akademie der Wissenschaften und Nationalhymne. Damit gab es innerhalb der einzelnen SSR auch eine gewisse eigene politische Entwicklung. Diese stand unter der, in ihrer Intensität wechselnden, Einflussnahme der sowjetischen Zentralregierung die CARLISLE als *‚attack/retreat pattern'* bezeichnete (CARLISLE 1991: 93). Dieses Muster gilt auch für den sowjetischen Umgang mit der Religion in Mittelasien – dem Islam. Bevor die sowjetische Einflussnahme für die innenpolitischen Entwicklungen der hier betrachteten administrativen Gebietseinheiten Sozialistische Sowjetrepubliken (SSR) betrachtet wird, soll in einem kurzen Exkurs das Muster der sowjetischen Einflussnahme bezüglich der Religionspolitik beschrieben werden.

EXKURS: ISLAM UND SOWJETISIERUNG[60]

Der historische Überblick über die Entwicklungen im russischen Reich und direkt im Anschluss an die russische Revolution haben verdeutlicht, dass die einheimische Bevölkerung auch den neuen Machthabern sehr kritisch gegenüber stand (s. Kap. 5.1). Um nun die Bevölkerung für die Revolution zu gewinnen, sprach Lenin die islamische Bevölkerung direkt an und versprach ihnen religiöse Selbstbestimmung innerhalb der Sowjetunion. Um dies zu untermauern, wurden in den Folgejahren enteignete islamische Besitztitel zurückgegeben und islamische Institutionen begründet. Gleichzeitig wurden aber Gesetze zur Säkularisierung der Gesellschaft verabschiedet.

Mit der Niederschlagung der Basmačen-Bewegung und der erfolgten Nationalen Abgrenzung wurden die Maßnahmen verschärft (‚*attack*'): Der Grundbesitz der islamischen Geistlichkeit wurde verstaatlicht, die islamische Rechtssprechung abgeschafft und konfessionelle Schulen geschlossen. Im Zuge des Stalinismus wurde zwischen 1926 und 1928 der Schleierzwang in Mittelasien abgeschafft und die Rückständigkeit der islamischen Religion bezüglich der Gleichberechtigung der Frauen kritisiert. Islamische Führer wurden verfolgt und 80% der ca. 12.000 Moscheen in der gesamten UdSSR geschlossen. 1941 soll es nur noch ca. 1300 Moscheen in der UdSSR gegeben haben.

Im Zuge der Mobilisierung für den ‚Großen Vaterländischen Krieg' (2. Weltkrieg) änderte Stalin seine Religionspolitik (‚*retreat*'). Nachdem die islamischen Geistlichen für einen Sieg der Roten Armee gebetet hatten, wurde „als Dank" ein Islamisches Direktorat mit 4 Regionalen Komitees (Mittelasien und Kasachstan, Azerbaidžan, Nordkaukasus und Europäisches Russland sowie Sibirien) gegründet. Das Islamische Komitee in Mittelasien hatte seinen Sitz in Taškent. 1945 wurde schließlich mit der Mir-i-Arab Medrese in Buchara (SSR Uzbekistan) wieder eine islamische Schule eröffnet. Unter Chruščev änderte sich die Politik erneut (‚*attack*') und antiislamische Maßnahmen wurden verfolgt. Es erfolgte eine erneute Schließung von zwei Drittel der Moscheen. Dieser Wandel in der Religionspolitik setzte sich unter Brešnev fort, der eine ausgeglichene Politik betrieb (‚*retreat*').

Im Kontext der iranischen Revolution und des Afghanistan-Krieges wandelte sich die Politik erneut kurzzeitig gegen den Islam. Unter

[60] Ausführlich zur Entwicklung von Islam und Politik in Mittelasien vgl. HAGHAYEGHI 1995.

Gorbačevs Politik der Liberalisierung wurde schließlich die Religionsfreiheit eingeführt, auch um den antisowjetischen Tendenzen in Mittelasien entgegen zu wirken. Insgesamt war die wechselnde Religionspolitik in der UdSSR politisch motiviert und Ziel war die Integration und Sowjetisierung der mittelasiatischen Bevölkerung. Trotz der sowjetischen Bemühungen blieb der Islam als ‚Alltagsreligion' während der gesamten Zeit von Bedeutung und hat während russischer Kolonisation und Sowjetisierung Persistenz gezeigt (AKINER 1996, DAWISHA, PARROT 1994: 111-113, GEIß 1995: 164-165).

Der Wechsel der politischen Einflussnahme wirkte sich auch in den Teilrepubliken aus, welche im Folgenden getrennt betrachtet werden.

SSR Uzbekistan

Die Regierung der Uzbekischen SSR zeichnete sich durch konsequente Besetzung politischer Ämter mit einheimischen Kadern aus. Zudem spielte die regionale Zugehörigkeit eine wichtige Rolle. Der erste Ministerpräsident der SSR Uzbekistan, Faizullah Chodžaev, hatte bereits politische Erfahrung als Präsident der Volksrepublik Buchara (aus der er stammte) sammeln können. Der erste Parteisekretär Akmal Ikramov dagegen war in Taškent aufgewachsen. Beide blieben bis 1937 bestimmend für die Politik in der SSR Uzbekistan. Ende der 20er Jahre zeigte die stalinistische ‚Revolution von oben' ihre Auswirkungen in Uzbekistan. Es kam zur Zwangskollektivierung und Festigung der kolonialen Strukturen durch den Ausbau des Baumwollanbaus. Widerstände wurden, wie in der gesamten Sowjetunion, niedergeschlagen. Parteichef Akmal Ikramov und Ministerpräsident Faizullah Chodžaev wurden Opfer der stalinistischen Säuberungsaktionen und 1938 nach einer Gerichtsverhandlung exekutiert (GÖTZ, HALBACH 1996: 289, CARLISLE 1991: 93-94).

Damit endete auch die ausgeglichene Machtverteilung auf die verschiedenen Regionen innerhalb der administrativen Grenzen der SSR Uzbekistan und in der Folge bestimmte die Region Fergana die Politik. Regionalpolitisch lassen sich innerhalb Uzbekistans verschiedene Einflussgebiete, die auch heute noch von Bedeutung sind, herausheben. Zum Einen die Gebiete Taškent und Fergana-Tal, in denen die größte Einflussnahme seitens der Zentralregierung in Moskau stattfand. Einmal bedingt durch die Häufung städtischer Siedlungen in den Regionen, bevorzugte Siedlungsgebiete der Russen und durch die Bedeutung des Fergana-Tals für den Baumwollanbau und später als industrielles Zentrum. Das Fergana-Tal war aber wie gezeigt auch Ausgangspunkt für Unruhen, z.B.

durch die hier entstandene Basmačen-Bewegung, z.T. eben bedingt durch den starken Einfluss Moskaus. Zum Andern besitzt das Gebiet Samarkand/Buchara bis heute historische und religiöse Bedeutung für die einheimische Bevölkerung, während es für das Zarenreich, wie später für die sowjetische Zentralregierung, nur von zweitrangiger Bedeutung war (CARLISLE 1991: 96-98). Auch wenn die Region Samarkand/Buchara traditionell mehr tadžikisch beeinflusst war und z.B. Chodžaev, wie auch der jetzige Präsident Karimov, tadžikisch sprachen bzw. sprechen, bedeutete dies nicht zwangsläufig eine mangelnde Nationalpolitik, im Gegenteil, gerade von diesen Fraktionen ging eine verstärkte ‚Uzbekisierung' aus (ROY 2000: 110).

Seit Ende der 20er Jahre entwickelte sich eine eigene uzbekische, aber russifizierte Parteinomenklatura, die der stalinistischen Ideologie folgte. Ab Mitte der 30er Jahre waren Mitglieder dieser Gruppe immer wieder an der Macht beteiligt. Trotz später einsetzender De-Stalinisierung hielten einige Kader bis 1964 ihre Stellungen innerhalb der Republikregierung. Diese Gruppe fungierte als Verbindungsglied zwischen dem russisch-europäischen Einfluss, vor allem in den Städten und dem traditionell-islamischen Einfluss, überwiegend in den ländlichen Regionen (CARLISLE 1991: 100). In der Zeit nach Stalin veränderte sich die regionale Machtverteilung mit der Wahl von Šaraf Rašidov zum ersten Parteisekretär – er stammte aus Džisak, in der Nähe von Samarkand. Seit 1937 hatten Kader aus der Region Taškent/Fergana dominiert. Nun wurden die Gebiete Samarkand/Buchara Hauptregion für die Rekrutierung von Kadern. Rašidov regierte das Land als erster Parteisekretär von 1959 bis zu seinem Tod 1983. Unter seiner Führung entwickelte Uzbekistan innenpolitisch eine Quasi-Unabhängigkeit. Das Interesse des Brešnevregimes in Moskau beschränkte sich auf wirtschaftliche Einflussnahme, die mit einer stetigen Erhöhung des Baumwollplans gleichzusetzen war.

Nach dem Tod Brešnevs begann unter Andropov eine Kampagne zur ‚Ausrottung der Korruption'. Bekannt geworden als die ‚uzbekische Baumwollaffäre' wurden Anfang der 80er Jahre weitreichende Korruption, Planfälschung und Unterschlagung aufgedeckt. Bis Anfang 1983 blieb die obere Regierungselite trotz zahlreicher Vermutungen über ihre Beteiligung an der Affäre unangetastet. Am 31. Oktober 1983 starb Rašidov. Offiziell wird von Selbstmord gesprochen, obwohl die genauen Umstände seines Todes nie geklärt wurden. Die Ursache sollen neue Beweise über seine Verwicklung in den Skandal gewesen sein. Im Januar 1986 wurde Rašidov posthum zum

Hauptschuldigen der Korruptionsaffäre erklärt. Die Zentralregierung nutzte die Korruptionsaffäre, um ihren Einfluss auf die Innenpolitik der SSR Uzbekistan wieder zu stärken; es war der Versuch einer Re-Zentralisierung. Bis Mitte der 80er Jahre verloren alleine 40 der 65 Gebiets-Parteisekretäre sowie 260 Sekretäre auf Bezirks-Ebene ihre Posten. Besonders hart ging die Kampagne im Raum Buchara/Samarkand/Džisak vor, in dem viele Anhänger Rašidovs zu finden waren (CARLISLE 1991: 108-114, GÖTZ, HALBACH 1996: 290).
Zur Überraschung der Zentralregierung in Moskau hatte die Kampagne eher eine Schwächung der Zentralgewalt zur Folge. Ein defensiver Nationalismus entstand und damit auch eine Form uzbekischen Nationalbewusstseins. Durch die gezielte Ausnutzung der Gegensätze zwischen den Gebieten Taškent/Fergana-Tal und Buchara/Samarkand konnte bis zu diesem Zeitpunkt einer solchen Entwicklung entgegengewirkt werden. Obwohl auch die Uzbeken unter der Misswirtschaft gelitten hatten, solidarisierten sie sich nicht mit der Zentralregierung. Statt dessen wurde die Politik der Zentralregierung in Moskau als versuchte ‚Russifizierung' verstanden. Die gefälschten Daten über die Baumwollproduktion waren zudem nicht alleine auf Profitgier zurückzuführen, vielmehr war es auch eine Form des passiven nationalen Widerstands gegen die immer größeren Forderungen der Zentralregierung nach ‚mehr' Baumwolle. Das zeigte sich auch darin, dass Teile der unterschlagenen Gelder z.B. für den Aufbau von Moscheen benutzt wurden. Die verallgemeinernde Berichterstattung in der sowjetischen Presse verurteilte die ganze Nation, was ebenso zur Solidarisierung der uzbekischen Bevölkerung mit der eigenen Machtelite beitrug (CARLISLE 1991: 116-118, FIERMAN 1991: 4-5, GÖTZ, HALBACH 1996: 290, HALBACH 1990A).
In diesem Kontext entstanden Ende der 80er Jahre die ersten Oppositionsbewegungen in Uzbekistan, als bedeutendste ‚*Birlik*'[61]. Im Sommer 1989 spaltete sich die Gruppierung ‚*Erk*'[62] von ‚*Birlik*' ab. Diese neue Bewegung vertrat eine kompromissbereitere Politik. Angeprangert wurden vor allem die sozioökonomischen und ökologischen Missstände in der Republik. Gleichzeitig gewannen auch islamisch ausgerichtete Gruppierungen an Bedeutung. 1990 gründete sich unionsweit die ‚Islamische Partei der Wiedergeburt', die auch in Uzbekistan Einfluss zu gewinnen suchte[63] (HALBACH 1994: 18-21).

---

[61] Birlik bedeutet Einheit. Zur Entwicklung verschiedener Oppositionsparteien in Uzbekistan vgl. HALBACH 1994.
[62] Erk bedeutet Freiheit.
[63] Zur ‚Islamischen Partei der Wiedergeburt' vgl. MIKUL'SKIJ 1993.

Nach vier verschiedenen Ersten Parteisekretären zwischen 1983 und 1989 kam es im Juni 1989 zur Ernennung Islam Karimovs als neuen Ersten Parteisekretär. Eine überraschende Besetzung, da er nicht der Parteispitze sondern dem Staatsapparat entstammte und somit keine typische Laufbahn für diese Position aufwies. Auch das regionale Machtverhältnis wandte sich wieder zugunsten der Region Buchara/Samarkand (Karimov stammt aus Samarkand). Die Ernennung Karimovs kam einem erneuten Rückzug der Zentralregierung gleich. Die neue Offenheit unter Gorbačev wurde zur Aufdeckung der sozioökonomischen und ökologischen Missstände, als Folge der sowjetischen Politik genutzt und gegen die Parteiführung in Moskau verwendet[64]. Die Parteiführung unter Karimov kritisierte offen Missstände und sprach sich gegen interethnische Gewalt aus. Seit Anfang 1989 kam es in Uzbekistan verstärkt zu Unruhen, die ihren Höhepunkt im Pogrom an Turk-Mescheten im Fergana-Tal vom 3. bis 6. Juni 1989 fanden[65]. Die Ursachen dieser Unruhen waren vielschichtiger als der sowjetische Erklärungsversuch, es handele sich um rein ethnische Auseinandersetzungen, und sind nie vollständig geklärt worden[66] (ALEXEYEVA 1990). HALBACH äußerte z.B. die Vermutung, dass die Ausschreitungen „von langer Hand" organisiert worden wären (HALBACH 1990: 135).
Am 24.03.1990 wurde Karimov auch zum Präsidenten der SSR Uzbekistan ernannt. Am 20.06.1990 erklärte Uzbekistan seine Souveränität und damit den Vorrang der Republik vor der Union. Trotzdem entschieden sich im März 1991 94% der Stimmberechtigten in einem Referendum für einen Verbleib in der Sowjetunion (CARLISLE 1991: 117, GÖTZ, HALBACH 1996: 291). Während des Augustputsches (19.-22.08.1991) in Moskau gab die uzbekische Führung unter Karimov keine offizielle Erklärung ab. Sie sprach sich weder gegen noch für die Putschisten aus. Trotzdem distanzierte sie sich von der Politik der Perestrojka. Eine offizielle Stellungnahme gab es erst am 22.08.1991, also nach Scheitern des Putsches. Durch seine vorsichtige Haltung versuchte Karimov sich abzusichern. Sein politisches Überleben konnte jedoch nur durch eine Flucht nach vorn, durch eine deutliche Bekennung zu einem eigenen uzbekischen Nationalstaat, gesichert werden. Am 31.08.1991 erklärte Uzbekistan seine Unabhängigkeit (SLAPKE 1991: 1-5). Die Kommunistische Partei Uzbekistans löste sich auf bzw. es erfolgte eine Umbenennung in Demokratische

[64] Zur Situation in Uzbekistan während der Regierung Gorbačev vgl. CHRITCHLOW 1991.

[65] Bei den Turk-Mescheten handelt es sich um eine Volksgruppe aus dem südlichen Georgien, die 1944 unter Stalin nach Uzbekistan deportiert wurde. Als Folge des Pogroms 1989 mussten 63.000 Mescheten aus dem Konfliktgebiet evakuiert werden (HALBACH 1990, BUNDESZENTRALE FÜR POLITISCHE BILDUNG 1995: 49).

Volkspartei. Im Dezember 1991 stimmten 98,2% der Stimmberechtigten für die Unabhängigkeit, gleichzeitig wurde Karimov mit 86% der Stimmen zum Präsidenten gewählt. Einziger zugelassener Gegenkandidat war Muhammad Solih von der Partei ‚Erk'. Er erhielt 12,3% der Stimmen. Wahlfälschung wurde von internationalen Beobachtern vermutet, konnte aber nicht nachgewiesen werden (GÖTZ, HALBACH 1996: 292-293).

Die von der sowjetischen Regierung geplante Nationenbildung in den neu erschaffenen administrativen Gebieten der SSR Uzbekistan schien somit erfolgreicher verlaufen zu sein als geplant. Der Versuch, mit der Nationenpolitik eine Sowjetisierung und Integration in die Union zu erreichen, ist zumindest für die SSR Uzbekistan nicht geglückt. Es ist vielmehr die Entwicklung eines uzbekischen Nationalbewusstseins und weitgehend autonomer Strukturen zu verzeichnen. In diesem Kontext beantwortet CARLISLE die Frage ‚Wann ist eine Nation?' für das Jahr 1991 für Uzbekistan mit ‚Jetzt', wobei diese Aussage im Kontext der historischen Entwicklung differenziert zu betrachten ist (CARLISLE 1991: 120). Die „Uzbekisierung" bzw. „Nationalisierung" steht in der Tradition der politischen Machtregionen in Mittelasien, die wie unter Timur, unabhängig von einer ethnisch oder national nachweisbaren Zugehörigkeit der hier lebenden Bevölkerung, als politisches Staatsgebilde existierten und funktionierten.

SSR Tadžikistan

Im Gegensatz zu der Entwicklung in Uzbekistan wurde das Land nur selten von einer einheimischen politischen Elite vertreten. Das lag zum Teil daran, dass ‚einheimisch' nicht die Städte Buchara und Samarkand mit einschloss, in denen ein Großteil der tadžikischen Bevölkerung, vor allem der Teil mit guter Ausbildung, lebte. Während die AR Tadžikistan noch Teil der SSR Uzbekistan war, stellte mit Abdullah Muhiddinov eine Tadžike aus Samarkand den Präsidenten des Nationalkomitees. Seine Nachfolger in der SSR Tadžikistan waren meist Russen und die tadžikisch-sprachigen Parteikader wurden häufig weiterhin aus Samarkand oder Fergana rekrutiert. Anfangs wurden auch die Pamiris oder Bergtadžiken (nach der neuen Definition) in die politischen Kader aufgenommen. Im Zuge der stalinistischen Säuberungen änderte sich diese Politik aber wieder und die Russen dominierten die Regierung bis 1946.
In diesem Jahr begründete Ghafurov als erster Parteisekretär der KP die Vormachtstellung des nördlichen Oblastes Leninabad (Fergana-Tal) für die

[66] Zu den Ausschreitungen und verschiedenen Erklärungsansätzen vgl. DASH 1992.

Rekrutierung von Parteikadern des Landes. Diese Politik wurde von allen sowjetischen Regierungen bis 1991 durchgehalten. Einen regionalen Fraktionswechsel gab es politisch nicht. Grund dafür war die Tatsache, dass das Gebiet als Teil des Chanates Kokand früh unter russischen Einfluss gelangte und weitgehender russifiziert war als die anderen Landesteile – und darum auch eher das Vertrauen Moskaus erhielt. Trotzdem zeichnet sich die tadžikische Entwicklung durch eine viel weitergehende regionale Polarisierung aus, als die uzbekische oder kyrgyzische. Neben der politischen Fraktion der Region Leninabad gab es regionale Fraktionen in Kuljab, Kurgan Tjube, Berg-Badachšan sowie die Garmi (aus Karategin), die unter Stalin, wie auch viele Pamiris, zwangsumgesiedelt wurden – hauptsächlich in die Region Kurgan Tjube, die auch traditionelle Siedlungsregion vieler Uzbeken war. Dass die regionale Zugehörigkeit in Tadžikistan eine größere Rolle spielte als die ethnische zeigt das Beispiel der Region Hissar westlich von Dušanbe, die ihre regionale Unabhängigkeit verteidigte und sich aus 60% Uzbeken und 40% Tadžiken zusammensetze.

Auch Tadžikistan hatte von 1956 bis 1982 nur einen ersten Parteisekretär, Jabbar Rassulov, dessen Nachfolger Nabiev erstes Opfer der neuen offenen Politik Gorbačevs wurde (wie auch Rašidov in Uzbekistan). Die regionale Rekrutierung aus Leninabad wurde beibehalten. Während bis auf Berg-Badachšan als autonomer Region alle anderen Provinzen zeitweilig aufgelöst wurden, kam es 1973 zur Einrichtung des Oblast Kuljab, der mit den politischen Vertretern aus Leninabad kooperierte. Als Gegengewicht zu Kuljab kam es dann 1975 zur Einrichtung des Oblast Kurgan Tjube. Auf Druck der Zentralregierung wurde im Kontext des Afghanistan-Krieges nun auch den Pamiris wieder eine Rolle in der Politik zugestanden. Ausgeschlossen von der politischen Macht blieben die Garmi, die in der Folge stärker unter den Einfluss des politischen Islams gerieten. Damit wurde die Basis einer regionalen Fraktionierung gelegt, die nach der Unabhängigkeit schließlich zu einem Bürgerkrieg führen sollte (s. Kap. 6.1.1).

Ähnlich den Entwicklungen in den anderen mittelasiatischen Sowjetrepubliken führte die Politik Gorbačevs zu wachsender Kritikäußerung. Kritisiert wurden neben dem niedrigen Lebensstandard und den Folgen des forcierten Baumwollanbaus auch die Sprachenpolitik der Zentralregierung. Als Folge wurde 1989 ein neues Sprachengesetzt eingeführt, welches die Trennung zwischen Tadžikisch und Persisch aufhob. Im Zuge der gesamtsowjetischen Entwicklungen verkündete der Oberste Sowjet der SSR Tadžikistan im August 1990 die Souveränität und führte das Präsidialsystem ein. Im Dezember wurde der erste Sekretär Machkamov auch zum ersten Präsidenten gewählt. Nachdem dieser die Putschisten in Moskau unterstützt hatte, musste er auf Druck der Bevölkerung aber bereits im September 1991 zugunsten des Reformkommunisten Aslanov, erstmals ein Vertreter der nicht der Region Leninabad entstammte, zurücktreten. Dieser erklärte am 9. September 1991 die Unabhängigkeit Tadžikistans (CONERMANN 1994, GÖTZ, HALBACH 1996: 304-309, ROY 2000: 113-114, 139, SHIRAZI 1997).

Die politischen Entwicklungen in der SSR Tadžikistan zeigen, dass die verfolgte Nationenpolitik der Sowjetregierung hier zu sehr differenzierten Ergebnissen führte. Weder kann die Entstehung eines tadžikischen Nationalbewusstsein, noch eine durchgehende Sowjetisierung der Gesellschaft, vor allem im ländlichen Raum, festgestellt werden – im Gegenteil. Die Abgrenzung dieses administrativen Gebietes als „Nationale SSR“ blieb auch inhaltlich eine administrative Abgrenzung. Die absolute Bevorzugung des nördlichen Oblast Leninabad seit Ende des 2. Weltkrieges, die ethnische Gliederung der Bevölkerung mit bedeutenden Minderheiten wie Pamiris und Uzbeken, Zwangsumsiedlungen sowie eine große tadžikische Minderheit außerhalb der Grenzen der SSR haben eine Vielzahl von regionalen Fraktionen und Interessengemeinschaften hervorgebracht, die zwangsläufig erst einmal zu einem Scheitern der Unabhängigkeit führen mussten und in einen Bürgerkrieg führen sollten (s. Kap. 6.1.1).

SSR Kyrgyzstan

Als Kyrgyzstan erst 1936 den Status als Unionsrepublik erhielt, waren die ersten einheimischen Kader der Partei bereits den stalinistischen Säuberungsaktionen zum Opfer gefallen. Den bedeutendsten Einschnitt stellte die Zwangskollektivierung in der Landwirtschaft seit 1929 dar (s. Kap. 5.2). Der Widerstand gegen die Kollektivierung ging zum Einen von den betroffenen Nomaden, zum Anderen aber auch von lokalen Parteifunktionären aus, die dann ebenfalls den Säuberungsaktionen zum Opfer fielen. Eine direkte Folge war die Senkung der Mitgliederzahl in der KP um 51%. Mit der Regierungszeit Chruščevs setzte auch in der SSR Kyrgyzstan eine Liberalisierung ein. Auch in Kyrgyzstan etablierte sich mit Tardakun Usubaliev als erstem Sekretär der KP von 1961 bis 1986 eine langfristige Führung, welche die Freiheiten der Brešnev Ära für die Einbeziehung einheimischer Bevölkerungsgruppen in die Machstrukturen nutzte. Dabei wurden ethnische Kyrgyzen bevorzugt, auch in traditionell uzbekischen Siedlungsgebieten im Süden Kyrgyzstans (Oš, Džalal-

Abad), und damit eine differenzierte Haltung kyrgyzischer Kader gegenüber der uzbekischen Minderheit begründet. Im Zuge der neuen Politik der Offenheit unter Gorbačev verlor auch Usubaliev sein Amt. Nachdem zuerst sein Rücktritt erklärt wurde, wurde 1991 auf dem Kongress der Kyrgyzischen KP deutlich, dass er wohl eher entlassen wurde. Die mit der Entlassung verbundenen Parteisäuberungen führten in Kyrgyzstan, wie auch schon in Uzbekistan, nicht zu einer Festigung der Zentralmacht, sondern zu einer Abwehrreaktion. Ähnlich wie in Tadžikistan spielte in der folgenden Zeit der Kritikäußerungen die Sprachenpolitik eine wichtige Rolle. Auch hier wurde 1989 eine Sprachgesetzgebung verabschiedet, welche Kyrgyzisch als Staatssprache und Russisch als Verkehrssprache festlegte. Neben der Unterrepräsentanz der Uzbeken in der lokalen Regierung führte das Übergehen der uzbekischen Sprache in der neuen Gesetzgebung vor allem in den südlichen Oblasten Oš und Džalal-Abad zu weiterer Unzufriedenheit. Der Regierung unter dem ersten Parteisekretär wurde die Fähigkeit zur Lösung der bestehenden Probleme im Land abgesprochen. Die inter-ethnischen Auseinandersetzungen in Oš und Uzgen 1990 (Fergana-Tal) haben die Kritik an der kommunistischen Parteiführung untermauert. Hinzu kommt der Vorwurf, dass neben dem Problem der Minderheiten die neue Führung nicht in der Lage war, die verschiedenen, auf Stammes- und Clanbeziehungen basierenden Fraktionen innerhalb der Kyrgyzen gleichermaßen in die Macht einzubinden (Stichwort Nord-Süd). Zwar konnten sich die Kommunisten 1990 noch bei den kyrgyzischen Wahlen durchsetzen, aber in der Folge wurde der Ruf nach Demokratisierung immer deutlicher. Als Folge (und nach sowjetischem Vorbild) wurde das Amt eines Staatspräsidenten eingeführt, doch das kyrgyzische Parlament konnte sich auf keinen der vorgeschlagenen Kandidaten einigen. Da im Falle eines Patt die Kandidaten nicht noch einmal antreten durften, fiel die Wahl überraschend auf den Präsidenten der nationalen Akademie der Wissenschaften, den Physiker Askar Akaev, der folglich im Oktober 1990 zum Staatspräsidenten gewählt wurde. Damit nahm der Weg in die Unabhängigkeit in Kyrgyzstan einen anderen Lauf als in den restlichen mittelasiatischen Unionsrepubliken, hier wurde nicht der erste Sekretär der KP zum Präsidenten gewählt. Eine weitere Differenz bestand darin, dass sich Akaev zur Zeit des Augustputsches als einziger Staatschef gegen die Putschisten stellte. Die Erklärung der Unabhängigkeit Kyrgyzstans war damit glaubwürdiger als in den anderen Republiken und wurde vom Parlament am 31. August 1991 erklärt (ANDERSON 1999: 9-22, GÖTZ, HALBACH 1996: 211-216, HUSKEY 1997).

In Kyrgyzstan hat gerade die verstärkte Sowjetisierung, mit den Folgen von Zwangskollektivierung und Massenzuzug russischer Siedler, als Gegenreaktion eine gemeinsame kyrgyzische Identität innerhalb der administrativen Gebietseinheit gefördert. Auch die etwas unkompliziertere ethnische Zuordnung zu Kyrgyzen (im Gegensatz zur komplexen Stammeszugehörigkeit innerhalb dieser Gruppe) im Vergleich zu den anderen mittelasiatischen „Nationen" unterstützte eine kyrgyzische Identitätsbildung. Anerkannte Schriftsteller wie Aitmatov haben zusätzlich mit ihren Werken eine Verbindung geschaffen. Auch hier entwickelte sich somit eine Form von Nationalbewusstsein. Die Titularnation Kyrgyzen, für die das Nationalbewusstsein steht, hat aber nur eine Anteil von etwas über 50% an der Bevölkerung innerhalb der administrativen Gebietseinheit der SSR Kyrgyzstan. Der Einfluss der Russischen Bevölkerung hat vor allem im Norden deutliche Auswirkungen. Hinzu kommt die bedeutende Minderheit der Uzbeken im Süden. Die Auseinandersetzungen, die hier 1990 stattfanden, zeigen die Problematik der erfolgten Nationalen Abgrenzung auf. Im Falle des südlichen Kyrgyzstans ist hier die Abgrenzung gegen die ethnische Bevölkerungsverteilung erfolgt.

EXKURS: „DON'T KILL ME, I'M A KYRGYZ"[67] – AUSEINANDERSETZUNGEN IM MITTELASIATISCHEN FERGANA-TAL

Die gewalttätigsten inter-ethnischen Auseinandersetzungen zum Ende der ehemaligen Sowjetunion fanden in Mittelasien statt. Die Ausschreitungen in Oš und Uzgen im Juni 1990 markierten einen Höhepunkt dieser Auseinandersetzung. Die beteiligten Gruppen waren Uzbeken und Kyrgyzen, die sich im südlichen Kyrgyzstan, im Fergana-Tal Oblast Oš blutige Auseinandersetzungen lieferten. Diesen Ausschreitungen, die je nach Quelle vom 4. – 10. Juni 1990 eine Woche oder bis zu vier Wochen andauerten, fielen je nach Quelle zwischen 120 Uzbeken, 50 Kyrgyzen und 1 Russe zum Opfer (TISHKOV 1995: 134-135). Andere Quellen sprechen von 230 Toten und 4000 Verletzten bzw. bis zu 5000 Toten, von denen 4500 Uzbeken gewesen sein sollen (BOZDAG 1991: 365). So unsicher die Zahlen, so unklar sind auch die Hintergründe.

Übereinstimmend wird berichtet, dass die Unruhen mit Demonstrationen in Oš begannen, sich dann nach Uzgen fortsetzten und schließlich auf die ländlichen Umgebungen der Orte übergriffen. Die Ursachen wurden auch

[67] Titel eines Aufsatzes von VALERY TISHKOV über die ethnischen Auseinandersetzungen Oš, vgl. TISHKOV 1995.

hier nie schlüssig geklärt. Eine Rolle spielte die desolate sozioökonomische Situation in der sehr dicht bevölkerten Region.
Die Uzbeken siedelten traditionell in den Städten Oš und Uzgen. Dabei handelt es sich bei diesen Gebieten um Teilregionen der SSR Kyrgyzstan als Folge nicht rational erklärbarer Grenzziehungen der Nationalen Abgrenzung. Mit dieser Eingliederung eines traditionell uzbekischen Siedlungsgebietes nach Kyrgyzstan wurde ein Fundament für zukünftige Konflikte gelegt. Hinzu kommt, dass die Uzbeken zwar in den Wirtschaftsbereichen, vor allem auf den Basaren, dominierten, aber in der Administration kaum einbezogen wurden. Des weiteren gab es Unzufriedenheit über die Sprachenpolitik. Als konkreter Auslöser des Konfliktes sollen Streitigkeiten bezüglich einer Landenteignung eines uzbekischen Kolchoz zugunsten junger Kyrgyzen gedient haben. Andere Quellen vermuten die Zentralregierung, mit einem letzten Versuch die Macht in Mittelasien wieder zu festigen, hinter den Unruhen. Keine der genannten Ursachen kann ausgeschlossen werden, wahrscheinlich sind sie (in welcher Verknüpfung auch immer) gemeinsam Ursache – neben der von TISHKOV für diesen Konflikt analysierten Eigendynamik ethnischer Ausschreitungen.

Ohne näher auf die Hintergründe einzugehen, wird an diesem Konflikt die Dimension der Nationalen Abgrenzung wie der Nationalitätenpolitik deutlich. So entstand ein Konflikt zwischen zwei Nationen, die 70 Jahre zuvor als solche gar nicht existierten und sich vor allem durch die unterschiedliche Wirtschaftsweise (Nomadismus, Oasenkultur) unterschieden, aber eben auch ergänzten und nicht konkurrierten.
Die sowjetische Politik gab den neuen Nationen innerhalb ihrer neuen administrativen Grenzen drei Merkmale:
1. Es gibt eine lange bestehende und berühmte große kyrgyzische / uzbekische / tadžikische Nation, zu der die einheimische Bevölkerung zählt.
2. Die Kyrgyzen / Uzbeken / Tadžiken leben als Mitglieder der einheimischen Bevölkerung auf dem Territorium ihrer eigenen SSR (und damit auf ihrem Land).
3. Die Republik (SSR), die Ressourcen, die Regierung und alle Institutionen sind Eigentum der kyrgyzischen / uzbekischen / tadžikischen Nation.
Diese Merkmale habe sich in ihrer Umsetzung als mächtiger erwiesen als von der sowjetischen Regierung beabsichtigt, wie der Oš-Konflikt exemplarisch deutlich macht (BOZDAG 1991, TISHKOV 1995).

5.1.4 TERRITORIALE RAUMSTRUKTUR – MITTELASIEN UND DAS FERGANA-TAL

Beginnend mit der Zerschlagung feudaler Herrschaftssysteme in Mittelasien im Russischen Reich setzte die Nationale Abgrenzung erstmalig eine ethnisch-sprachlich definierte territoriale Raumstruktur durch. Diese stand im völligen Widerspruch zur traditionellen Raumstruktur und wurde von ‚außen' induziert.

Mit der Nationalen Abgrenzung wurden jeder Nation zugehörige Merkmale zugeteilt. Mit der jeweils ‚eigenen' Historie wurden die Unterschiede zwischen den neuen Nationen akzentuiert. Einem Groß-Turkestan konnte damit entgegengewirkt werden. Somit wurde ein Ziel der Nationenbildung erreicht. Das zweite Ziel sah die Sowjetisierung und endgültige Integration Mittelasiens in die Gemeinschaft der Sowjetbürger vor, in der Nationalität zweitrangig sein sollte. Dieses Ziel wurde verfehlt. Die künstliche Schaffung von Nationen in diesem Kontext hat zu einer Entwicklung neuer Realitäten geführt. Diese zeigen sich zum Einem in neu gewachsenen Identitäten der neuen Nationen, wie in Uzbekistan und Kyrgyzstan, zum Anderen in einer regionalen Polarisierung in Fraktionen, die in diesem Ausmaß vor der Nationalen Abgrenzung nicht vorhanden war (Tadžikistan). Die Nationenbildung war auch bezüglich der Abwehr pan-islamischer Bewegungen erfolgreich. Der Islam hatte nicht mehr die Rolle einer integrativen Kraft. Er spielte innerhalb der einzelnen Republiken als Alltagsreligion zwar weiterhin eine Rolle, als politische Kraft aber zu sowjetischer Zeit keine mehr. Die größte Problematik der Nationalen Abgrenzung konnte nicht gelöst werden. Die extrem heterogene Bevölkerungszusammensetzung Mittelasiens musste im Rahmen des Stalinistischen Nationenkonzeptes und der erfolgten Grenzziehungen künstlich „homogenisiert" werden. Die Grenzziehung erfolgte dabei politisch ideologisch motiviert in einer Weise, die zukünftige Konflikte zwischen und innerhalb der neuen Nationen ermöglichte (KREUTZMANN 1997).

Die Betrachtung des Fergana-Tals macht die Brisanz der Grenzziehung besonders deutlich. Der dicht besiedelte Raum hatte in sich eine sehr heterogene Bevölkerungszusammensetzung. Zudem gab es hier auf engem Raum das Nebeneinander von sesshafter und nomadischer Bevölkerung. Hier entstanden im Zuge der Ausweitung und der Intensivierung des Baumwollanbaus bereits erste Konflikte um Ressourcen, wenn z.B. ehemalige Weideflächen in Anbauflächen umgewandelt wurden. Das Fergana-Tal war Sitz der Regierung des Chanates von Kokand und wurde als Teil des Generalgouvernements früh russisch beeinflusst. Dieser Einfluss spiegelte sich aber hauptsächlich

wirtschaftlich sowie in den städtischen Regionen wider. Durch die desolate Wirtschaftslage, begründet in kolonialer Ausbeutung (s. Kap. 5.2), wurde das Fergana-Tal aber auch Schwerpunktregion für Widerstandbewegungen in Mittelasien. Die Region bildete den Ausgangspunkt für Aufstände, die Gegenregierung in Kokand und die Basmačen-Bewegung.
Das Fergana-Tal wurde im Zuge der Nationalen Abgrenzung erst in zwei (Uzbekistan und Kyrgyzstan), dann mit der Eingliederung des Oblastes Leninabad nach Tadžikistan in drei verschiedene Republiken aufgeteilt. Die bereits erwähnte heterogene Bevölkerungszusammensetzung wurde dabei zum Teil bewusst ignoriert. Anders lässt sich die Eingliederung der Siedlungsschwerpunkte der Uzbeken, Oš / Uzgen und Umgebung, in die SSR Kyrgyzstan nicht erklären. Auch der Oblast Leninabad beherbergte einen großen Anteil der als Uzbeken definierten Nation. Hier spielt die Nationengründung eine besondere Rolle, denn die Bevölkerung war hier meist zweisprachig und die Abgrenzung in Nationen war damit sehr problematisch. Zugleich lagen im nun tadžikischen Oblast Leninabad Siedlungs- und Weidegebiete der Kyrgyzen, was im Zuge der Landverknappung wieder inter-ethnische Konflikte auslösen könnte. Die Ausschreitungen zwischen Uzbeken und Kyrgyzen im Fergana-Tal (s.o.) sind ein deutlicher Beleg für die möglichen radikalen Folgen, welche die sowjetische Nationale Abgrenzung, vor allem auf lokaler Ebene, nach sich ziehen kann. Hier zeigt sich, dass die durch Integration und Austausch geprägte Raumstruktur Mittelasien, deren Gliederung nach kulturellen und wirtschaftlichen, sprich sesshaften oder nomadischen Merkmalen geprägt war, vollständig und nachhaltig zu einer neuen Realität verändert wurde.

5.2 Entwicklung des Wirtschaftsraumes

Neben der politisch-territorialen Dimension wirkten sich die russische Kolonisation und die folgende Sowjetisierung auch entscheidend auf die Wirtschaftsstruktur des Raumes aus. Die Veränderung der Wirtschaftsraumstruktur als Folge vor allem sowjetisch geprägten politischen Handelns wird zu dem bei Betrachtung der entstehenden regionalen Disparitäten deutlich. Da im Kontext der Transformationsforschung ein Fokus auf der ökonomischen Entwicklung liegt – die Umwandlung von einer Zentralverwaltungswirtschaft in eine Marktwirtschaft Ziel dieser Transformation sein soll, ist die Analyse der ökonomischen Ausgangsbedingungen der theoretischen Diskussion folgend hier notwendig.

Prägend für die ökonomische Entwicklung war vor allem die einschneidende Wirkung der Zwangskollektivierung zu sowjetischer Zeit, welche die bis dahin beherrschende Differenzierung des Wirtschaftsraumes in Oasen- und Nomadenkulturen nachhaltig zerstörte. Die Basis der Wirtschaftsraumstruktur wurde aber bereits innerhalb der Kolonialbeziehung mit Russland gelegt, denn zu dieser Zeit begann die fremdgesteuerte wirtschaftliche Ausbeutung Mittelasiens. Während des amerikanischen Bürgerkriegs wurde der Rohstoff Baumwolle knapp und daraus folgend erhöhten sich die Weltmarktpreise. Zur Sicherstellung der Versorgung mit dem wichtigen Rohstoff war somit für das russische Reich eine Forcierung des Baumwollanbaus in seinem peripheren Einflussgebiet Mittelasien wirtschaftlich von großer Bedeutung. Das Ziel der Zaren war eine vollständige Unabhängigkeit von Baumwollimporten durch die Produktion innerhalb des Russischen Reiches. Gleichzeitig wurde dieser ökonomische Aspekt zum Motor für die Ausweitung der politischen Macht in Mittelasien.

Bereits 1865 machten die Baumwollexporte nach Russland 74,1% des gesamten mittelasiatischen Baumwollexports aus. Dabei handelte es sich hauptsächlich um Rohbaumwolle. Der Anteil der verarbeiteten Baumwolle am Export betrug schon damals nur noch 8,7%, im Gegensatz zu 55,1% 1840. Baumwollverarbeitende Industrien bestanden bereits innerhalb des russischen Reichs, schwerpunktmäßig in der Industrieregion um Moskau, so dass, von russischer Seite aus, für einen Neuaufbau von Industrie in Mittelasien keine Notwendigkeit gesehen wurde. Verarbeitete Baumwolle aus Mittelasien hätte eine ungewollte Konkurrenz bedeutet. Die Richtung der weiteren ökonomischen Entwicklung Mittelasiens, auch als Teil der Sowjetunion, war damit vorgezeichnet (ALLWORTH: 1989: 29, KARGER 1995: 131). Bald nach der Russischen Revolution zeigte sich, dass nicht nur die politische Linie des Russischen Reiches gegenüber Mittelasien bestand hatte, auch an den kolonialen Wirtschaftsbeziehungen sollte sich nichts ändern. Die Wirtschaftspolitik der neuen sowjetische Regierung konzentrierte sich weiter auf die Ausbeutung, nicht aber auf die Verarbeitung der lokalen Rohstoffe.

Grundlegend für die ökonomische Entwicklung innerhalb der Sowjetunion war die der Staatsideologie zugrunde liegende Wirtschaftsordnung, die Zentralverwaltungswirtschaft.

> *„Zentralverwaltungswirtschaft: Wirtschaftsordnung, in der die innerhalb einer Gesellschaft ablaufenden Wirtschaftsprozesse von einer staatlichen Zentralinstanz geplant und koordiniert werden. Private Wirtschaftssubjekte haben keine Entscheidungskompetenzen. Dementsprechend gibt es weder Wettbewerb, freie Preisbildung oder Arbeitsplatz- und Konsumwahl, noch Privateigentum an Produktionsmitteln. Theoretisch ist nur eine Planungsinstanz vorhanden. Den Betrieben werden Produktionsquoten vorgegeben, die erfüllt werden müssen“* (GABLER LEXIKON WIRTSCHAFT 1995^{6}).

Das sowjetische Wirtschaftssystem baute somit auf zentraler Planung auf. Um die ökonomische Entwicklung in dem großen und heterogen strukturierten Gebiet der Sowjetunion zentral zu steuern, wurden wirtschaftliche Großregionen geschaffen, denen bestimmte Aufgaben der wirtschaftlichen Entwicklung des gesamten Staates zufielen. Mittelasien bildete dabei im Wechsel mal eine eigene Großregion oder wurde mit Kasachstan zusammengefasst. Diese wirtschaftsräumliche Gliederung[68] ermöglichte in Folge die Etablierung der großräumigen Arbeitsteilung, die für das sowjetische Wirtschaftssystem kennzeichnend wurde[69]. Diese Arbeitsteilung bedeutete konkret eine notwendige Spezialisierung der Regionen auf bestimmte Erzeugnisse. Mittelasien fiel dabei, in Fortsetzung der Wirtschaftspolitik des Zarenreichs, die Rolle des Rohstoffproduzenten, zunächst fast ausschließlich für Baumwolle, später auch für Erdgas und Erdöl zu (STADELBAUER 1996: 90-92, WIEBE 1977).

Die mittelasiatische Wirtschaftsentwicklung als Folge der sowjetischen Einflussnahme wird zunächst kurz als Überblick skizziert bevor die Prozesse näher betrachtet werden, die besonders prägend für die raumstrukturelle Entwicklung wurden[70]. Für einen Rückblick auf die gesamte sowjetische Wirtschafts- und Raumentwicklung sei hier auf die wissenschaftliche Länderkunde von STADELBAUER 1996 verwiesen. Der erste Akt der neuen Regierung in Moskau nach der Oktoberrevolution 1917 war die Festschreibung des Staatseigentums an Grund und Boden. Die Kontrolle über die Produktionsmittel fiel nach dieser Eigentumsverfassung dem Staat zu. Im

---

68 Ausführlich zur sowjetischen Wirtschaftraumgliederung vgl. GIESE 1973.

69 Zur den Folgen der sowjetischen Arbeitsteilung im Großraum vgl. LIEBOWITZ 1992.

70 Als problematisch erweisen sich statistische Nachweise für den Wirtschaftsverlauf innerhalb der einzelnen Sowjetrepubliken, da häufig die ehemalige Sowjetunion als Ganzes betrachtet wird. Des weiteren stellt sich die Frage nach der Glaubwürdigkeit der Daten (s. Kap. 3), die aus Propagandagründen nicht immer der Realität entsprachen. Die Widersprüche im vorliegenden Datenmaterial bestätigen dies. Da aber vor allem der zu zeigende Trend von Bedeutung ist, gehen die Daten in diese Arbeit ein.

Rahmen der nun einsetzenden Kollektivierung (s. Kap. 5.2.1) spielte der private Sektor nur noch im Bereich der Selbstversorgung eine Rolle. Die in der übrigen ehemaligen Sowjetunion forcierte Industrialisierung (s. Kap. 5.2.2) fand in Mittelasien in Zusammenhang mit dem fortschreitenden Ausbau der Eisenbahnverbindungen statt. Die bereits bestehenden Verbindungen wurden durch die Turkestan-Sibirische Eisenbahn ausgebaut. Damit wurde auch die regionale Arbeitsteilung, in diesem Fall zwischen Mittelasien (Baumwollproduzent) und Sibirien (Getreideproduzent) weiter ausgebaut. Der Zweite Weltkrieg war für die Industrialisierung Mittelasiens von besonderer Bedeutung, da zum Schutz vor dem Einmarsch der deutschen Truppen ganze Industriezweige nach Osten umgesiedelt wurden, davon alleine nach Uzbekistan über 100 Industriebetriebe. Zwischen 1940 und 1950 stieg als Folge z.B. die uzbekische Maschinenbauproduktion von 11.000 t auf 19.000 t. Im gleichen Zeitraum erfuhr die uzbekische Kohleproduktion sogar eine Erhöhung von 3.000 t auf 1.500.000 t (FIERMAN 1991: 19). Trotz dieses industriellen Aufschwungs und der Entdeckung von Erdgas- und Erdöllagerstätten seit den 50er Jahren blieb die Bedeutung der Industrie für Mittelasien gering. Statt dessen wurden die landwirtschaftlichen Nutzflächen seit den 50er Jahren weiter ausgedehnt, indem weite Gebiete durch neue Kanalbauten für die Bewässerung und damit für den Baumwollanbau erschlossen wurden.

Neben der zentralen Wirtschaftsplanung, die sich seit Ende der 20er Jahre mittelfristig über Fünfjahrpläne erstreckte und nicht nur Ziele sondern auch Inhalte vorgab, war auch die zentrale Preispolitik von Bedeutung. Die Preisstruktur entwickelte sich nicht nach dem Prinzip ‚Angebot und Nachfrage', sondern wurde von der Zentralregierung bestimmt. Rohstoff- und Materialpreise lagen unter dem Weltmarktniveau, während die Preise für verarbeitete Produkte darüber lagen. Zusammen mit der regional und sektoral gegliederten Investitionspolitik der Zentralregierung entstanden hierdurch enorme Disparitäten in der Wirtschaftsentwicklung der einzelnen Regionen. Da auch der Außenhandel zentral abgewickelt wurde, berücksichtigte die Allokation der Gewinne den Produzenten nicht unbedingt in entsprechendem Maße. Folglich waren die rohstoffproduzierenden Sowjetrepubliken auf Investitionen der Zentralregierung angewiesen, was die bestehenden Abhängigkeiten weiter ausbaute (DEUTSCHLAND 1993: 6, STADELBAUER 1996: 90-98, 104-106).

5.2.1 ‚DAS WEIßE GOLD' – KOLLEKTIVIERUNG UND AGRARSTRUKTURELLER WANDEL

Mittelasiens Ökonomie wurde von den Auswirkungen der Revolution stark beeinflusst, was sich u.a. im starken Rückgang der Produktion widerspiegelte, die in einigen Gebieten auf 20% der vor-revolutionären Produktion fiel. Demzufolge ging im ersten Jahrzehnt nach der Revolution der Baumwollanbau in Mittelasien zurück, während der Getreideanbau zur Nahrungsmittelversorgung verstärkt wurde – sehr zum Missfallen der Zentralregierung. Hinzu kam der Zerfall des Bewässerungssystems. Nachdem sich bereits 1921 dieser Produktionsrückgang abzeichnete, reagierte die Zentralregierung mit einem forcierten Ausbau der Bewässerungssysteme. 1927/28 war die Aussaatfläche für Baumwolle wieder größer als vor der Revolution, die Anbaufläche für Getreide erreichte allerdings nur weniger als 2/3 der Flächenbestände zu Beginn des Jahrhunderts. Die Ernteerwartungen der Zentralregierungen wurden immer höher, waren aber bald nicht mehr zu erreichen. Nachdem den nicht erfüllten Vorgaben 1927 eine Ernährungskrise im Winter 1927/28 folgte, machte die Regierung nun aber nicht zu hohe Erwartungen, sondern ‚Mängel im Apparat' und ‚Spekulanten' (ALTRICHTER 1993: 67) dafür verantwortlicht. Die folgende Säuberungswelle führte zu einer Entmachtung der lokalen Kader und zur Zerschlagung des lokalen Privathandels. Die Einführung von Lieferquoten markierte dann auch die ab 1929 verstärkt einsetzende Zusammenfassung kleinbäuerlicher Höfe zu Produktionsgemeinschaften – die Kollektivierung (ALTRICHTER 1993: 66-70, FIERMAN 1991, RYWKIN 1990: 44-45).

KOLLEKTIVIERUNG

Die Kollektivierung wurde gegen den Widerstand vieler Bauern durchgeführt. Das galt auch für die in diesem Zusammenhang einsetzende Zwangssesshaftmachung der nomadischen Bevölkerung, welche die traditionelle Wirtschaftsstruktur des Raumes endgültig zerstörte. Wie die Bauern versuchten auch die Nomaden sich der Kollektivierung zu widersetzen, die sie als Mittel der Zentralregierung zur Konfiszierung ihrer Viehbestände ansahen. Folglich versuchten einige Nomaden mit ihren Herden nach China zu fliehen, viele konsumierten auch ihre Tiere lieber als sie in den Kolchoz einzubringen. Dies hatte katastrophale Folgen für die Viehbestände Mittelasiens, wie Tabelle 5.1 zeigt. Es dauerte bis in die 60er Jahre um die Herdengrößen der Zeit vor der Kollektivierung zu erreichen.

Tabelle 5.1: Viehbestand in Mittelasien (ohne Schweine) in 1000

	1929	*1932-33*	*1941*	*1960*	*1985*
Mittelasien	23.151	9.120	16.167	24.623	34.500

Quelle: verändert nach RYWKIN 1990

In Kyrgyzstan, mit seiner hauptsächlich nomadisch lebenden Bevölkerung, gingen die Bestände an Schafen und Ziegen von 3.1 Mio. 1924 auf weniger als 1 Mio. 1932 zurück. Auch die Anzahl der Pferde, wichtigstes Fortbewegungsmittel der nomadischen Bevölkerung, ging von 660.000 auf 494.000 um ca. 1/3 zurück. Die Tatsache, dass die Viehherden auch 10 Jahre nach der Kollektivierung so klein blieben, führte in der Folge zu einer teilweisen Rücknahme des Verbots der nomadischen Lebensweise. 1942 erlaubte die Zentralregierung den Nomaden wieder eine teilweise Rückkehr zu traditionellen Wirtschaftsformen, die den naturräumlichen Gegebenheiten angepasster waren. Das kollektive System wurde aber als Konzept weiterhin beibehalten (ANDERSON 1999: 11, RYWKIN 1990: 45-47).
Um die Kollektivierung erfolgreich durchzuführen musste die Zentralregierung Zugeständnisse bezüglich der Zusammensetzung der Kolchozen zulassen. Diese führten dazu, dass ganze Mahallas (Solidargemeinschaften auf Dorf- oder Nachbarschaftsbasis) in Kolchozen eingegliedert wurden und auch nomadische Stammesbeziehungen Berücksichtigung fanden. Dies galt auch für Zwangsumsiedlungen zur Neuerschließungen von Nutzflächen, auch hier wurden oft ganze Solidargemeinschaften umgesiedelt[71]. Eine solche Umformung traditioneller Gesellschaftsformen in die neue Wirtschaftsordnung macht deutlich, dass es der Zentralregierung gerade in den ländlichen Gebieten Mittelasiens nicht gelungen ist die bestehenden lokalen Loyalitäten zu zerschlagen. Damit führte auch die gesellschaftliche Sowjetisierung der ländlichen Gebiete nur sehr bedingt zu Erfolgen. Die Kolchozen bildeten nach ROY eine neue Solidargemeinschaft, welche die Zentralregierung wieder zu stören suchte, da sie der Staatsideologie widersprach. So wurde z.B. durch die Zusammenlegung von Kolchozen zu Großbetrieben versucht Strukturen zu ändern (s. Tab. 5.2).

[71] Nach Mittelasien zwangsumgesiedelte Völker wie Koreaner und Deutsche wurden ebenso in eigenen, nationalen Kolchozen angesiedelt.

Tabelle 5.2: Kolchozgrößen in Tadžikistan 1940 – 1973

	1940	*1960*	*1965*	*1973*
Zahl der Kolchozen	3093	353	309	251
Zahl der Haushalte/Kolchoz	64	563	747	861
bewirtschaftetes Land (ha)	248	1779	2945	1949

Quelle: verändert nach KHAN, GHAI 1979

Als Folge war die Anzahl der Haushalte pro Kolchoz in Uzbekistan und Tadžikistan mit je 866 und 861 Haushalten 1976 doppelt so hoch wie im Durchschnitt der Sowjetunion, der 1976 bei 486 Haushalten pro Kolchoz lag (KHAN, GHAI 1979: 42). Der Erfolg dieser Aktion war sehr beschränkt, meist bildeten sich aus eingegliederten kleinen Kolchozen wieder eigene Brigaden im neuen Großkolchoz. Die Bedeutung als Solidargemeinschaft blieb erhalten bzw. entstand teilweise auch neu im Kolchoz und blieb auch nach Verlassen eines Kolchoz bestehen: "*A member of a kolkhoz could always rely on kolkhoz solidarity. .. The kolkhozian identity was preserved even when people left the kolkhoz, so the kolkhoz became something more than a purely functional institution*" (ROY 2000: 88-89) (GEIß 1995: 125, KHAN, GHAI 1979: 37-45, ROY 2000: 86-90). Trotz der Widerstände und dem im Kontext der Kollektivierung einsetzenden Produktionsrückgang zeigt Tabelle 5.3, dass die Kollektivierung 1940 abgeschlossen war.

Tabelle 5.3: Anteil der ländlichen Haushalte in Kollektivbetrieben (in %)

Jahr	*Kyrgyzstan*	*Tadžikistan*	*Uzbekistan*
1928	0.5	0.2	1.2
1940	99.4	98.7	99.8

Quelle: verändert nach KHAN, GHAI 1979

Der Privatsektor bestand nunmehr in der privaten Hoflandwirtschaft und diente anfangs hauptsächlich der Selbstversorgung. In Uzbekistan standen so Anfang der 90er Jahre jeder bäuerlichen Familie 0.17 ha zur Verfügung, das sind insgesamt ungefähr 13% des bewässerten Ackerlands. Aufgrund der

Ernährungskrise in Folge der Zwangskollektivierung entwickelte sich die private Hoflandwirtschaft, durch Vermarktung von Nahrungsmitteln auf Kolchozmärkten sowie in städtischen Siedlungen, immer mehr zu einem eigenständigen Wirtschaftssystem, das auf die Versorgung der Bevölkerung mit Grundnahrungsmitteln ausgerichtet war[72]. So berichtet ANDERSON, dass im Oblast Oš in Kyrgyzstan die privaten Herdengrößen die der Kollektivbetriebe oft übertrafen. Ideologisch im Widerspruch zu der Zentralverwaltungswirtschaft sicherte dieses System die Grundversorgung der Bevölkerung. 1991 erwirtschaftete das Hofland 14% der Getreideproduktion und 63% der tierischen Produktion (ANDERSON 1999: 16, GTZ 1994, STADELBAUER 1996 108-109, 460-465).

'Das weiße Gold'

Die Kollektivbetriebe sollten nun ihre Rolle in der sowjetischen Arbeitsteilung übernehmen, für Mittelasien hieß das in erster Linie Baumwollproduktion[73]. Aufgrund der fruchtbaren Böden bildete das Fergana-Tal das wichtigste Anbaugebiet für alle drei Sowjetrepubliken (Kyrgyzstan, Tadžikistan, Uzbekistan), doch dieses Anbaugebiet ist in Folge der Nationalen Abgrenzung nun in seiner Struktur zersplittert und drei unterschiedlichen, weit entfernten Hauptstädten zugeordnet. Der Baumwollanbau in Mittelasien ist nur im Rahmen des Bewässerungsanbaus möglich. Die von der Zentralregierung vorgesehene Ausweitung bedurfte der Neuerschließung von Bewässerungsflächen mittels neuer Kanäle. Wasser wurde als unerschöpfliche Ressource angesehen, kostete nichts und schien der ideale Weg, die Produktionsmengen zu erhöhen. Mit dem Ziel der Produktionssteigerung wurden so die Flächen für den Baumwollanbau erhöht. Das Land gehörte dem Staat und wurde, ebenso wie Wasser, als unerschöpfliche Ressource angesehen. Die Kanäle wurden 'vom Volk' gebaut, was mit unbezahlter Arbeit gleichzusetzen war. Der Große Fergana-Kanal (345 km) wurde ab August 1939 in 45 Tagen „mit der Schaufel" gegraben. Beteiligt waren 160.000 Uzbeken, 20.000 Tadžiken sowie ca. 1000 'Aufseher' und Techniker, meist Russen. (ALLWORTH 1989: 294, KARGER 1978: 326-327, 1995).

[72] Zur Bedeutung der Hoflandwirtschaft vgl. GIESE 1983.

[73] Die Baumwollproduktion ist nicht in allen 3 Republiken von gleicher Bedeutung, so spielt in Kyrgyzstan z.B. die Viehzucht eine größere Rolle. Im Fergana-Tal aber ist die Baumwolle die prägende Kultur für jede der drei Sowjetrepubliken. Hinzu kommt als Grund für die Fokussierung auf Baumwolle, dass diese für die Veränderung der Wirtschaftstruktur die höchste Bedeutung hat.

Besonders nach dem Zweiten Weltkrieg vergrößerten sich Bewässerungsflächen, Baumwollanbauflächen und Baumwollerträge – auf Kosten des Getreideanbaus wie die Tabellen 5.4a bis 5.4c zeigen.

Tabelle 5.4a: Anbauflächen und Flächennutzung in Kyrgyzstan (in 1000 ha)

	1940	*1950*	*1960*	*1965*	*1970*	*1975*	*1980*	*1985*	*1987*	*1988*
Gesamte Anbaufläche	1055.5	1061.0	1195.8	1170.1	1264.2	o.A.	1271.8	1292.0	o.A.	1314.0
Bewässerungs-fläche	o.A.	937	929	861	883	910	955	1009	1028	1037
Baumwoll-anbaufläche	64.0	65.0	71.2	73.0	74.9	o.A.	76.3	28.4	o.A.	32.0
Getreide-anbaufläche	777.9	704.0	593.0	606.7	582.8	o.A.	552.5	533.7	o.A.	535.6

Tabelle 5.4b: Anbauflächen und Flächennutzung in Tadžikistan (in 1000 ha)

	1940	*1950*	*1960*	*1965*	*1970*	*1975*	*1980*	*1985*	*1987*	*1988*
Gesamte Anbaufläche	807.1	837.0	727.4	764.7	764.9	o.A.	763.6	803.0	o.A.	848.0
Bewässerungs-fläche	o.A.	361	427	468	518	567	617	653	675	686
Baumwoll-anbaufläche	106.1	126.0	172.4	228.0	254.0	o.A.	308.5	311.0	o.A.	320.0
Getreide-anbaufläche	567.4	552.0	360.6	397.0	320.5	o.A.	195.0	210.0	o.A.	151.0

Tabelle 5.4c: Anbauflächen und Flächennutzung in Uzbekistan (in 1000 ha)

	1940	*1950*	*1960*	*1965*	*1970*	*1975*	*1980*	*1985*	*1987*	*1988*
Gesamte Anbaufläche	3065.5	2804.0	3038.3	3336.2	3476.0	o.A.	3994.6	4080.2	o.A.	4349.0
Bewässerungs-fläche	o.A.	2276	2571	2639	2696	3006	3476	3930	4109	4149
Baumwoll-anbaufläche	923.5	1098.0	1386.6	1549.9	1709.2	o.A.	1877.7	1989.8	o.A.	2017.0
Getreide-anbaufläche	1479.7	1102.0	894.8	1252.6	1159.8	o.A.	1173.8	969.3	o.A.	700.4

Quelle 5.4a-5.4c: verändert nach CRAUMER 1992

Baumwolle ist in dieser Zeit das wichtigste landwirtschaftliche Erzeugnis in Mittelasien, aber die Tabellen verdeutlichen, dass es Unterschiede in den einzelnen Sowjetrepubliken gibt. In Kyrgyzstan beschränkt sich aufgrund der naturräumlichen Bedingungen der Baumwollanbau auf die zum Territorium gehörenden Randzonen des Fergana-Tals. In Kyrgyzstan wie in Tadžikistan ist die Anbaufläche zudem insgesamt wesentlich geringer als in Uzbekistan, dem folglich im Zuge der Nationalen Abgrenzung das landwirtschaftliche Gunstgebiet zugeteilt wurde. Einschneidende Reduzierung der Getreideanbaufläche erfolgte in Tadžikistan, wo diese Fläche um fast ¾ reduziert wurde, während sich die Baumwollanbaufläche mehr als verdreifachte. Die Verdopplung der Baumwollanbaufläche in Uzbekistan bei einer gleichzeitigen 50-prozentigen Reduzierung der Getreideanbaufläche ist vor allem aufgrund der absoluten Vergrößerung der Baumwollanbaufläche von großer Bedeutung für die Anbaustruktur des Landes. Neben der Anbaufläche wurden auch Produktion und Erträge im Baumwollanbau zunächst gesteigert. Den Höchstwert erreichten die Erträge gegen Ende der 70er Jahre mit 28,3 – 30,7 Zentner/ha 1976-80 (Tab. 5.5).

Tabelle 5.5: Baumwollerträge in Mittelasien 1961-1990 (Zentner/ha)

	1961-65	*1966-70*	*1971-75*	*1976-80*	*1981-85*	*1986-90*
Kyrgyzstan	20.6	23.5	27.6	28.3	19.1	23.9
Tadžikistan	24.2	27.1	30.7	30.7	29.8	28.8
Uzbekistan	21.9	25.1	28.5	29.4	26.7	24.7

Quelle: verändert nach CRAUMER 1992

Die Ertragssteigerungen standen in Verbindung mit intensiverem Einsatz von Düngemitteln, Pestiziden sowie Entlaubungsmitteln, der in den mittelasiatischen Baumwollanbaugebieten höchste Mengen ausmachte. Diese hatten neben dem zeitweilig positiven ertragssteigernden Effekt starken gesundheitsschädigenden Einfluss. Betroffen waren vor allem die häufig bei der Ernte eingesetzten Frauen und Kinder. Die bis in die vierziger Jahre übliche Rotation der Baumwolle mit Luzerne wurde zugunsten einer monostrukturellen Anbauweise aufgegeben, infolgedessen ging der Anbau von Luzerne drastisch zurück. Zum Teil wurden Böden 20 Jahre in Folge für den Baumwollanbau genutzt. Die Bodenqualität verschlechterte sich dementsprechend (KARGER 1995, RUMER 1991: 82).
Hinzu kamen Probleme durch die ineffiziente Wassernutzung. Das über Kanäle abgeleitete Flusswasser wurde auch zur Drainage genutzt und anschließend, angereichert mit Chemikalien und erhöhtem Salzgehalt, ungeklärt in die Flüsse zurückgeleitet. Die Wasserqualität verschlechterte sich also sukzessive vom Oberlauf der Flüsse bis zu ihrem Delta. Werden im Durchschnitt in Mittelasien 370 m³ Wasser zur Produktion von 100 kg Baumwolle benötigt, waren es am Unterlauf des Amudar'ja bei Chorezm 700-800 m³ (RUMER 1991: 78).
Traditionelle Bewässerungsverfahren dominieren bis heute. Insbesondere im Rahmen des Baumwollanbaus findet sich hauptsächlich Furchenbewässerung, ebenso im Obst- und Gemüsebau. Moderne Bewässerungstechniken, z.B. Tröpfchenbewässerung, haben sich in Mittelasien kaum durchgesetzt. Der Wirkungsgrad des Bewässerungswassers ist dementsprechend gering. Große Mengen Wasser gehen durch Versickerung und Verdunstung über den offenen Überlandkanälen verloren. In den Flussbecken des Amudar'ja und Syrdar'ja gehen jährlich 42 Mrd. m³ Wasser verloren. Hinzu kommt sekundäre Bodenversalzung. Die Notwendigkeit der Drainage wurde erst eingesehen, nachdem schon weite Flächen durch Versalzung für den Ackerbau unbrauchbar geworden waren (STADELBAUER 1996: 477).

Die Folgen des unüberlegten Umgangs mit den Ressourcen zeigten sich in den Ertragsrückgängen bei Baumwolle seit Beginn der 80er Jahre. Die Planvorgaben der Zentralregierung passten sich nicht den veränderten Bedingungen an, da sie weitere Produktionssteigerungen verlangten. Um den Plan zu erfüllen, nahmen die Bauern teilweise mehr Land unter Kultur, ohne dies jedoch anzugeben. Die Baumwollaffäre in Uzbekistan unter Rašidov (s. Kap.5.1.3) und die damit verbundenen verfälschten Produktionsangaben sind nach RUMER 1991 daher durch die Zentralregierung mit verschuldet worden (RUMER 1991: 79).

Die aufgeführten Ertragszahlen berücksichtigen dabei nicht die Qualität der Baumwollfasern. Da Planerfüllung mit Prämien honoriert wurde, zählte oftmals die Quantität der Produktion mehr als die Qualität. In den 70er Jahren lag der Anteil hochqualitativer Baumwollfasern noch bei 77%, in den 80er Jahren nur noch bei 58%. Im gleichen Zeitraum erhöhte sich die Produktion von Baumwollfasern der niedrigsten Qualität. Damit wurde am Weltmarkt vorbei produziert (RUMER 1991: 76, STADELBAUER 1996: 106).

Die Baumwollproduktion ist sehr arbeitsintensiv. Im Durchschnitt benötigt man zur Produktion von 100 kg Getreide 1.6 Arbeitsstunden, für 100 kg Baumwolle 36 Arbeitsstunden. Dabei ist der Bedarf besonders während der Erntezeit sehr hoch. Er ist zu hoch, um alleine von den Kolchozarbeitern gedeckt zu werden. Es wurden Arbeitskräfte aus anderen Sektoren der Volkswirtschaft abgezogen. Schüler und Studenten nahmen jedes Jahr an ‚Baumwollkampagnen' teil (RUMER 1991: 78). Es musste jeweils ein Tagessoll erfüllt werden, dass oft durch ‚Würzen' der Baumwolle mit schwerer Erde und Steinen erfolgte[74]. Wiederum litt die Qualität und damit der für die Zentralregierung auf dem Weltmarkt zu erzielende Gewinn. Während weniger intensiver Arbeitsprozesse der Baumwollproduktion war der Kolchoz mit Arbeitskräften überbesetzt. Die Arbeitsproduktivität in Mittelasien lag deutlich unter dem Durchschnittswert der ehemaligen Sowjetunion. Um die Arbeitsproduktivität zu erhöhen bedurfte es verstärkter Mechanisierung in der Landwirtschaft. Diese hätte aber auch die Freisetzung von Arbeitskräften bedeutet. Solange die Zahl an Arbeitskräften in der Landwirtschaft schneller anstieg als Arbeitsplätze außerhalb dieses Sektors geschaffen wurden, konnte man die Freisetzung von Arbeitskräften mit deren Entlassung in die Arbeitslosigkeit gleichsetzen. Die manuellen Arbeiten in der Baumwollproduktion, vor allem während der Ernte, wurden hauptsächlich von Frauen ausgeführt. Eine Freisetzung im Zuge der Mechanisierung der Ernte hätte also vor allem junge Frauen in die Arbeitslosigkeit entlassen. Da aber höhere Arbeitsproduktivität die Produktionskosten senkt, verfolgte die Zentralregierung auch in Mittelasien das Ziel einer verstärkten Mechanisierung. Der Erfolg war unbefriedigend, da die Anzahl an Baumwollerntemaschinen zwar, außer in Kyrgyzstan, stetig zunahm, der Anteil der maschinell geernteten Baumwolle aber nicht im gleichen Maße anstieg, wie die Tabellen 5.6 und 5.7 verdeutlichen.

[74] Aussage ehemaliger Studenten in Uzbekistan.

Tabelle 5.6: Prozentueller Anteil der maschinellen Baumwollernte an der Gesamternte

	1965	*1970*	*1975*	*1980*	*1981*	*1982*	*1983*	*1984*	*1985*	*1986*	*1988*
Kyrgyzstan	33	39	62	51	49	41	43	26	23	47	k.A.
Tadžikistan	14	22	28	36	29	22	12	11	13	22	24
Uzbekistan	23	33	46	63	68	54	34	31	40	45	47

Quelle: verändert nach Craumer 1992

Tabelle 5.7: Anzahl an Baumwollerntemaschinen (in 1000)

	1960	*1965*	*1970*	*1975*	*1980*	*1986*
Kyrgyzstan	0.14	1.64	1.74	1.27	1.05	0.74
Tadžikistan	0.17	2.23	2.85	2.91	3.42	4.11
Uzbekistan	8.30	21.80	26.10	28.70	36.60	37.90

Quelle: verändert nach Craumer 1992

Die Effektivität der Mechanisierung ist somit zurückgegangen. Grund dafür ist vor allem der Anteil nicht funktionstüchtiger Maschinen. Hinzu kommt, dass der Anteil an Ersatzteilen sowie ausgebildetem Reparaturpersonal nicht im gleichen Verhältnis wie die Anzahl der Maschinen angestiegen ist (Craumer 1992: 160-161). Seit Beginn der 80er Jahre sind auch die Löhne in der Landwirtschaft, verglichen mit dem Sowjetdurchschnitt, zurückgegangen. Der hohe Arbeitskräftebesatz, die geringe Arbeitsproduktivität und die rückläufigen Erträge ließen Mittelasien den Anschluss an den Sowjetunionsdurchschnitt verlieren (Craumer 1992: 163-164).

Uzbekistan produzierte mit der größten Anbaufläche für Baumwolle ca. 70% der sowjetischen Baumwollfasern. Demgegenüber erhöhte sich der Anteil an der Baumwollverarbeitung von 2,7% 1940 auf nur 4% 1984. Insgesamt verblieben nur 4-5% der produzierten Rohbaumwolle in der Region, während der Rest in andere, meist europäische Gebiete der Sowjetunion zur Weiterverarbeitung geschickt wurde (Rumer 1991: 83). Die baumwollproduzierenden Republiken Mittelasiens erzielten nur geringe Gewinne aufgrund der niedrigen Rohstoffpreise, Folge der sowjetischen Preispolitik. Die Textilverarbeitung fand in der Ukraine und dem europäischen Teil Russlands statt. Der Anteil dieser Regionen am produzierten Nationaleinkommen der ehemaligen Sowjetunion lag aufgrund der hohen Preise für Fertigprodukte wesentlich höher als der Mittelasiens.

Obwohl auch andere landwirtschaftliche Produkte wie Obst, Gemüse, Kartoffeln und Getreide angebaut wurden (welche vor allem im Rahmen des Kolchoz- bzw. Basarhandels[75] eine Rolle spielten) und auch die Seidenproduktion in Uzbekistan und Tadžikistan sowie die Viehzucht in Kyrgyzstan von wirtschaftlicher Bedeutung waren, wird die Wirtschaftraumstruktur doch entscheidend durch die Baumwolle geprägt. Das gilt ganz besonders für das Fergana-Tal. Der Handel oblag auch hier staatlicher Kontrolle, so dass die Republiken nicht die Möglichkeit hatten die Rohbaumwolle selbstständig auf dem Weltmarkt anzubieten.

Die im Russischen Reich angelegten kolonialen Strukturen wurden in der Sowjetunion weiter ausgebaut. Zur Frage, wieso eine solche koloniale Struktur bis zum Zerfall der Sowjetunion aufrechterhalten wurde, äußert RUMER 1991 die Vermutung, dass eine selbständige Ökonomie Mittelasien auch die Basis für mehr politische Selbständigkeit geboten hätte (RUMER 1991: 83-85) – eine unerwünschte Entwicklung also für die Zentralregierung. Auch die Nationale Abgrenzung hat nicht wie proklamiert eine ökonomische Ausgeglichenheit der einzelnen Sowjetrepubliken gefördert, sondern der SSR Uzbekistan den größten Anteil an landwirtschaftlicher Nutzfläche zugeteilt, während die naturräumlichen Bedingungen für die Republiken Tadžikistan und Kyrgyzstan für die Landwirtschaft weitaus ungünstiger waren. Auch ihr Anteil am Gunstraum Fergana-Tal ist vergleichsweise geringer als jener der SSR Uzbekistan.

Die Kollektivierung legte den Grundstein für die Ausweitung der Produktion unter der Kontrolle der Staatsregierung und erfüllte gleichzeitig den Zweck, die Lebensbedingungen in den verschiedenen Republiken anzugleichen. Während früher die Wirtschaftsweise nach „Sesshaften" und „Nomaden" unterschieden wurden, waren nun, auch nach der teilweisen Rückkehr zu nomadischen Bewirtschaftungsformen, alle Bewohner des ländlichen Raumes Mitglieder eines Kollektivbetriebes und damit einer einheitlichen Struktur. Da aber die Zentralregierung Zugeständnisse in der Zusammensetzung der Kolchozen zulassen musste, ist es ihr nicht gelungen die lokalen Solidargemeinschaften zu zerstören und einen nachhaltigen Einfluss auf die gesellschaftliche Entwicklung des ländlichen Raumes zu nehmen.

---

[75] Zur Bedeutung des tertiären Sektors in der sowjetischen Wirtschaftsordnung und den Besonderheiten des Kolchozhandel vgl. STADELBAUER 1996: 542ff.

5.2.2 ANSÄTZE EINER INDUSTRIALISIERUNG UND MODERNISIERUNG DES PERIPHEREN AGRARRAUMES

Mittelasien ist agrarisch geprägt und der Grad der Industrialisierung ist trotz einiger Bodenschätze relativ gering geblieben[76]. Der Schwerpunkt der Investitionen der Zentralregierung erfolgte im Bereich der Landwirtschaft, nicht in der Industrie. Die Industrieentwicklung konzentrierte sich hauptsächlich auf die Gewinnung von Rohstoffen (Bergbauindustrie) und die notwendigen Maschinen. Auch hier ist damit die Förderung der Rohstoffe – nicht deren Verarbeitung – der Fokus der Entwicklung.

Die Industrialisierung begann mit dem Eisenbahnbau. 1928 war die industrielle Produktion noch auf dem damals ohnehin schon niedrigen Niveau der vorrevolutionären Zeit. Als Folge wurde die Industrialisierung innerhalb (vor allem) der ersten beiden Fünfjahrespläne forciert. Die wirtschaftliche Entwicklung betraf zum Einen die Energieproduktion und wurde zum Anderen auch von der Ausweitung der Baumwollproduktion geprägt. So entstand eine spezialisierte Infrastruktur für die Baumwollverarbeitung. Baumwollentkernungsmaschinen stellten den Hauptzweig der Produktion, hinzu kam die Speiseölproduktion. Der Maschinenbau war auf die Baumwollproduktion ausgerichtet. Mittelasien zeichnete sich durch einen Anteil von 95% bei der Baumwolle, 15% bei pflanzlichen Speiseölen und 100% bei Maschinen und Ausrüstung für die Baumwollproduktion an der Gesamtproduktion der ehemaligen Sowjetunion aus (RUMER 1991: 63). Auch wenn der absolute Anstieg der industriellen Produktion niedrig blieb, änderte sich der prozentuale Anteil der industriellen Produktion. In Uzbekistan machte z.B. die Schwerindustrie 1913 nur 2% an der gesamten industriellen Produktion aus, ein Anteil der 1940 schon bei über 13% lag. Im gleichen Zeitraum verringerte sich der Anteil von Baumwollentkernungsmaschinen und Speiseölproduktion von 87% auf 38% der gesamten industriellen Produktion Uzbekistans (FIERMAN 1991: 19).

Ein wichtiger Abschnitt der Industrialisierung war der Zweite Weltkrieg. 300 Industriebetriebe wurden in dieser Zeit nach Mittelasien und Kasachstan evakuiert, davon ca. 100 Betriebe allein nach Uzbekistan. Zur Versorgung der

[76] Diese Kapitel beschäftigt sich mit verschiedenen Aspekten der nichtagrarischen Wirtschaftsentwicklung Mittelasiens. Der Begriff Industrialisierung ist somit nicht als sektorale Einordnung des Kapitels gedacht. Die hier betrachteten Aspekte gehen über den klassischen sekundären Sektor hinaus.

Sowjetunion während der Krieges wurden zudem auch neue Industrien in Mittelasien angesiedelt. Dieser Industrialisierungsschub setzte sich auch noch in den ersten Jahren nach dem Krieg fort. Neben der Umsiedlung von Industriebetrieben während des Zweiten Weltkriegs kam es folgend auch zur Umsiedlung eines großen Teils der Belegschaften aus den europäischen Teilen der ehemaligen Sowjetunion. Des weiteren wurden ca. 2 Mio. Flüchtlinge nach Mittelasien teilweise zwangsumgesiedelt, unter anderem Koreaner[77] und Krim-Tataren. Eine Industrie zum Auffangen der einheimischen Arbeitskräfte des ländlichen Raums entwickelte sich aber nicht (FIERMAN 1991: 19, STADELBAUER 1995). Mit der Entdeckung der Erdöl- und vor allem der Erdgasvorkommen seit den 50er Jahren wurde zwar in diese Bereiche investiert, der Schwerpunkt lag aber wieder in der Rohstoffproduktion. Verarbeitende Industrie wurde nur geringfügig aufgebaut. Die chemische Industrie entwickelte sich zur Unterstützung der bestehenden Monostruktur. Hauptprodukte wurden Pestizide und Entlaubungsmittel für die Baumwollproduktion. Die Produktion von Energie aus Wasserkraft wurde vor allem in Kyrgyzstan seit 1960 forciert (FIERMAN 1991: 19-21), begünstigt durch die naturräumliche Ausstattung.
Gemeinsam ist den hier betrachteten Sowjetrepubliken, dass ihr Industrialisierungsgrad im Vergleich zur Entwicklung in anderen Teilen der Sowjetunion unterentwickelt und auf Rohstoffproduktion bzw. bergbauliche Ausbeutung ausgerichtet ist. Dabei ist die Entwicklung innerhalb der einzelnen Republiken im Hinblick auf die Ausgangssituation und die regionalen Disparitäten 1991 differenziert zu betrachten.

SSR Kyrgyzstan

Bedeutend für die Entwicklung Kyrgyzstans ist die Energiewirtschaft, die zum großen Teil auf Wasserkraft basiert. Hier wird vor allem der Naryn, ein Hauptzufluss des Syrdar'ja, genutzt. Bei Toktogul ist das größte kyrgyzische Kraftwerk entstanden. Zudem verfügt Kyrgyzstan über Kohlevorkommen und im Bereich des Fergana-Tals hat die Republik geringen Anteil an den Erdöl- und Erdgasfeldern. Neben Bunt- und Edelmetalllagerstätten verfügte die SSR Kyrgyzstan über die größten Antimon- und Quecksilbervorkommen der Sowjetunion und lag bei der Förderung dieser Rohstoffe in der Sowjetunion an erster Stelle. Die SSR Kyrgyzstan gilt auch als bedeutender Ort des Uranerzabbaus.

---

[77] Zur Umsiedlung der Koreaner vgl. NATSUKO 2000.

Neben einer an der Landwirtschaft orientierten Leichtindustrie spielten noch Nahrungsmittel und Baustoffindustrie eine Rolle. Der Maschinenbau war auf die Rüstungsindustrie ausgerichtet (FIERMAN 1991: 20-21, KARGER 1995). Hauptwirtschaftszentren sind die Hauptstadt Biškek im Norden und die Stadt Oš im Süden des Landes, im Fergana-Tal.

SSR Tadžikistan

Auch in der SSR Tadžikistan spielt die Energiewirtschaft auf der Basis von Wasserkraft eine entscheidende Rolle. So befindet sich am Fluss Wachs, in der Nähe von Dušanbe im südlichen Tadžikistan, der Nurek-Staudamm, der mit 310m Höhe der höchste Erddamm der Welt ist und 70% der Hydroenergie Tadžikistans produziert. An Bodenschätzen verfügt Tadžikistan über bedeutende Uranvorkommen, die ca. 14% der bekannten Weltvorkommen umfassen. Daneben ist noch die Goldproduktion von Bedeutung. Leichtindustrie und Maschinenbau sind auf die Agrarstruktur des Landes, also auf die Baumwollproduktion ausgerichtet. Im Norden des Landes hat die SSR Tadžikistan geringen Anteil an den Erdöl- und Erdgaslagerstätten des Fergana-Tals und verfügt über geringe Kohlevorkommen (FIERMAN 1991: 20-21, KARGER 1995, WIEBE 1977). Hauptwirtschaftszentren sind die Hauptstadt Dušanbe, der nördliche Oblast Leninabad mit der Stadt Chudžand sowie Kurgan-Tjube im Süden des Landes.

SSR Uzbekistan

Bedeutendster Energieträger in Uzbekistan ist Erdgas, die Reserven sollen sich auf ca. 1800 Mrd. m^3 belaufen. Weiterhin hat Uzbekistan den größten Anteil an den Erdöllagerstätten des Fergana-Tals und verfügt über große Kohlevorkommen. Daneben spielt auch die Produktion von Hydroenergie eine Rolle. Weitere Rohstoffe sind größere Goldvorkommen, Silber, Kupfer, Blei, Zink, Molybdän und Wolfram. Auch hier ist die Leichtindustrie wie die Maschinenproduktion auf die Baumwollproduktion ausgerichtet. Gleiches gilt für die chemische Industrie (FIERMAN 1991: 20-21, KARGER 1995, WIEBE 1977). Hauptwirtschaftszentren sind die Hauptstadt Taškent sowie das Fergana-Tal, etwas nachgeordnet sind Buchara und Samarkand zu nennen.

Es zeigt sich, dass die Nationale Abgrenzung zu einer disparaten Verteilung von Ressourcen geführt hat, die allerdings im Verbund der Sowjetunion nicht zu Problemen führte, da von der Zentralregierung der Ausgleich erfolgte. Die SSR Uzbekistan ist mit ihren Ressourcen in der Lage den größten Anteil der

Industrieproduktion der betrachteten Länder zu erreichen. Gleiches gilt für den Energiesektor, wie Tabelle 5.8 verdeutlicht.

Tabelle 5.8: Energiewirtschaft 1985

	Erzeugung elektrischen Stroms Mrd. kWh	*Kohlegewinnung Mio. t*	*Erdölgewinnung Mio. t*	*Erdgasgewinnung Mrd. m³*
Kyrgyzstan	10.5	4	0.2	0.1
Tadžikistan	15.7	-	0.4	0.3
Uzbekistan	47.9	5	2.0	34.6

Quelle: verändert nach STADELBAUER 1996

Der Handel hatte in Mittelasien nur geringe Bedeutung. Wie schon an anderer Stelle erwähnt, lag hier ein Schwerpunkt im Bereich der Nahrungsmittelversorgung durch den relativ liberalen Handel der Kolchozmärkte bzw. Basare. Dienstleistungen wie Bildung, Gesundheitsversorgung und auch Erholungszentren wurden staatlich organisiert und waren im ländlichen Raum in den Kolchozen integriert.

Beginnend in den 20er Jahren gewann der Tourismus erst seit Anfang der 70er Jahre mit dem Ausbau der nötigen Infrastruktur an Bedeutung. Es handelte sich dabei international hauptsächlich um Kulturtourismus zu den historischen Städten Mittelasiens an der Seidenstraße. Wieder ist eine zentrale Planung (Intourist) für die Entwicklung zuständig, westliche Standards wurden nicht erreicht. Innerhalb der einzelnen Sowjetrepubliken gab es aber auch Standorte für Erholungs- und Heiltourismus. Von größter Bedeutung war die Entwicklung der Erholungsregion um den kyrgyzischen Issyk-Köl See. Auch im Fergana-Tal hatte Kyrgyzstan mit Arslanbob einen lokal bedeutenden Erholungsstandort (STADELBAUER 1995).

5.2.3 STRUKTUR DES WIRTSCHAFTSRAUMES – MITTELASIEN UND FERGANA-TAL

Mittelasien war vor der russischen Kolonisation und der Sowjetisierung ein agrarisch geprägter Wirtschaftsraum. Das gilt auch heute noch. Damit ist aber auch schon die einzige bedeutende Parallele zwischen alter und neuer Wirtschaftsraumstruktur aufgezeigt worden. Die ursprüngliche wirtschaftliche

Differenzierung in sesshafte und nomadische Wirtschaftsweise veränderte sich durch die Etablierung von Kollektivbetrieben in der Landwirtschaft und der damit verbundenen Zwangsansiedlung der Nomaden vollständig.

Der koloniale Charakter der Wirtschaftsbeziehungen zwischen Mittelasien und dem Russischen Reich hat in der sowjetischen Wirtschaftspolitik seine Fortsetzung gefunden und zu einer ökonomischen Monostruktur mit dem Schwerpunkt in der Baumwollproduktion geführt. Auch im Rahmen der industriellen Produktion und dem Rohstoffabbau ist die Ausrichtung auf Ausbeutung ohne Verarbeitung gelegt. Aufgrund der sowjetischen Wirtschaftsraumgliederung und der damit verbundenen Arbeitsteilung waren die mittelasiatischen Republiken durch ihre Wirtschaftstruktur auf Nahrungsmittelimporte und finanzielle Subventionen der Zentralregierung angewiesen, womit ihre Abhängigkeit vom Zentrum verstärkt wurde. Die Erhaltung von Solidargemeinschaften bei der Kollektivierung hat den Einfluss der Zentralregierung im ländlichen Raum eingeschränkt. Im Bereich der Landwirtschaft war hauptsächlich die einheimische Bevölkerung beschäftigt, während russische und europäische Migranten die meisten Industriearbeiter stellten. Da die Industriebetriebe meist in der Nähe von oder in den größeren Städten lagen, haben diese auch die Bevölkerungsstruktur insofern beeinflusst, dass der Schwerpunkt russischer und europäischer Besiedlung in den Städten zu finden ist.

Die Veränderung in der Wirtschaftsraumstruktur hatte zudem schwerwiegende ökologische Konsequenzen[78], die seit Beginn der 80er Jahre im Rahmen der liberaleren Politik öffentlich bekannt wurden. Die bekannteste ökologische Katastrophe als Folge der Ausweitung der Baumwollproduktion ist die Verringerung der Wasserfläche des Aralsees im Westen Mittelasiens. Durch die ausgedehnte Bewässerung und die gleichzeitige ineffektive Nutzung des Wassers wurden die Zuflüsse des Aralsees stark reduziert. Der Syrdar'ja erreicht den Aralsee in den meisten Jahren nicht mehr. Als Folge der verringerten Zuflüsse hat sich die Fläche des Aralsees um die Hälfte, sein Volumen auf ein Drittel reduziert. Von der ausgetrockneten Fläche des Aralsees werden jährlich ca. 75 bis 100 Mio. Tonnen Salz und Staub in die Atmosphäre eingebracht, das sind 520 kg pro ha. Die von der Größe des Binnensees ausgegangene Klimamäßigung hat sich mit der Verkleinerung der Oberfläche verringert. Die

[78] Vgl. zu den Folgen der sowjetischen Agrarpolitik LIBERT 1995 und für Tadžikistan NIYAZI 2000.

Kontinentalität des Klimas ist angestiegen, wodurch sich die frostfreie Periode im Amudar'ja Delta verkürzt. Dieser Effekt hat wiederum Auswirkungen auf die Landwirtschaft. Aufgrund der fehlenden Überschwemmungen und des absinkenden Grundwasserspiegels fallen weite Gebiete im Deltabereich trocken. Die Erhöhung des Salzgehaltes im Aralsee hat den Fischfang vollständig zum Erliegen gebracht (DECH, RESSL 1993)[79].

Insgesamt hat sich die Wasserqualität der Flüsse verschlechtert. Vor allem der hohe Salzgehalt und der Anteil an Herbiziden in den Unterläufen der Flüsse erschwerten die Nutzung. Die Wasserqualität in Karakalpakstan ist so schlecht, dass bereits starke Gesundheitsschädigungen bei der Bevölkerung zu verzeichnen sind, da das Wasser des Amudar'ja die Trinkwassergrundlage der Region ist (DECH, RESSL 1993).

Nicht nur im Bereich des Aralsees treten starke ökologische Schäden auf. Im gesamten Baumwollanbaugebiet findet sich weiträumig Bodenversalzung[80]. Eine Fläche von 2 Mio. ha wird als versalzte Böden ausgewiesen, ohne näher auf den Grad der Versalzung einzugehen. Auch die Kontaminierung der Böden mit Pestiziden trägt zur Minderung der Bodenqualität bei. Die Wasserqualität weist auch im Gebiet Fergana, am Oberlauf des Syrdar'ja, eine hohe Belastung durch Salze sowie Pestizide auf. 90% der gesamten Abwassereinleitungen in Uzbekistan entfallen auf Drainagewasser. Trotz dessen Belastung wird es nicht dem reinigungsbedürftigen Abwasser zugerechnet. Inwieweit Industrieabwässer zur Minderung der Qualität beitragen kann nicht bestimmt werden. Es ist aber von einer Einleitung nicht ausreichend geklärter Abwässer auszugehen. Schadstoffemissionen seitens der Industrie sind aufgrund des geringen Industrialisierungsgrades geringer als im Durchschnitt der ehemaligen Sowjetunion. Die Schadstoffemissionen durch Kraftfahrzeuge sind doppelt so hoch wie die der Industrie. In Städten wie z.B. Fergana liegt die Schadstoffemissionen über den unionsweit zulässigen Grenzwerten (WEIẞENBURGER 1992: 128-135).

Als landwirtschaftlichem Gunstraum kommt dem Fergana-Tal eine besondere Bedeutung für den Baumwollanbau zu. Im Zuge der Produktionssteigerung für Baumwolle ist das ganze Gebiet durch ein verzweigtes Kanalnetz für den bewässerten Baumwollanbau nutzbar. Wie sich gezeigt hat, sind aber auch die ökologischen Konsequenzen in dieser Region schwerwiegend. Zudem ist das

---

[79] Auf eine ausführliche Beschreibung der Aralseeproblematik wird im Rahmen dieser Arbeit verzichtet. Vgl. MICKLIN 1992, GLAZOVSKIY 1990, SMITH 1991 und 1994 und den zitierten Artikel von DECH, RESSL 1993.

[80] Vgl. auch LIBERT 1995.

Fergana-Tal nicht nur klassisches Baumwollanbaugebiet, sondern auch wichtiges Industriezentrum für die Sowjetrepubliken Kyrgyzstan, Tadžikistan und Uzbekistan. Neben Erdöl- und Erdgasvorkommen finden sich hier weitere bedeutende Bodenschätze. Das Fergana-Tal verdeutlicht aber auch in der ökonomischen Entwicklung die nachhaltigen Folgen der Nationalen Abgrenzung. Eine zusammenhängende Wirtschaftsregion wurde auf drei Sowjetrepubliken verteilt. Administrativ sind damit nebeneinanderliegende Wirtschaftsräume mit schwer erreichbaren unterschiedlichen Hauptstädten und damit innerrepublikanischen Wirtschaftsplänen verknüpft. Hinzu kommt, dass auch im Fergana-Tal die SSR Użbekistan mit der Zuteilung der Hauptanbauflächen und der Erdöl- und Gasfelder im Vorteil gegenüber der Ressourcenausstattung der anderen beiden Republiken ist.

5.3 Kolonisation und Sowjetisierung der Gesellschaft

Die Ausführungen unter Kapitel 5.1 haben bereits an mehreren Stellen deutlich gemacht, dass Kolonisation und Sowjetisierung auch die Gesellschaft veränderten. Mit einer breit angelegten Bildungsoffensive und der Verbesserung der sozialen Infrastruktur sollte die mittelasiatische Bevölkerung an den Errungenschaften des Sozialismus teilhaben. Verbunden war damit auch der erneute Versuch die sozialistische Ideologie in der Region zu etablieren. Es hat sich gezeigt, dass die Solidargemeinschaften und lokalen Netzwerke im ländlichen Raum weitgehend bestehen blieben, der Einfluss der Sowjetregierung hier also nicht so weit ging wie in Städten und Industrieregionen.

5.3.1 ASPEKTE DER BEVÖLKERUNGSENTWICKLUNG

Das die Entwicklung der mittelasiatischen Bevölkerung dynamisch war, zeigt sich schon daran, dass sich die absolute Bevölkerung Mittelasiens z.B. in der Zeit von 1951 – 1989 mehr als verdreifacht hat, auf über 32 Mio.[81]. Damit stieg der Bevölkerungsanteil der mittelasiatischen Republiken an der Gesamtbevölkerung der Sowjetunion von 6.0% im Jahr 1951 auf 11.5% im Jahr 1989 (ROWLAND 1992: 224). Die Bevölkerungsentwicklung in der sowjetischen Zeit lässt sich in 3 Phasen gliedern:

---

[81] Daten zur Bevölkerungsentwicklung für die einzelnen Sowjetrepubliken liegen detailliert für die neuen Nationalitäten erst für die Zeit ab 1930 vor. Da die Nationale Abgrenzung erst 1936 abgeschlossen war (s. Kap. 5.1.2) wird, um einen Vergleich zu ermöglichen, hier der Zeitraum nach 1936 betrachtet.

1. Phase 1939-1959: In dieser Phase fand die größte Migration nach Mittelasien statt, zum Einen durch russische Siedler und Arbeiter, zum Anderen durch Zwangsumsiedlungen im Zuge des 2. Weltkrieges. Diese Migration hat trotz weiterhin hoher Geburtenraten zu einem Rückgang des Anteils der Titularbevölkerung an der Republikbevölkerung geführt. Den höchsten Anteil an Migration verzeichnete dabei Kyrgyzstan.
2. Phase 1959-1979: Während der Anteil der Russen an der Bevölkerung in Kyrgyzstan und Tadžikistan weiter kontinuierlich anstieg, ging er in Uzbekistan bereits zurück. Bezeichnend für diese Phase ist aber vor allem der starke Anstieg des Anteils der Titularbevölkerung in den einzelnen Republiken.
3. Phase 1979-1989: In dieser Phase sank der Anteil der russischen Bevölkerung in allen Republiken Mittelasiens, während der Anteil der Titularbevölkerung weiter anstieg. Die Reduktion des Anteils der Russen ist auch durch beginnende Emigration der Russen bedingt (ISLAMOV 2000).

Tabelle 5.9 verdeutlicht, vor allem bei Betrachtung des prozentualen Wachstums der Bevölkerung von 1959-1979, die Entwicklung im Vergleich zur Entwicklung in der RSFSR und der UdSSR insgesamt. Es wird deutlich, dass sich die Bevölkerungsentwicklung in Mittelasien signifikant von der im Gesamtraum Sowjetunion unterscheidet. Zwar sind auch hier die unterschiedlichen Phasen zu erkennen, aber die prozentualen Zuwächse sind in allen Phasen geringer und der absolute Bevölkerungsanstieg dementsprechend im Verhältnis wesentlich niedriger als in Mittelasien. Bei dem Vergleich der Prozentwerte ist allerdings die unterschiedliche Zeitperiode zu berücksichtigen, die vom vorliegenden Datenmaterial so vorgegeben war.

Tabelle 5.9: Bevölkerungsentwicklung in Mittelasien, RSFSR und UdSSR gesamt 1940-1989

	Bev. 1000				*Proz. Anstieg*		
	1940	*1959*	*1979*	*1989*	*40-59*	*59-79*	*79-89*
Kyrgyzstan	1528	2066	3523	4258	35.2	70.8	20.9
Tadžikistan	1525	1981	3806	5093	29.9	91.9	33.8
Uzbekistan	6551	8119	15389	19810	23.9	89.6	28.7
RSFSR	111098	117534	137410	147022	6.8	17.0	7.0
UdSSR	194077	208827	262085	285762	7.6	25.7	9.0

Quelle: verändert nach LUBIN 1991

Migration spielte bei dieser Bevölkerungsdynamik vor allem bis 1959 eine wichtige Rolle. Migration war dabei immer ein Mittel der politischen Machtausübung, da spätestens unter Stalin die Bewegungsfreiheit bzw. die Wahl des Wohnortes eingeschränkt wurde und ohne staatliche Erlaubnis keine Migration möglich war. Die erste Migrationswelle stellten Russen und Europäer, die den Aufbau der sowjetischen Strukturen, Schulen, Gesundheitswesen, Administration etc. fördern sollten. Im Zuge der Industrialisierung und der Umsiedlungen des Zweiten Weltkrieges kam eine weitere Welle von einerseits Arbeitern für die Industrie und andererseits Volksgruppen, wie Deutsche und Koreaner, die zwangsumgesiedelt wurden. So machte z.B. die Zuwanderung in die SSR Uzbekistan in der Phase von 1939-1959 42% des Bevölkerungswachstums, zwischen 1959-1970 nur noch 10% und schließlich zwischen 1971-1976 nur noch 4% aus (LUBIN 1991: 48). 1979 setzte dann eine verstärkte Emigration aus den Republiken ein. Auch hier waren davon hauptsächlich Russen und andere nicht einheimische Bevölkerungsgruppen betroffen. Die Mobilität der einheimischen Bevölkerung war sehr gering und spielte während keiner der genannten Phasen eine bedeutende Rolle, wobei diese geringe Mobilität im Kontext der politischen Bewegungseinschränkungen zu betrachten ist. Diese Entwicklung spiegelt sich auch in den Anteilen der verschiedenen Bevölkerungsgruppen und der Titularnationen wieder. Die Tabellen 5.10a bis 5.10c verdeutlichen diese Entwicklung für die Zeit von 1979 bis 1989. Zusätzlich lassen sich die Anteile der Bevölkerungsgruppen bzw. der neuen Nationen ablesen, die in den verschiedenen Republiken als Folge der Nationalen Abgrenzung zu finden sind. So macht die uzbekische Bevölkerung in den anderen mittelasiatischen Republiken jeweils die größte (Tadžikistan) oder zweitgrößte Minderheitengruppe aus (Kyrgyzstan und Turkmenistan), mit Anteilen zwischen 9 und 23.5% im Jahr 1989. Über 20% der Bevölkerung in Kyrgyzstan sind Russen, in Tadžikistan und Uzbekistan dagegen 1989 7-8%. Hinzu kommt eine (real wohl höhere als hier angegeben) bedeutende tadžikische Minderheit in Uzbekistan.

Tabelle 5.10a: Bevölkerungszusammensetzung nach Nationalität in Kyrgyzstan

Nationalität	*Bevölkerung in 1000*		*Prozentualer Anteil*	
	1979	*1989*	*1979*	*1989*
Gesamtbev.	3523	4258	100	100
Kyrgyzen	1687	2230	47.9	52.4
Russen	912	917	25.9	21.5
Uzbeken	426	550	12.1	12.9
Ukrainer	109	108	3.1	2.5
Deutsche	101	101	2.9	2.4
Tataren	72	70	2.0	1.6
Kasachen	27	37	0.8	0.9
Uyghuren	30	37	0.8	0.9
Tadžiken	23	34	0.7	0.8

Quelle: verändert nach LUBIN 1991

Tabelle 5.10.b: Bevölkerungszusammensetzung nach Nationalität in Tadžikistan

Nationalität	*Bevölkerung in 1000*		*Prozentualer Anteil*	
	1979	*1989*	*1979*	*1989*
Gesamtbev.	3806	5093	100	100
Tadžiken	2237	3172	58.8	62.3
Uzbeken	873	1198	22.9	23.5
Russen	395	388	10.4	7.6
Kyrgyzen	48	64	1.3	1.3
Tataren	78	72	2.0	1.4
Krim Tataren	1.4	7.2	0.04	0.1
Ukrainer	36	41	0.9	0.8
Deutsche	39	33	1.0	0.6
Turkmenen	14	20	0.4	0.4

Quelle: verändert nach LUBIN 1991

Tabelle 5.10c: Bevölkerungszusammensetzung nach Nationalität in Uzbekistan

Nationalität	*Bevölkerung in 1000*		*Prozentualer Anteil*	
	1979	*1989*	*1979*	*1989*
Gesamtbev.	15389	19810	100	100
Uzbeken	10569	14142	68.7	71.4
Russen	1666	1653	10.8	8.3
Tadžiken	595	934	3.9	4.7
Kasachen	620	808	4.0	4.1
Karakalpaken	298	412	1.9	2.1
Tataren	531	468	3.5	2.4
Krim Tataren	118	189	0.8	1.0
Kyrgyzen	142	175	0.9	0.9
Koreaner	163	183	1.1	0.9

Quelle: verändert nach LUBIN 1991

Es zeigt sich, dass für die Russen Migration der bedeutendste Faktor für die Bevölkerungsdynamik in Mittelasien war, bei den mittelasiatischen Völkern aber das natürliche Bevölkerungswachstum eine entscheidende Rolle spielte. Tabelle 5.11 spiegelt die Daten für die natürliche Bevölkerungsentwicklung der hier betrachteten mittelasiatischen Republiken im Vergleich zur UdSSR für die Zeit von 1940-1988 wider. Es zeigt sich, dass die Geburtenrate in den mittelasiatischen Republiken bei sinkender Sterblichkeit konstant bis steigend verläuft, im Gegensatz zum Gesamtanteil der UdSSR, wo Geburtenrate und Sterberate rückläufig waren.

Tabelle 5.11: Geburten- und Sterberate je 1000 Mittelasien/UdSSR 1940-1988

	1940		*1960*		*1980*		*1988*	
	Geb.	*Sterb.*	*Geb.*	*Sterb.*	*Geb.*	*Sterb.*	*Geb.*	*Sterb.*
Kyrgyzstan	33.0	16.3	36.9	6.1	29.6	8.4	31.2	7.4
Tadžikistan	30.6	14.1	33.5	5.1	37.0	8.0	40.0	7.0
Uzbekistan	33.8	13.2	39.8	6.0	33.8	7.4	35.1	6.8
UdSSR	31.2	18.0	24.9	7.1	18.3	10.3	18.8	10.1

Quelle: verändert nach LUBIN 1991

Die Kombination von hoher Geburtenrate und niedriger Sterberate hatte in der Folge zu einer Verjüngung der Bevölkerung geführt, dies gilt vor allem für den ländlichen Raum, dem Hauptsiedlungsgebiet der einheimischen Bevölkerung. Wie bereits in Kap. 5.2 erläutert siedelten sich Russen und Europäer hauptsächlich in den Städten und industriellen Ballungsgebieten an. Hier verringert die niedrigere Fertilitätsrate der Russen den Bevölkerungszuwachs. Die Verstädterungsraten in Mittelasien sind allerdings im Unionsdurchschnitt gering und liegen 1990 für Kyrgyzstan bei 38%, für Tadžikistan bei 32% und für Uzbekistan bei 40%, wobei in allen Republiken die Russen einen Großteil der Stadtbevölkerung stellen. In Uzbekistan stellen die Uzbeken 1989 z.B. nur 53.7% der Stadtbevölkerung, aber 83.5% der Landbevölkerung (NOWAK 1995: 14-16). Die Zuwachsraten in den traditionellen Siedlungsgebieten der einheimischen Bevölkerung, dem ländlichen Raum, liegen entsprechend höher (Tab. 5.12).

Tabelle 5.12: Natürliche Zuwachsraten im städtischen und ländlichen Raum 1979-1989/1000

	Städt. Raum 1979	*Ländl. Raum 1979*	*Städt. Raum 1989*	*Ländl. Raum 1989*
Kyrgyzstan	16.9	24.8	16.5	27.3
Tadžikistan	21.5	34.5	21.9	37.3
Uzbekistan	18.2	33.7	19.5	32.1

Quelle: verändert nach STADELBAUER 1996

Analysiert man die räumliche Verteilung der Bevölkerung sowie die naturräumlichen Bedingungen in Mittelasien (s. Kap. 4.1), wird die Problematik der hohen Zuwachsraten im ländlichen Raum deutlich. Die Bevölkerung Mittelasiens siedelt vor allem in den Flusstälern und entlang des Kanalsystems. Die den naturräumlichen Bedingungen der Bergregionen angepasste Wirtschafts- und Lebensweise der Nomaden wurde im Rahmen der Zwangsansiedlung zerstört. Die Hauptsiedlungsgebiete in Mittelasien sind die östlichen Gebiete der Flüsse Seravšan und Syrdar'ja, also die Gebiete Fergana-Tal, das Gebiet um Taškent und die Gebiete Buchara und Samarkand. Damit liegen die Hauptsiedlungsgebiete auf dem Territorium der SSR Uzbekistan, was auch die hohe absolute Bevölkerungszahl in dieser Republik erklärt. Denn trotz der absoluten Größe des uzbekischen Territoriums besteht 70% des Gebietes aus Wüste oder Halbwüste und ist nur dünn besiedelt. Die großflächigen, für eine

Besiedlung ungünstigen Regionen, sollten auch bei der Interpretation der durchschnittlichen Bevölkerungsdichte der Länder berücksichtigt werden, die für Uzbekistan bei 44.5 Ew./km², für Tadžikistan bei 35.7 Ew./km² und für Kyrgyzstan bei 21.6 Ew./km² liegen. Betrachtet man nun aber die Bevölkerungsdichte in Siedlungsschwerpunkten finden sich die höchsten Bevölkerungsdichten der gesamten Sowjetunion im Gebiet des Fergana-Tals. 1991 lagen die Werte für Andižan bei 427.4 Ew./km² und für die benachbarten Regionen Fergana 313.6 Ew./km² (1991) und Namangan 186.7 Ew./km² (1989). Im Gegensatz dazu findet man für die Berg-Badachšan Werte von 2.5 Ew./km² (ROWLAND 1992: 230-232, STADELBAUER 1996: 141-142).

Betrachtet man die demographische Entwicklung im ländlichen Raum, erwartet man anhand von ähnlichen Prozessen in den Entwicklungsländern des Südens mit ähnlichen Strukturen, eine hohe Mobilität der Landbevölkerung. LEWIS u. ROWLAND stellten 1979 die Theorie auf, dass bei steigendem Bevölkerungsdruck in den ländlichen Gebieten eine Abwanderung zuerst in städtische Gebiete und schließlich in ökonomisch besser entwickelte Regionen erfolgen würde (LEWIS u. ROWLAND 1979: 412-424). Diese Vermutung hat sich für Mittelasien nicht bestätigt. Land-Stadt-Wanderungen fanden kaum statt, eine Landflucht war nicht zu erkennen (HALBACH 1990). Der Anteil der Stadtbevölkerung wächst langsamer als jener der Landbevölkerung. Als Ursache für die geringe Mobilität der Landbevölkerung werden u.a. traditionelle Beweggründe angeführt, z.B. Familienbindung (ROWLAND 1992: 239). Auch hier sind die lokalen Netzwerke und Loyalitäten sowie Klan- und Tribalstrukturen von Bedeutung, die sich im ländlichen Gebiet oftmals erhalten und Wirkungen auf die Mobilität haben. Hinzu kommt, dass die Mobilität der Bevölkerung durch staatliche Vorgaben beschränkt war.
Die staatliche Kontrolle von Migrationsbewegungen führte nicht nur zu den bereits erwähnten Ansiedlungen von z.B. Deutschen und Koreanern in Mittelasien. Auch innerhalb der einzelnen Sowjetrepubliken gab es enorme Bevölkerungsverschiebungen durch Zwangsumsiedlungen, die zu räumlichen Bevölkerungsstrukturen führten, welche z.B. im Fall von Tadžikistan u.a. für den der Unabhängigkeit folgenden Bürgerkrieg verantwortlich gemacht werden[82]. Die Zwangsumsiedlungen in Tadžikistan waren dabei meist Ansiedlungen in den neuen Baumwollanbaugebieten im Süden des Landes, ohne dass dabei in den neuen Siedlungsgebieten notwendigerweise bereits

[82] Ausführlich zu Aspekten der Migration in Mittelasien vgl. KOMATSU, OBIYA, SCHOEBERLEIN 2000.

entsprechende Infrastruktur vorhanden war. Bis zum 2. Weltkrieg wurden in Tadžikistan ca. 30% der Bevölkerung, meist aus Bergregionen umgesiedelt (BUSHKOV 2000: 150). Die Zwangsumsiedlungen hielten aber bis in die 60er Jahre an und haben zur regionalen Fraktionierung geführt.

5.3.2 BILDUNG UND GESELLSCHAFT – ERRUNGENSCHAFT SOWJETISCHER POLITIK?

Die Sowjetisierung der Gesellschaft sollte innerhalb der neuen Nationalen Sowjetrepubliken gefestigt werden. Dazu war es u.a. notwendig, jeder der neuen Nationen eine eigene Sprache zuzuordnen (s. Kap. 5.1.2). Da nur ein geringer Anteil der einheimischen Bevölkerung russisch sprach, musste die Regierung zunächst Bildung, Administration und Arbeitsumgebung in den Nationalsprachen zur Verfügung stellen (welche teilweise auch erst einmal unterrichtet werden mussten, damit die einheimische Titularbevölkerung auch ihrer Titularsprache mächtig war). Des weiteren sollte aber die russische Sprache als Lingua Franca fungieren und die Russifizierung wurde vor allem von Stalin forciert. Sprachpolitik bildete auch einen wichtigen Aspekt der Kulturpolitik der Sowjetregierung in Mittelasien. Sie hatte das Ziel, die mittelasiatischen Gesellschaften zu modernisieren und in eine ‚moderne sozialistische Industriegesellschaft' umzuwandeln (HALBACH 1990: 136). Wichtige Bedingung war die Verbesserung der sozialen Infrastruktur. Eine Maßnahme, welche die Sowjetregierung zur Erreichung dieser Ziele umsetzen musste, war eine Bildungsoffensive (FIERMAN 1991: 27-31).

Nach sowjetischen Angaben lag der Alphabetisierungsgrad in Mittelasien zur Zeit der Oktoberrevolution zwischen 2 und 3%. Eine großangelegte Alphabetisierungskampagne und die Umstellung vom arabischen auf das lateinische Alphabet fielen in die Zeit des ersten Fünfjahrplans. Nach sowjetischen Angaben lag der Alphabetisierungsgrad Ende der 30er Jahre zwischen 80% und 90%. FIERMAN geht davon aus, dass diese Zahlen überhöht sind, eine Grundbildung jedoch großflächig erreicht wurde. Er gibt aber auch zu bedenken, dass ein Teil dieses Erfolges durch die Umstellung auf das kyrillische Alphabet, die in den 30er Jahren zu einem neuen ‚Analphabetismus' führte, nichtig gemacht wurde (FIERMAN 1991: 31). 1985 war eine universelle Alphabetisierung in Mittelasien erreicht. Zwei Drittel der Bevölkerung über 10 Jahre hatten eine höhere Ausbildung (KAISER 1992). Man kann diese Ergebnisse der sowjetischen Politik sicher als erfolgreich bezeichnen. Die Bildungspolitik war mit der Einrichtung von Schulen auch in ländlichen Gebieten und der

Schulpflicht erfolgreich. In den Städten wurden Universitäten gegründet und jede Republik hatte ihre eigene Akademie der Wissenschaft. Für 1985/86 lag die Anzahl der Fachschulen in Kyrgyzstan bei 45, die der Hochschulen bei 10, die Zahlen für Tadžikistan sind respektive 39 und 10 und für Uzbekistan 249 und 42 (STATISTISCHES BUNDESAMT 1994: 29) Auch der gleichberechtigte Zugang zu Bildungseinrichtungen war gewährleistet, wenn auch Einschränkungen auf Grund des Vorherrschens der russischen Sprache in höheren Bildungseinrichtungen und Universitäten bestanden. Die meisten Schulen unterrichteten in der Titularsprache. Russisch war überall die erste Fremdsprache. In den Städten, den bevorzugten Siedlungsgebieten der Russen, existierten russischsprachige Schulen. Ein kleiner Teil der einheimischen Eltern unterstützte den Besuch solcher Schulen, wodurch sie sich eine qualitativ bessere Ausbildung ihrer Kinder erhofften, zumal der größte Teil der weiterführenden Ausbildungsinstitute nur mit Kenntnissen der russischen Sprache zugänglich war (FIERMAN 1991: 30). Trotz des Versuchs einer durchgehenden Russifizierung als Maßnahme der Akulturation hat sich die Russische Sprache nicht durchgesetzt. Tabelle 5.13 gibt den Anteil der Bevölkerung mit russischen Sprachkenntnissen wieder. Hierbei muss allerdings angemerkt werden, dass dies Selbstangaben waren, welche nicht durch Sprachtests überprüft wurden. Nach ROY gilt es hier zu beachten: „*During the 1970s, it was considered good form to speak Russian; during the 1980s, there was resentment against 'Big Brother'*" (ROY 2000: 81). Die Kyrgyzen zeigen dabei eine weiterhin ansteigende Sprachbeherrschung, im Gegensatz zu den Tadžiken und Uzbeken. Dies liegt unter anderem am wesentlich höheren Bevölkerungsanteil der Russen in Kyrgyzstan. Auch spielt hier die räumliche Verteilung wieder eine Rolle, da die Russen in der Mehrzahl im Norden Kyrgyzstans leben. Hier ist die russische Sprachbeherrschung bis heute bei den Kyrgyzen besser als im Süden (EIGENE BEOBACHTUNGEN).

Tabelle 5.13: Russische Sprachkenntnisse der einheimischen Bevölkerung 1970-1989 in %

	1970	*1979*	*1989*
Kyrgyzen	19.1	29.4	35.2
Tadžiken	15.4	29.6	27.7
Uzbeken	14.5	49.3	23.8

Quelle: verändert nach PORKHOMOVSKY 1994, RYWKIN 1990

Die Anzahl der Russen, welche angeben die jeweiligen Titularsprachen zu beherrschen, ist wesentlich geringer. So gaben 1989 in Kyrgyzstan 1.2% Russen, in Tadžikistan 3.4% und in Uzbekistan 4.3% der Russen an, die jeweilige Sprache der Titularnation zu sprechen (PORKHOMOVSKY 1994: 22). Ein weitverbreiteter Bilingualismus bei der einheimischen städtischen Bevölkerung war eine Folge dieser Entwicklung.

Die Sowjetisierung der Gesellschaft hatte (wie bereits für einige Aspekte aufgezeigt wurde) im ländlichen Raum geringern Einfluss als in den städtischen, russisch-dominierten Gebieten. Viele der kulturellen Traditionen wurden beibehalten, auch wenn religiöse Praktiken etwas ‚verwässerten'. Für die einheimische Nomenklatura bedeutete dies allerdings auch in zwei unterschiedlichen Wertesystemen zu leben, dem traditionellen und dem sowjetischen. Diese Wertesysteme existierten nebeneinander, eine Integration fand nur in wenigen Bereichen statt. Deutlich wird diese Dualität der Wertesysteme bei der Betrachtung der Veränderung der Frauenrolle im Zuge der Sowjetisierung.

EXKURS: VERÄNDERUNG DER FRAUENROLLE: SELBSTVERBRENNUNGEN

Ein Ziel der Sowjetisierung in Mittelasien war die Förderung der Gleichberechtigung der Frauen[83]. Nachdem die Schariah-Gerichtsbarkeit verboten wurde, kam es 1927 zur öffentlichen Schleierverbrennung, von der sowjetischen Regierung initiiert. Auch bezüglich der Einbindung in Bildung und Arbeit versuchte die Sowjetregierung eine Gleichberechtigung zwischen Frauen und Männern zu erreichen. ROY spricht sogar davon, dass die Frauen „*played a role of 'substitute proletariat', in the absence of a proper proletariat*" (ROY 2000: 79). Die Erfolge waren mäßig. Zwar verfügten die Frauen zumindest in den städtischen Regionen über Bildungschancen, aber Karriere machten nur die wenigsten einheimischen Frauen. In den ländlichen Gebieten war es weiterhin üblich die Frauen oft schon vor ihrem 16. Lebensjahr zu verheiraten und sie waren auf die Rolle als Mutter und Hausfrau sowie als Saisonarbeiterin in der Landwirtschaft festgelegt.

[83] Ausführlich zur Geschichte der Frauen in Mittelasien vgl. TOGAN 1999.

Die durchschnittlichen Familiengrößen lagen trotz hoher Kindersterblichkeit[84] (1987 von 1000 in Kyrgyzstan 38, in Uzbekistan 46 und in Tadžikistan 49) bei durchschnittlich 5.7 bis 6.6 (LUBIN 1991: 47, OLCOTT 1992: 238). Seit 1987 fand im Rahmen der neuen Offenheit die Selbstverbrennung von Frauen in Mittelasien internationale Beachtung. Zwischen 1987 und 1988 wurden in Uzbekistan über 400 Selbstverbrennungen registriert (HALBACH 1990). Das Phänomen der Selbstverbrennung tauchte schon zwischen 1927 und 1928 in Uzbekistan auf (230 Selbsttötungen von Frauen). Als Ursache gibt GODEL Schikanen feindseliger Ehemänner und Anhänger der islamischen Widerstandsbewegung aufgrund von Emanzipationsbestrebungen seitens der Frauen an. Auch in der Zeit zwischen 1928 und 1987 ist es zu Selbstverbrennungen gekommen, ohne allerdings öffentlich bekannt zu werden. Trotz sowjetischer Einflussnahme hatte sich das Leben der Frauen in ländlichen Regionen nicht sehr verändert. Zu ihren traditionellen Aufgaben war allerdings die Arbeit in den Kollektivbetrieben hinzugekommen. Die in der Baumwollernte eingesetzten Frauen hatten stark unter den kurz vor der Ernte versprühten Entlaubungsmitteln zu leiden. Gesundheitsschädigungen und hohe Mutter- und Kindersterblichkeit waren die Folge. Die Ernährungs- und Versorgungslage in den ländlichen Gebieten war nicht ausreichend und die Geburtenrate blieb hoch. Hinzu kamen die Gegensätze zwischen modern-sozialistischen Wertvorstellungen, die in den Schulen vermittelt wurden, und traditionell-islamischen, welche in den Familien vorherrschten. Ehen wurden häufig aus finanziellen Erwägungen geschlossen und zum Teil kannten sich die Ehepartner vor der Hochzeit nicht. Die Frau lebte nach der Hochzeit im Haushalt des Mannes, dem jedoch ihre Schwiegermutter vorstand. Die geringe Wertschätzung in Familie und Gesellschaft, sowie die schwierige Wirtschaftssituation als Folge der Entwicklungen des Landes als Teil der Sowjetunion, werden als Ursache der Selbstverbrennungen angegeben. Die Begründung für die Art und Weise des Freitods liegt nicht in der Religion, denn auch der Islam verbietet Selbsttötung. Welche Ursache der Art und Weise zugrunde liegt, lässt sich nach heutigem Stand nicht genau sagen. Der Wunsch, einmal im Mittelpunkt zu stehen, wird von GODEL als ein möglicher Grund genannt (GODEL 1989).

[84] Die höchste Kindersterblichkeit in Mittelasien verzeichnet nach OLCOTT Karakalpakstan mit 1988 111 von 1000 Lebendgeburten. (OLCOTT 1992: 238).

5.3.3 SOZIOSTRUKTURELLER WANDEL – MITTELASIEN UND FERGANA-TAL

Der Einfluss der Sowjetisierung auf den soziostrukturellen Wandel Mittelasiens ist differenziert zu betrachten. Die Bildungspolitik hat zu einer weitgehenden Alphabetisierung der Bevölkerung geführt, der Zugang zu Bildungseinrichtungen war für Russen wie für Einheimische und auch für Frauen gleichberechtigt vorgesehen. Wie gezeigt, gab es aber z.B. sprachliche Einschränkungen.

Die Sowjetisierung hat regional unterschiedliche Erfolge verzeichnet. Die städtischen Siedlungen waren russisch dominiert und hier setzten sich auch bei einheimischen Bevölkerungsgruppen Tendenzen zur Sowjetisierung und Russifizierung durch. Im ländlichen Raum, in dem die Mehrheit der einheimischen Bevölkerung lebt, haben sich die Traditionen weitgehend erhalten, so dass z.B. die forcierte Eingliederung der Frau in den Arbeitsprozess für diese eine Zusatzbelastung wurde, da sie ihre traditionellen Aufgaben weiterhin zu übernehmen hatte. Die Bevölkerungsdynamik der mittelasiatischen Sowjetrepubliken ist sehr hoch und unterscheidet sich mit kontinuierlich hoher Geburtenrate signifikant von der im Gesamtdurchschnitt der UdSSR. Durch Dominanz der einheimischen Bevölkerung im ländlichen Raum ist hier ein höhere Zuwachs zu verzeichnen als in den städtischen Regionen, was sich auch in der relativ geringen Verstädterungsrate niederschlägt. Konsequenz der polarisierten Bevölkerungsverteilung auf landwirtschaftliche Gunsträume und der steigenden Zuwachsraten sowie der damit verbundenen Verjüngung der Gesellschaft ist unter anderem die steigende Arbeitslosigkeit. So steigt zwar die Anzahl der Kolchozangehörigen, nicht aber die zu bewirtschaftende Fläche. Die Auswirkungen auf die Arbeitsproduktivität wurden bereits in Kap. 5.2 erläutert. Auch der Druck auf die vorhandenen Ressourcen wie Land und Wasser nimmt damit zu. Das Fergana-Tal ist das am dichtesten besiedelte Gebiet nicht nur Mittelasiens sondern in der gesamten Sowjetunion. Zum Einen dominiert der Baumwollanbau, zum Anderen haben Rohstoffvorkommen auch eine Industrieansiedlung im Fergana-Tal ermöglicht, so dass hier der Dualismus von „modern"-sowjetischem und traditionellem Wertesystem besonders auffällig ist. Neben dem bereits erläuterten steigenden Druck auf die natürlichen Ressourcen spiegelt sich hier auch die heterogene Bevölkerungsverteilung als Folge der Nationalen Abgrenzung wieder. Alle diese Aspekte gelten als Mitursache für die Ausschreitungen im Fergana-Tal 1989 und 1990 (s. Kap. 5.1.3).

5.4 Raumstruktur als Folge von Kolonisation und Sowjetisierung

„The real history of the writing of these borders is still to be written" (ROY 2000: 69).

Es wurde deutlich, dass sich die Raumstruktur Mittelasiens als Folge politischen Handelns zur Zeit der russischen Kolonisierung und Sowjetisierung entscheidend geändert hat. Diese Entwicklung wurde analysiert und die Ergebnisse sollen an dieser Stelle nicht wiederholt, sondern in einigen Punkten zusammengefasst werden, um die Ausgangsbedingungen der Transformation deutlich zu machen. Eine Analyse der Disparitäten innerhalb und zwischen den im Rahmen der Transformation neu entstandenen Nationalstaaten erfolgt in Kapitel 6, da diese erst mit der Veränderung der Gebietsgrenzen der SSR´s zu Nationalgrenzen entscheidende Bedeutung für den Transformationsprozess erhalten. Die Tatsache, dass diese Grenzen im Zuge der Nationalen Abgrenzung entstanden, verdeutlicht erneut die einschneidende Bedeutung dieser politisch-territorialen Abgrenzung.

Der Begriff Nationale Abgrenzung bezeichnet dabei die Entstehung entscheidender neuer Elemente in der Raumstruktur Mittelasiens. Zum ersten Mal gibt es Nationen mit zugehörigen Ethnien, Sprachen, Territorien und Geschichten, und zum ersten Mal gibt es – wenn auch vorerst nur administrative – Abgrenzungen, die sich an diesen Nationen orientieren. Die ursprüngliche Raumstruktur war durch eine wechselnde politische Einflussnahme und die Fähigkeit der Bevölkerung sowie der Herrscherdynastien Mittelasiens zur Integration dieser unterschiedlichen Einflüsse gekennzeichnet. Damit entstand eine multiethnische, multikulturelle und multisprachliche Gesellschaft mit Herrschaftsformen, die sich auf Grund von Dynastien, tribalen und lokalen Beziehungen gebildet haben. Diese Struktur wurde durch die mit der Nationalen Abgrenzung verbundene Nationenpolitik nachhaltig zerstört.

Zwar waren die mittelasiatischen Sowjetrepubliken in eine große Union der Sowjetrepubliken integriert, aber dies war eine reine politische Integration. Eine kulturelle Integration war damit nicht verbunden. Die Russen und auch später die Vertreter der Sowjetregierung, wurden von der einheimischen Bevölkerung als Eindringlinge angesehen. Die Gesellschaft wurde polarisiert – zum Einen in eine russische und eine einheimische Titularbevölkerung, zum Anderen in eine einheimische Gesellschaft die in zwei Wertesystemen lebte. Diese Polarisierung trug in der Folge als Abwehr gegen die Zentralregierung in der SSR Kyrgyzstan und der SSR Uzbekistan zu einer nationalen Identitätsbildung bei. Die heterogene Bevölkerungsstruktur und vor allem die vielen Zwangsan- und Umsiedlungen begründeten dagegen in Tadžikistan eher regionale Fraktionierungen als nationale Identität.

Die Wirtschaftsraumstruktur wurde vor allem durch die Ausrichtung auf Rohstoffproduktion entscheidend geprägt und kann als koloniale Abhängigkeitsstruktur bezeichnet werden. Alle Republiken in Mittelasien waren auf die Einfuhr von Nahrungsmitteln und Verbrauchsgütern sowie auf Subventionen der Zentralregierung angewiesen. Die Kollektivierung in der Landwirtschaft veränderte auch die Art der Bewirtschaftung und damit die traditionelle, an die naturräumlichen Bedingungen angepasste Austauschbeziehung zwischen Nomadismus und Oasenkultur, die den Raum bis dahin geprägt hatte. Der Schwerpunkt der wirtschaftlichen Entwicklung in der Baumwollproduktion zog zudem schwerwiegende ökologische Folgen nach sich.

Die Polarisation der Bevölkerung zeichnet sich durch die Dominanz der Russen in den städtischen und industriellen Regionen aus. Die einheimische Bevölkerung dominiert dagegen die ländlichen Gebiete. Durch die hohen Bevölkerungszuwächse der einheimischen Bevölkerung und die geringe Mobilität (welche allerdings auch durch staatliche Auflagen beschränkt ist), ist die Verstädterung gering geblieben. Das Verhältnis von Titularnation zu Russen wandelte sich durch die Zuwächse der einheimischen Bevölkerung zu deren Gunsten, auch verbunden mit der steigenden Emigration russischer und europäischer Bevölkerung. Zudem trägt die naturräumliche Struktur Mittelasiens mit ausgeprägten Wüsten und Gebirgen zu einer naturräumlichen Polarisierung der Bevölkerung Mittelasiens bei. Diese resultiert vor allem im landwirtschaftlichen Gunstraum und wirtschaftlichen Zentrum Mittelasiens, dem Fergana-Tal in hohen Bevölkerungsdichten und hohem potentiellen Konfliktpotential, bedingt auch durch die knapper werdenden Ressourcen.

Wie sieht nun die Ausgangsstruktur Mittelasiens vor der Unabhängigkeit aus? Mittelasien ist in territoriale Gebietseinheiten aufgeteilt, welche sprachlich-ethnisch abgegrenzt wurden. Diese Aufteilung ist von außen induziert worden und kann zwar begründet, die Form, Art und Weise der Aufteilung aber nicht erklärt werden. Als Folge wurden traditionelle Siedlungsgebiete verschiedener Bevölkerungsgruppen wiederum territorial anderen Nationalstaaten eingegliedert. Zum Teil resultierte diese Entwicklung in der Bildung eines neuen

Nationalbewusstseins innerhalb der neuen Nationen, in einer Form neuer „nationaler“ Identität. Trotz weitreichender Strukturveränderungen im politischen, administrativen und ökonomischen Bereich, hatte die weitgehend auf traditionelle Werte basierende einheimische Gesellschaftsordnung Bestand, vor allem in den ländlichen Gebieten. Auch lokale, tribale und andere soziale Netzwerke haben sich in weiten Teilen erhalten und sind weiterhin von großer Bedeutung. Diese Gesellschaftsordnung steht im Gegensatz zu der russisch-europäischen Bevölkerung.

Mit den jeweiligen Unabhängigkeitserklärungen werden die zuvor administrativen Grenzen der Sowjetrepubliken zu Staatsgrenzen, in der Form, wie sie während der Nationalen Abgrenzung festgelegt wurden.

Teil C Raumstruktur und Transformation in Mittelasien

Der Zerfall der Sowjetunion 1991 leitete die Unabhängigkeit und damit die Transformationsphase für die mittelasiatischen Staaten ein. Die Nachhaltigkeit der raumstrukturellen Veränderungen der Sowjetzeit und die, zumindest in einigen Staaten begonnene, nationale Identitätsbildung in den künstlich von Stalin geschaffenen Nationen, begründen die Übernahme der ehemals administrativen Grenzen der Sowjetrepubliken als Staatsgrenzen. Die rasche Anerkennung der neuen Staaten, die Aufnahme in Organisationen wie die VN und die Etablierung diplomatischer Beziehungen mit dem zugehörigen Austausch von diplomatischem Personal besiegelte die Akzeptanz der neuen Nationalstaaten in den erst seit den 1930er Jahren bestehenden Grenzen. Die Insignien einer solchen nationalen Eigenständigkeit waren schon in den Sowjetrepubliken angelegt und wurden nun für eine Eigenstaatlichkeit, z.B. die Nationalflagge betreffend, angepasst. Die Etablierung des nationalen Bewusstseins innerhalb eines Nationalstaates ist aber nur eine der Aufgaben, die der Transformationsprozess erfordert, zudem sich alle hier betrachteten Staaten mit der Unabhängigkeit bekannten. Die kolonialen Wirtschaftsstrukturen müssen zugunsten einer nationalökonomischen Eigenständigkeit verändert und zugleich den Anforderungen einer Marktwirtschaft angepasst werden. Politisch sollten demokratische Strukturen den Transformationsprozess unterstützen und in der Folge einen Bewusstseinswandel der handelnden Akteure sowie deren Akzeptanz erreichen. Damit stehen die mittelasiatischen Staaten vor einem mannigfaltigen ‚Dilemma der Gleichzeitigkeit' (s. Kap. 2). Die Ausführungen in Kapitel 5 haben deutlich gemacht, dass die bereits in Kapitel 2 diskutierte Besonderheit der Transformationsregion Mittelasien als Kolonialgebiet das ‚Dilemma der Gleichzeitigkeit' enorm verschärft.

Die Analyse der raumstrukturellen Wirkungen von Transformation erfolgt, der theoretischen und methodischen Konzeption folgend, in Kapitel 6 für Mittelasien auf Makro- und Mesoebene (Mittelasien und Nationalstaaten). Kapitel 6 bildet damit auch den Rahmen für die Fallstudie Fergana-Tal (Mikroebene) in Kapitel 7 im Kontext von Transformation.
Damit ist es möglich, die Entwicklungen auf unterschiedlichen Analyseebenen, auf Grundlage des dieser Arbeit zu Grunde liegenden Raumkonzeptes, zur Beantwortung der Forschungsfrage integriert zu analysieren.

6 TRANSFORMATION IN MITTELASIEN

Die Betrachtung der politischen und makroökonomischen Transformation in ihrer qualitativen Dimension (Kap. 6.1) zeigt die Rahmenbedingung für die Wirkung auf Wirtschaftsraum (Kap. 6.2) und sozialen Wandel (Kap. 6.3) auf. Die enorme raumstrukturelle Bedeutung der Nationalen Abgrenzung wurde bereits in Kapitel 5 erläutert und wird in Kapitel 6.4 im Kontext der Übernahme der Nationalgrenzen und der Auswirkungen auf Identitäten und Raumwahrnehmung betrachtet und damit die spezifische Betrachtung des Fergana-Tals einleiten.

6.1 Die unabhängigen Staaten Kyrgyzstan, Tadžikistan und Uzbekistan

Die sowjetische Politik hat in Mittelasien bis 1991 dafür Sorge getragen, dass die einzelnen Staaten im Rahmen der unionsweiten Arbeitsteilung zwar bestimmte Aufgaben zu erfüllen hatten, aber auch durch Unterstützung der Sowjetregierung den notwendigen Ausgleich für das wirtschaftliche Überleben ihrer Republiken erhielten. Die mittelasiatischen Staaten waren hier reine Nettoempfängerländer, deren Volkswirtschaften vollständig von den Subventionen der Sowjetregierung abhingen. Die Einkommensentwicklung war trotz dieser Transferzahlungen weit niedriger, als in den anderen Sowjetrepubliken und Mittelasien war das ‚Armenhaus' der ehemaligen Sowjetunion. 1991 lag das geschätzte BIP (in Rubel) für die reichste Sowjetrepublik (Estland) bei 8461. Die hier betrachteten Staaten Kyrgyzstan (3113), Uzbekistan (2714) und Tadžikistan (2494) bildeten die Schlusslichter. Die koloniale Wirtschaftsstruktur, manifestiert durch Rohstoffproduktion, bedeutete ein weiteres Hindernis für die wirtschaftliche Eigenständigkeit nach der Unabhängigkeit. Diese Abhängigkeit von Rohstoffexporten führte in der Folge auch zur Einordnung der mittelasiatischen Staaten als Entwicklungsländer, obwohl hier auch zahlreiche Unterschiede zu konstatieren sind (z.B. im Bereich Bildung). Diese Einordnung trifft in den betroffenen Ländern nicht unbedingt auf wohlwollende Akzeptanz. Da sie aber eine finanzielle Unterstützung der westlichen Staaten ermöglicht, wird die Klassifikation akzeptiert (DEUTSCHLAND 1993: 1-7, I.I).
Ein Aspekt der Nationalen Abgrenzung lag darin sicherzustellen, dass keine der neuen nationalen Einheiten eigenständig überleben konnte. Der Übernahme dieser Abgrenzung als Nationalgrenzen folgte somit die Entwicklung signifikanter regionaler Disparitäten im beschriebenen Raum.

6.1.1 CHARAKTERISTIKA DER NEUEN NATIONALSTAATEN

Bisher stand die gesamträumliche Entwicklung Mittelasiens im Mittelpunkt der Betrachtung. Die Etablierung der Nationalstaaten erfordert eine differenzierte Betrachtungsweise der nun eigenständigen territorialen Einheiten. Die Staaten Mittelasiens bilden die südliche Peripherie der Gemeinschaft unabhängiger Staaten[84] (s. Karte 6.1).

Karte 6.1: Mittelasien – Lage im Raum

Eine kurze Charakterisierung der einzelnen Nationalstaaten verdeutlicht die disparate Struktur Mittelasiens in ihrer territorialen Abgrenzung als erste Folge der Transformation – die Etablierung der Nationalstaatlichkeit.

[84] Da die GUS keinen realen Einfluss auf die mittelasiatischen Staaten, deren Entwicklung und Transformation hat, wird auf dieses Bündnis im Rahmen dieser Arbeit nicht weiter eingegangen.

1. Kyrgyzstan

Mit 199.900 km² Staatsterritorium ist Kyrgyzstan das zweit kleinste Land Mittelasiens. Geprägt wird das Land durch Gebirge und Hochgebirge (Tian-Shan und Pamir-Alai). Ca. 90% der Landesfläche liegen über 1500 ü. NN, die höchste Erhebung ist der Pik Pobedy mit 7439 m ü. NN. Das Land wird durch die Gebirgskette des Tian-Shan (Chaktal und Fergana Gebirge) in einen nördlichen und südlichen Teil getrennt. Die Bevölkerungszahl lag 1991 bei 4.4 Mio. und machte 1,5% der sowjetischen Bevölkerung aus. Die Bevölkerungsstruktur ist multiethnisch, mit einem Anteil der Kyrgyzen von nur knapp über 50% (s. Kap. 5.3.1)[85]. Über 50% der Bevölkerung leben im Süden Kyrgyzstans, im kyrgyzischen Gebiet des Fergana-Tals. 1990 waren 32,8% der Bevölkerung in der Landwirtschaft beschäftigt, 27,8% im produzierenden Gewerbe sowie 39,4% im Bereich Dienstleistung bzw. sonstiger nicht näher bezeichneter Bereiche. Kyrgyzstan grenzt im Osten und Süden an China und Tadžikistan, im Westen an Uzbekistan und im Norden an Kasachstan. Die Hauptstadt Kyrgyzstans, Biškek (eh. Frunse), liegt im Norden des Landes. Administrativ gliedert sich Kyrgyzstan in 8 Oblaste (s. Karte 6.2), wobei der Raum Biškek eine eigene Einheit bildet. Der Oblast Batken ist am 12.10.1999 eingerichtet worden[86] (GÖTZ, HALBACH 1996: 205-208, NATIONALES STATISTISCHEN KOMITEE KYRGYZSTAN 2000: 4, STATISTISCHES BUNDESAMT 1994, UNDP KYRGYZSTAN 2001).

2. Tadžikistan

Als kleinstes Land Mittelasiens verfügt Tadžikistan über ein Staatsterritorium von 143.100 km². Auch Tadžikistan ist durch Hochgebirge geprägt, die ca. 90% der Fläche bestimmen (Hissar-Alai, Pamir und Tian-Shan). Nur 5,7% der Fläche sind landwirtschaftlich nutzbar. In Tadžikistan liegen die höchsten Erhebungen der ehemaligen Sowjetunion mit dem Pik Kommunismus (7495 m ü. NN) und weiteren Erhebungen über 7000 m (Pik Lenin, Pik Cordgenevskoy). Die Gebirge strukturieren das Land und bilden mit 2 Pässen und dem Fluss Seravšan

---

85 Ziel dieser Kurzcharakteristik ist es lediglich einige Kennziffern der Nationalstaaten zur Einordnung zu nennen. Bevölkerungsstruktur und Wirtschaftsentwicklung wurden ausführlich in Kapitel 5 analysiert.

86 Über die Begründung der Einrichtung dieses neuen Oblastes wird spekuliert. Zum Einen wird der Batken Konflikt (s.u.) angeführt, zum Anderen der Ausgleich politischer Macht für den Süden, da es nun 3 südliche Oblaste gibt. Dieses Argument wird aber von anderer Seite wieder angezweifelt, mit der Begründung, dort lebten hauptsächlich Kyrgyzen und damit würde ein weiteres Gegengewicht zur uzbekischen Minderheit in Oš und Džalal-Abad geschaffen (i.I., EIKw, EKc).

eine naturräumliche Grenze zwischen dem zum Fergana-Tal gehörigen Norden (Leninabad) und dem Rest des Landes. 1991 lebten in Tadžikistan 5.3 Mio. Menschen, 1,8% der ehemaligen Sowjetbevölkerung. Die Uzbeken stellen mit über 20% die größte Minderheit in Tadžikistan. Ca. 30% der Bevölkerung lebt im Norden (Leninabad). 1990 waren 42,9% der Bevölkerung in der Landwirtschaft beschäftigt, 21,7% im produzierenden Gewerbe und 35,4% im Bereich Dienstleistung und sonstiger nicht näher bezeichneter Bereiche. Tadžikistan grenzt im Norden und Westen an Uzbekistan, im Norden an Kyrgyzstan, im Westen an China und im Süden an Afghanistan. Die Hauptstadt Dušanbe liegt im Westen des Landes, südlich des Oblastes Leninabad. Administrativ gliedert sich Tadžikistan in die Autonome Republik Berg Badachšan, das Territorium um Dušanbe (inkl. der Region Garm)[87] sowie die Oblaste Leninabad im Norden und Kathlon im Süden (s. Karte 6.2). Der Oblast Kathlon wurde erst nach der Unabhängigkeit eingerichtet und umfasst die Gebiete Kuljab und Kurgan-Tjube im Südwesten des Landes (GÖTZ, HALBACH 1996: 299, STATE STATISTICAL AGENCY TAJIKISTAN 1996: 6-7, STATISTISCHES BUNDESAMT 1994).

3. Uzbekistan

Der bevölkerungsreichste Staat in Mittelasien ist Uzbekistan. Auf dem Staatsterritorium von 447.400 km² lebte 1991 eine Bevölkerung von 20,7 Mio., das entsprach 7,1% der Sowjetbevölkerung. Der flächenmäßig größte Teil Uzbekistans liegt im Turan-Tiefland, dem Zwischenstromland von Amudar'ja und Syrdar'ja. Der Tieflandanteil macht ca. 80% des uzbekischen Staatsgebietes aus, die Wüsten (u.a. Kysyl Kum) ca. 70%. Des weiteren prägen Steppengebiete das Tiefland, wobei Karsisteppe und Hungersteppe den größten Anteil haben. Östlich der Hungersteppe setzt sich das Republikterritorium durch einen schmalen Korridor ins Fergana-Tal fort, abgegrenzt im Norden durch Ausläufer des Tian-Shan, im Süden durch das Hissar-Alai System. Der Gebirgsanteil macht ca. 20% der Landesfläche aus und im Tian-Shan werden Höhen von über 4000 m ü. NN erreicht.

Uzbekistan hat den größten Anteil am Fergana-Tal, in dem mehr als ein Viertel der uzbekischen Bevölkerung lebt. Hier treten auch die höchsten Bevölkerungsdichten Mittelasiens auf. 1991 waren 41,5% der Beschäftigten in der Landwirtschaft tätig, 22,6% im Bereich produzierendes Gewerbe und 35,9% im Bereich Dienstleistung und sonstiger nicht näher bezeichneter Bereiche.

[87] In internationalen Publikationen findet sich für dieses Gebiet die Bezeichnung RRS, Regions of Republican Sub Ordination (UNDP 1998B: 10).

Uzbekistan grenzt im Süden an Afghanistan und Tadžikistan, im Westen an Turkmenistan, im Norden an Kasachstan und im Osten an Kyrgyzstan. Uzbekistan ist in einem doppelten Sinne ‚land-locked country', da der nächste Meereszugang in allen Fällen die Durchquerung weiterer 2 Nationalstaaten (von denen wieder einer ‚land-locked' ist) erfordert. Die Hauptstadt Taškent liegt im Nordosten des Landes. Administrativ gliedert sich Uzbekistan in die Autonome Republik Karakalpakstan sowie 12 weitere Oblaste, von denen 3 (Andižan, Fergana, Namangan) im Fergana-Tal liegen (s. Karte 6.2) (GÖTZ, HALBACH 1996: 404-408, KARGER 1995: 133, STATE DEPARTMENT OF STATISTICS UZBEKISTAN 1999, STADELBAUER 1995: 349, STATISTISCHES BUNDESAMT 1994). Uzbekistan ist der größte und bevölkerungsreichste der hier betrachteten Nationalstaaten. Uzbekistan ist durch Tiefländer und damit auch landwirtschaftliche Nutzflächen geprägt (auch wenn diese insgesamt nur einen geringen Teil der durch Wüsten geprägten Staatsfläche ausmachen). Im Gegensatz dazu stehen die Hochgebirgsländer Kyrgyzstan und Tadžikistan, mit nur geringem Anteil an den landwirtschaftlichen Gunstgebieten Mittelasiens. Diese disparate Verteilung spiegelt sich auch im Fergana-Tal wieder, an dem wiederum Uzbekistan den flächenmäßig größten Anteil hat. Dieser macht für Uzbekistan jedoch nur einen sehr geringen Teil des Staatsterritoriums aus. Für Kyrgyzstan und Tadžikistan bilden ihr Anteil am Fergana-Tal, sowohl territorial wie auch bevölkerungsstrukturell, ein bedeutendes Gebiet.

6.1.2 POLITISCHE ENTWICKLUNG UND RAUMWIRKUNG

> *„Heute jedoch ist Ernüchterung eingekehrt. Selbst bei Zugrundelegung einer Minimaldefinition von Demokratie ist der liberalste zentralasiatische Staat – Kirgistan – von einer Demokratie im westlichen Sinne weit entfernt."*
> (ESCHMENT 2000: 23)

Die politische Entwicklung in den einzelnen Staaten nach der Unabhängigkeit ist differenziert und sehr komplex. Wie die Analyse in Kapitel 5 ergab, haben sich vor allem in Uzbekistan und in gewissem Maße auch in Kyrgyzstan nationale Identitäten entwickelt. Auch fand in diesen Republiken ein gewisser Ausgleich der regionalen Machtverteilung statt. Ganz anders stellte sich die Situation in Tadžikistan dar. Mit der Unabhängigkeit wurde die starke regionale Fraktionierung deutlich, die in der Folge zu einem Bürgerkrieg führte und damit zu einer nachhaltigen Veränderung der regionalen Machtstrukturen. Hier spielen vor allem regionale Disparitäten in ihrer politischen Dimension eine entscheidende Rolle. Tadžikistan bildet damit den Fokus der Analyse der politischen Entwicklung Mittelasiens.

Die regionalen Gruppierungen in Tadžikistan berufen sich auf eine geographische Zugehörigkeit, die auch nach den verbreiteten Zwangsan- und Umsiedlungen Bestand hatte. Die Fraktionen Garmis (auch als Karateginer bezeichnet) und Kuljabis leben als Folge der Umsiedlungen beide in der Region Kurgan-Tjube, ebenso wie dort angesiedelte Pamiris. Daneben gab es in Kuljab, wie auch in Kurgan-Tjube, eine größere Minderheit Uzbeken (ca. 13% bzw. ca. 32%, I.I.). Die Identität der umgesiedelten Tadžiken beruht aber weiterhin auf der Herkunftsregion Garmtal bzw. Karategintal, Pamir oder Kuljab. Erst nach dem Sieg der Kuljabis wurden die Provinzen Kuljab und Kurgan-Tjube zusammengefasst und Chatlon, nach einer alten Bezeichnung für Kuljab, genannt. Vier regionale Gruppierungen lassen sich im Vorfeld des Bürgerkrieges in Tadžikistan identifizieren.

1. Chudžand

Der Oblast Leninabad mit der Hauptstadt Chudžand stellte traditionell die tadžikische Parteispitze während der Sowjetzeit.

2. Kuljab

Die Kuljabis bildeten seit den 1970er Jahren die Verbündeten der Staatsmacht, also der Leninabader (s.o.) und stellten seit dieser Zeit die Miliz.

3. Pamiri

Die Bevölkerung der Region Berg Badachšan, die Pamiri, unterscheiden sich als Ismailiten religiös von der restlichen Bevölkerung Tadžikistans. Sie waren zu Sowjetzeiten im Geheimdienst involviert, stellten aber nur 2% der Gesamtbevölkerung der SSR Tadžikistan.

Diese drei Gruppierungen waren mit unterschiedlichen Aufgaben und Befugnissen bis 1991 an der Regierung beteiligt.

4. Garmi

Die Bevölkerung der Regionen Garm und Karategin sowie die umgesiedelten Bevölkerungsgruppen dieser Gebiete in Kurgan-Tjube waren nicht an der politischen Macht beteiligt.

Im Zuge der Unabhängigkeit bildeten sich in Tadžikistan neben der Kommunistischen Partei auch oppositionelle Gruppierungen, beispielsweise die bereits 1990 unionsweit gegründete Islamische Partei der Wiedergeburt (IWP), die Demokratische Partei Tadžikistan und die Partei Rastochez (Wiedergeburt) als nationaldemokratische Partei[88]. Diese Gruppierungen bildeten später die UTO (*United Tajik Opposition*), unter der Führung der IWP.

[88] Allg. zum tadžikischen Bürgerkrieg vgl. auch VON BORCKE 1995, zu den politischen Parteien vgl. ausführlich ATKIN 1997, DUDOIGNIN 1998 und SHIRAZI 1997, zur Entwicklung des politischen Islam vgl. ABASOV 1999 und NIJASI 1999.

Nach der Unabhängigkeit kam es in der Regierung zu einigen Wechseln, die im November 1991 zu Neuwahlen führten, in denen die Oppositionsparteien unter der Führung eines Pamiri ca. 30% der Stimmen erhielten. Die regionalen Fraktionen bestimmen auch das Bild der Opposition. Zum Einen die Pamiris, aus Sorge vor erneutem Machtverlust (wie zu stalinistischen Zeiten, s. Kap. 5.1.3), zum Anderen die bisher von der politischen Macht ausgeschlossenen Garmis, welche hauptsächlich die Islamische Partei der Wiedergeburt bildeten. Demgegenüber bildeten die Kuljabis und die Leninabader das Regierungslager und unterstützen Präsident Nabijev. Erst nach Ausschreitungen in Dušanbe kommt es zur Einbeziehung der Opposition in die Regierung, die für eine kurze Zeit (Mai-September 1992) als Koalition regiert. Während als Folge in Dušanbe die Ausschreiungen nachließen, fanden die wirklichen Auseinandersetzungen im Süden Tadžikistan, in den Regionen Kuljab und Kurgan-Tjube statt. Die Koalitionsregierung wird von beiden Fraktionen nicht akzeptiert und unter Präsident Rachmanov (Kuljabi) wird eine neue Regierung, ohne Beteiligung der Opposition, begründet. Diese Fraktion erobert am 10.12.1992 Dušanbe und stellt damit die neue Regierung. Während dieser Zeit gehen im Süden die Auseinandersetzung zwischen Kuljabis und Garmis/Pamiris weiter. Die Leninabader unterstützen die Regierung im Bürgerkrieg, in ‚ihrer' Region im Norden Tadžikistan (Fergana-Tal) finden aber keine Kämpfe statt. Als Folge der Kämpfe in Tadžikistan flohen ca. 700.000 Menschen nach Afghanistan, die Angaben der Todesopfer liegen zwischen 50.000 und 200.000 (BROWN 1998, EIU 1999, GÖTZ, HALBACH 1996: 308-315, HALBACH 2000: 15, ROY 2000: 139-140).

Mit der Machtübernahme Rachmanovs in Dušanbe gilt der Bürgerkrieg offiziell als beendet, doch die UTO beginnt einen Guerillakampf und etabliert unter der Leitung von Abdullo Nuri (IWP) eine Exilregierung in Afghanistan. Da die Pamiris sich bereits 1992 zur Autonomen Republik erklärt hatten und auch aufgrund der desolaten Wirtschaftssituation auf Austausch mit Dušanbe angewiesen waren, bestand die Oppositionsbewegung nun in der Mehrzahl aus Garmis. Die Pamiri hatten die Regierung in Dušanbe offiziell anerkannt, wohl auch aus Sorge vor islamischem Fundamentalismus der IWP, deren Mitglieder im Gegensatz zu den ismailitischen Pamiri Sunniten waren. In der Regierung setzten sich immer mehr Vertreter der Region Kuljab durch, auf Kosten der Leninabader. Mit der neuen Verfassung von 1994 und einer im Westen nicht anerkannten Präsidentenwahl 1995, aus der wieder Rachmanov als Sieger hervorging, festigten die Kuljabis ihre Macht. Zwischenzeitlich war es der UTO gelungen weite Teile im Osten Tadžikistans (Garm, Karategin) unter ihre Kontrolle zu bringen. Durch Druck von Seiten Russlands, Uzbekistans und westlicher Mächte[89] kommt es schließlich zu einem ersten Treffen zwischen Präsident Rachmanov und dem Oppositionsführer Abdullo Nuri. Im Juni 1997 wird der Bürgerkrieg offiziell durch einen Friedensvertrag beendet. Als Teil des Abkommens sollen Oppositionspolitiker in die Regierung integriert werden. *30% aller Posten sollen an die UTO gehen, 70% bei den Kuljabis verbleiben* (EITd). Politische Stabilität wurde aber nicht erreicht, da eine Einigung auf die Besetzung von Regierungsposten immer wieder von gewalttätigen Auseinandersetzungen unterbrochen wurde (EIU 1999B, GÖTZ, HALBACH 1996: 315-316, ROY 2000: 140-142, SMITH 1999). Noch 1999 galt in Dušanbe innerhalb der internationalen Gemeinde abendliches Ausgangsverbot und in der Stadt waren nachts Schüsse zu hören (EIGENE BEOBACHTUNGEN). Die Regierung ist bisher nicht in der Lage, die ehemaligen Rebellengebiete unter Kontrolle zu halten, was auch im Zusammenhang mit der Bekämpfung internationalen Terrorismus eine Rolle spielt. So wurde immer wieder der Aufenthaltsort des uzbekischen Rebellen Namangani[90] im tadžikischen Garmtal vermutet, aber „*offiziell ist Namangani nicht im Oppositionsgebiet, deswegen kann der Staat nichts unternehmen. Er kann diese Information aber auch nicht kontrollieren, da er keine Macht im betroffenen Gebiet hat*“ (ETn). „*Es ist schlecht, dass Tadžikistan die Oppositionellen unterstützt, aber der Präsident behauptet, er habe keine Kontrolle und unterstütze gar nichts*“ (EUe). Eine politische Transformation im Hinblick auf eine Demokratisierung kann bisher in Tadžikistan nicht festgestellt werden, auch die letzten Präsidentschafts- und Parlamentswahlen werden als Wahlfarce bezeichnet (NEUE ZÜRCHER ZEITUNG 08.11.1999, OSTinWEST 22 u. 23/1999).

Die politische Entwicklung in Tadžikistan war nach der Unabhängigkeit vor allem durch regionale Konflikte um die politische Macht gekennzeichnet. ROY hat versucht, die Ursachen des Konfliktes zu analysieren und kommt dabei zu dem Ergebnis, dass die regionalen Identitäten die Ursache des Konfliktes sind, und ihre Ausweitung auf einen nationalen Kontext darin begründet liegt, dass es in Tadžikistan aufgrund der sowjetischen Entwicklungen eben nicht zu einer

---

[89] Zur Rolle von VN und OSZE im Friedensprozess vgl. BRENNINKMEIJER 1998.

[90] Bei Žuma Namangani handelt es sich um den Anführer der uzbekisch-islamischen Rebellenbewegung/Opposition IMU (Islamic Movement of Uzbekistan), die aus Afghanistan und Tadžikistan agiert und für die Auseinandersetzungen in Batken 1999 verantwortlich gemacht wird. Der Batken-Konflikt wird in Kapitel 7 näher betrachtet.

Bildung nationaler tadžikischer Identität gekommen ist. Er schließt ideologische, wie islamische Ursachen (alle Tadžiken sind islamisch) genauso aus wie ethnische Ursachen: Hauptgegner waren Kuljabis und Garmis, beide Tadžiken. Die Konkurrenz, vor allem um Land, zwischen diesen Gruppierung war stärker als mögliche Auseinandersetzungen mit den, vor allem in den Regionen Kurgan-Tjube und Leninabad lebenden, Uzbeken (DUDOIGNON 1998, ROY 1998). „*In fact the Tajik civil war has been almost entirely a fight between different groups of Tajiks induced by a complex regional power struggle that emphasizes the strength of local and tribal loyalties*" (SHIRAZI 1997: 618).

Die Bedeutung regionaler Machtstrukturen ist somit der entscheidende Aspekt bei der politischen Entwicklung Tadžikistans. Diese Strukturen haben sich von Leninabad im Norden (Fergana-Tal) auf Kuljab im Süden verschoben. "*Das Ergebnis des Bürgerkrieges war die völlige Entmachtung Leninabads. Die Hokime (Bezirkschefs, d. V.) werden vom Präsidenten eingesetzt, und damit regiert in Leninabad nun auch ein Kuljabi*" (EITd). Neben der Gruppierung der Leninabader ist auch die Minderheit der Uzbeken von der politischen Macht ausgeschlossen. Die politische Instabilität bleibt somit bis auf weiteres erhalten. Als Folge des politischen Machtverlustes gibt es in Leninabad Separationstendenzen. Einige frühere Regierungstruppen befinden sich im Widerstand zur Regierung, ohne sich der UTO angeschlossen zu haben, und versuchen Gebiete für sich zu gewinnen. Einer dieser Armeeführer ist Machmud Chudoberdiev „*halb Uzbeke und früher der fähigste Mann der tadžikischen Armee*" (EITd), der im November 1998 in Leninabad einmarschierte. Die Revolte konnte von der Regierung niedergeschlagen werden. Hier wird auch der uzbekischen Regierung Einmischung vorgeworfen, die mit der Leninabader Fraktion, aufgrund der vielen dort lebenden Uzbeken, sympathisieren soll[91]. Inwieweit hier wirklich eine Unterstützung stattgefunden hat, ist nicht feststellbar, aber der Angriff ging von uzbekischem Boden aus. „*Die Uzbeken haben die Invasion wohlwollend unterstützt. Machmud ist irgendwo in Uzbekistan und spekuliert auf einen neuen Angriff*" (EITd). Das Verhältnis zwischen Uzbeken und Tadžiken auf Alltagsebene scheint wenig problematisch (CAM 6/1998, HORSMAN 1999, MANUTSCHARJAN 1998):

> „*Uzbeken und Tadžiken haben nur eine andere Sprache, aber sie sind wie Brüder, tragen z.B. die selben Tjubejtejkas (Kopfbedeckungen), anders als Kyrgyzen oder Kasachen*" (ETn).

---

[91] Zur Rolle Uzbekistans im tadžikischen Bürgerkrieg vgl. HORSMAN 1999.

> *„Es gibt eine große Minderheit der Uzbeken in Leninabad, die unsere Unterstützung brauchen, da sie keine politische Macht in Tadžikistan haben*“ (EUf).

Eine Einbeziehung der politischen-regionalen Gruppierung der Leninabader und der Uzbeken wäre für eine Stabilisierung der politischen Lage in Tadžikistan, aber auch im Hinblick auf die bilateralen Beziehungen mit dem ‚starken' Nachbarn Uzbekistan, notwendig.
Die politische Transformation zeigt somit in Tadžikistan starke raumstrukturelle Wirkungen. Die Region Leninabad, die das wirtschaftliche Zentrum Tadžikistan und bis 1991 auch Rekrutierungszentrum der politischen Nomenklatura war, ist von der Macht ausgeschlossen. Das zieht wirtschaftliche Folgen nach sich, da die Fraktionen der Regierung die Entwicklungsunterstützung auf ihre Herkunftsregionen konzentrieren. *„Es gibt keinerlei Regierungsunterstützung in der Landwirtschaft. Wir haben viele Probleme und Bitten an das Hokimiat von Leninabad und die Regierung weitergeleitet, aber niemand hilft uns. Es gibt keine Regierungskredite und keine Regierungsgarantien. Früher war dies eine der reichsten Regionen des Landes, heute ist die Situation sehr schwierig. Hier gibt es allein 17 Gebühren in der Landwirtschaft und ohne Regierungsunterstützung wird die Lage noch schwieriger* (ETj). Hinzu kommt, dass der Norden nur wenig vom Bürgerkrieg betroffen war und damit auch nicht im Zentrum der westlichen Hilfsorganisationen[92] steht, obwohl die wirtschaftliche Situation auch hier desolat ist. Die Unzufriedenheit der ehemaligen Partner im Bürgerkrieg drückt sich auch in gewalttätigen Aktionen, wie dem Einmarsch Machmuds, aus. Die naturräumliche Trennung Leninabads vom Rest des Landes erschwert die Kontrolle und Einflussnahme Dušanbes. Separationstendenzen dieser Region wären aber für die wirtschaftliche Entwicklung Tadžikistans fatal (s. Kap. 6.2 u. Kap. 7).

Weniger spektakulär stellen sich die politischen Entwicklungen in den Staaten Kyrgyzstan und Uzbekistan nach der Unabhängigkeit dar. In beiden Ländern sind zwar regionale Fraktionen vorhanden, es hat sich aber zu Sowjetzeit, zumindest offiziell, eher eine nationale Identität herausgebildet und die regionalen Machtverhältnisse waren entweder wechselnd (Uzbekistan) oder es wurde nach einem Ausgleich gesucht (Kyrgyzstan).

---

[92] Von deutscher Seite war in dieser Region 1999/2000 lediglich die Deutsche Welthungerhilfe / German Agro Action tätig.

Kyrgyzstan[93] gilt bis heute als liberalster der mittelasiatischen Staaten, auch wenn in den letzten Jahren eine Verstärkung des Autoritarismus zu beobachten. So berichtete die NEUE ZÜRCHER ZEITUNG schon im Januar 1999 über Einschränkungen der Pressefreiheit in Kyrgyzstan und eine verstärkte Regierung durch Referenden und Dekrete (NEUE ZÜRCHER ZEITUNG 12.01.1999). Dieselbe Zeitung bezeichnete die Präsidentenwahl im Herbst 2000 als Farce (NEUE ZÜRCHER ZEITUNG 28./29.10.2000).
Präsident Akaev wurde im Oktober 1991 mit 95% der Stimmen gewählt. Obwohl es keine Gegenkandidaten gab, galt die Wahl als akzeptabel. Zu Beginn seiner Regierungszeit vertrat er eine liberale und demokratische Position und die Entstehung von Parteien in Kyrgyzstan wurde begünstigt. Auch ökonomische Reformen wurden angestrebt und umgesetzt. Bezüglich der Privatisierung von Land setzte er sich gegen eine Privatisierung nur für ethnische Kyrgyzen ein. Diese Vorgehensweise trug dem kyrgyzischen Präsidenten viel Sympathie in der westlichen Staatengemeinschaft ein. Kyrgyzstan wurde zum liberalen Vorbild in Mittelasien. In den nächsten Jahren häuften sich dann aber Korruptionsvorwürfe gegen Regierungsmitglieder. Auch das Parlament, in dem nationale und kommunistische Kräfte überwogen, stand eher in Opposition zu Akaevs Politik. In der Folge wurde Akaevs Politik autoritärer, auch beeinflusst durch die autoritären Regime in den Nachbarrepubliken. *„Es gibt in den Zeitungen Karikaturen, die sich über Akaev lustig machen, ihn als unfähig im Gegensatz zum uzbekischen Präsidenten Karimov darstellen“* (EIKw). Als Folge etablierte Akaev 1994 z.B. ein Komitee zur Verteidigung der Ehre und des Ansehens des Präsidenten. Bei den Parlamentswahlen 1995, die weniger fair beurteilt wurden als die ersten Parlamentswahlen am Ende der Sowjetzeit, setzte sich die autoritäre Tendenz fort. Der Präsident hatte die Macht der Gebietsgouverneure / Hokime verstärkt. Diese wurden von ihm ernannt und zentralisierten die Macht über diesen Weg. Die Hokime versuchten aber auch die Wahl ihren Interessen folgend zu manipulieren. Das Ergebnis der Wahl war für Akaev unbefriedigend. Zum Einen wurden trotz Wahlmanipulationen wieder Mitglieder der ehemaligen Nomenklatura gewählt, zum Anderen wurde das Parlament durch Abgeordnete aus dem Süden dominiert, während Akaevs Machtbasis im Norden liegt. Neben diesen politischen Schwierigkeiten spielten aber auch die desolate Wirtschaftslage und ethnische und soziale Destabilisierungsfaktoren eine Rolle für den verstärkten Autoritarismus Akaevs.

---

[93] Ausführlich zur politischen Entwicklung in Kyrgyzstan und den Parteien vgl. ANDERSON 1999 u. ELEBAEVA 1998: 8-20, 70-72.

Eine verstärkte Einbeziehung ethnischer Kyrgyzen in die politische Macht ist auch bei den Wahlen zu erkennen. Obwohl Nicht-Kyrgyzen 42% der Wähler ausmachten, erhielten sie nur 18% der Sitze. Die größten Minderheiten, Russen und Uzbeken, erhielten jeweils nur 6 Sitze. Das eine Integration der Minderheiten in die Politik nicht geplant ist, zeigt sich auch daran, dass alle Hokime ethnische Kyrgyzen sind, und damit auch in traditionell uzbekischen Siedlungsgebieten wie Oš die politische Macht innehaben. Die hier entstehenden Konfliktpotentiale werden deutlich (EIU 1999A, GÖTZ, HALBACH 1996: 216-219, HUSKEY 1997).

Die Präsidentenwahlen 2000 haben, wie bereits zu Beginn erwähnt, die autoritären Tendenzen bestätigt. Trotzdem wird Akaev vom Westen weniger kritisiert als seine autoritären Nachbarn – obwohl Akaev mit dem Argument der ‚Stabilität' eine ähnliche Rhetorik wie sein uzbekischer Kollege Karimov anwendet: „*In every case, Akaev has justified his behavior by pointing to threats of instability arising from islamic fundamentalism or cross-border challenges, arguments that have led some, if not all, Western governments to excuse his behaviour*" (GOBLE 2000: 25). Kritik an Akaev und Unverständnis für die Akzeptanz seiner Politik in vielen demokratischen Ländern wird verstärkt auch von Kyrgyzen geäußert, eine Aussage sei dafür stellvertretend angeführt: „*Es gibt einen Akaev für den Westen und der verspricht Demokratie, aber es gibt auch einen Akaev in Kyrgyzstan, und der erstellt hier eine Diktatur*" (EKc). Ein Wandel der politischen Richtung Akaevs zurück zu Demokratisierung – und damit politische Transformation – ist nicht zu erwarten, dazu tragen auch die desolate Wirtschaftslage und die sich haltenden Korruptionsvorwürfe bei.

> „*Akaev hat sich auch bereichert, genau wie viele andere Leute, die er jetzt beschützen muss*" (EKc).
> „*Bei der letzten Wahl war nur die Wahlbeteiligung mit 76% richtig, die Wahl selbst war gefälscht. In Talas hätte die Opposition gewinnen müssen. Die früheren Clan-Strukturen haben sich in Parteistrukturen umgewandelt. Akaev kann somit nicht demokratisieren, denn er würde seine eigene Basis zerstören. Außerdem muss er sich und seine Familie schützen. Wenn hier ein neuer Präsident an die Macht kommt, sperrt er als erstes den alten ein oder bringt ihn um*" (EIKa).

Trotz der anfänglich positiven demokratischen Entwicklungen kann in Kyrgyzstan nicht von einer politischen Transformation im Sinne einer Demokratisierung gesprochen werden. Die politische Macht in Kyrgyzstan ist durch den Gegensatz zwischen Norden und Süden geprägt. Kommt der

Präsident aus dem Norden, sollte der Ministerpräsident aus dem Süden kommen um den Ausgleich zu wahren. Akaev hat dieses Konzept nicht befolgt, womit eine politische Polarisierung zwischen dem stärker russisch beeinflussten Norden und dem Süden, mit der großen uzbekischen Minderheit, unterstützt wird. Diese kann die nationale Stabilität gefährden. Weiterer potentieller Konfliktfaktor ist die mangelnde Einbeziehung der Minderheiten in die politische Macht, die besonders in Anbetracht der weniger als 2/3 stellenden Titularnation und der räumlichen Verteilung der Minderheiten von Bedeutung ist. Auch hier ist die Raumstruktur, die als Folge der Nationalen Abgrenzung und der Politik Akaevs die Verstärkung regionaler Disparitäten begünstigt hat, im Transformationsprozess Veränderungen unterworfen, wie die verstärkte Polarisierung Nord-Süd deutlich macht.

Uzbekistan gilt als autoritärster der hier betrachteten Staaten und das bereits ziemlich bald nach der Unabhängigkeit. Der Präsident Islam Karimov steht als ehemaliger Erster Sekretär der KP für Kontinuität in der politischen Entwicklung Uzbekistans. Bei den ersten Präsidentschaftswahlen 1991[94] war mit Solih, als Kandidaten der oppositionellen Erk Partei, noch eine Wahlalternative zu Karimov gegeben, und dieser Gegenkandidat konnte auch 12% der Stimmen erreichen. Auch gab es neben Erk noch weitere Oppositionsparteien wie Birlik oder auch hier die Islamische Partei der Wiedergeburt. Dieser beginnende Parteienpluralismus und die Ansätze eines politischen Öffnungsprozesses waren nur von kurzer Dauer. Bereits 1992 verstärkte der Präsident Karimov seine Machtbefugnisse und ging gegen Opposition und Kritik vor. 1993 wurde die Erk Partei verboten und Solih ging in die Türkei ins Exil[95]. Islamische Gruppierungen waren regional vor allem im Fergana-Tal von Bedeutung gewesen. Hier bildete sich 1991-1992 eine islamische Bewegung, die zeitweise eine gewisse politischen Macht etablieren konnte (ROY 1998). 1994 aber existierte keine nennenswerte Oppositionsbewegung mehr in Uzbekistan. Die autoritären Strukturen verschärften sich in der Folge weiter. Die für 1999 angesetzten Präsidentschaftswahlen wurden abgesagt; mit 99% der Stimmen wurde die Amtszeit Karimovs per Referendum Anfang 1995 bis in das Jahr 2001 verlängert. Bezüglich der Präsidentenwahlen vom 09.01.2000 schreibt die Zeitschrift OSTinWEST: "*Zyniker sprechen von einer Niederlage, die der*

---

94 Ausführlich zur politischen Entwicklung Uzbekistans nach der Unabhängigkeit vgl. FIERMAN 1997 und HALBACH 1994.

95 Die Tatsache, dass die Türkei Solih und anderen oppositionellen Personen Exil gewährt, beeinflusst bis heute die Beziehungen zwischen der Türkei und Uzbekistan.

uzbekische Präsident Islam Karimow einstecken musste. Mit nur 91,9% der Stimmen wurde das Staatsoberhaupt bei den Präsidentschaftswahlen am 9. Januar wiedergewählt“ (OSTinWEST 1u.2/2000: 8).

Als Grundlage der 1992 in der Verfassung definierten souveränen, demokratischen Republik wurde die "Vielfalt politischer Institutionen, Ideologien und Meinungen" postuliert (HALBACH 1994: 3). KARIMOV beschreibt die Entwicklung wie folgt:

> *„Die Priorität allgemein menschlicher Werte, die weltweit anerkannten Normen wahrer Demokratie, der Freiheit und der Menschenrechte fassen immer breiter Fuß. .. Das uzbekische Volk wurde zum wahren Ursprung der Staatsmacht und übt sie unmittelbar und über seine Vertreter, den Deputiertenkorps, aus*“
> (KARIMOV 1992: 5).

Diese Ausführungen erscheinen von der Realität, wie oben ausgeführt, widerlegt, von einer demokratischen Legitimierung des Präsidenten kann nicht gesprochen werden. Das politische System in Uzbekistan wird offiziell als Präsidialautokratie bezeichnet, dessen höchste Aufgabe die Sicherung der politischen und sozialen Stabilität als Rahmenbedingung für die wirtschaftliche Transformation darstellt. Das Machtmonopol liegt beim Präsidenten. Dass sich ein Präsidialsystem und eine Demokratie ausschließen, hatte Karimov im Februar 1991 durch seine Gleichsetzung des Präsidialsystems mit einer Diktatur selbst zugegeben, so dass die verfassungsmäßige Festlegung auf ein Präsidialsystem mit demokratischem Anspruch paradox wirkt (HALBACH 1994: 10-11). Das uzbekische Einkammerparlament ‚Oli Madjlis' ist laut Verfassung die Legislative. Die Aufgaben des Parlamentes, welches aus auf der Basis eines Mehrparteiensystems gewählten Berufsparlamentarien, die nur wenige Tage zusammenbleiben, besteht, erstrecken sich vor allem auf Änderungen und Ergänzungen von Verfassung und Gesetzen, Ratifizierung internationaler Verträge, Haushaltsfragen und administrative Aufgaben. Der Präsident ist gleichzeitig Vorsitzender des Ministerkabinetts und Regierungschef. Erlasse des Präsidenten stehen über dem Gesetz, das heißt er kann Gesetzesvorschläge des Parlamentes ablehnen und dieses auch auflösen. Die Bedeutung des Parlamentes reduzierte HALBACH 1994 zu *„einem Gremium zur Unterstützung des Präsidenten“* (HALBACH 1994: 8). In Anbetracht der präsidialen Machtbefugnisse gibt es für das Parlament auch keine selbständige Entscheidungsgewalt (HALBACH 1994: 8-9).

In einem Gesetz vom 4.1.1992 wurden für die nachgeordneten Verwaltungsebenen (Gebiets-, Bezirks- und Stadtebene) alleinige Verwaltungschefs, die Hokime, eingeführt. Die Machtausübung des Präsidenten erstreckt sich hier auf das Recht der Ernennung der Gebietshokime und den Hokim der Hauptstadt, welche wiederum die Hokime auf der nächsten Verwaltungsebene ernennen. Somit erschließt sich ein geschlossenes System der Machtkontrolle mit dem Präsidenten an der Spitze. Der in der Verfassung festgelegte Schutz der Menschenrechte sowie das Recht auf freie Meinungsäußerung scheinen nur formal zu bestehen. Zeitungen und andere Medien werden überwacht und in ihrer Arbeit eingeschränkt, bisweilen werden auch Zeitungen verboten. In der Verfassung existiert ein ‚Majestätsbeleidigungsparagraph', der kritische Äußerungen über den Präsidenten einschränkt (HALBACH 1994: 9, HALBACH 1996: 121).

Begründet wird die autoritäre Haltung des uzbekischen Präsidenten mit der Notwendigkeit, die politische und soziale Stabilität im Land zu sichern. HALBACH fasst die innenpolitische Realität in Uzbekistan bereits 1994 wie folgt zusammen: *„Politischer Pluralismus wird mit Destabilisierung, Straßendemokratie und Anarchie gleichgesetzt, die Unterdrückung von Opposition in den Dienst der ‚Aufrechterhaltung der Stabilität' in einer von Destabilisierung bedrohten Region gestellt"* (HALBACH 1994: 3). Diese Einschätzung gilt auch 2001 noch uneingeschränkt. Die Rebellenübergriffe in Batken (s. Kap. 7) sowie der 1999 in Taškent erfolgte Bombenanschlag dienen heute als Beispiele gefährdender Destabilisierung[96]. Der Anschlag soll eine Attentat islamischer Fundamentalisten auf den Präsidenten Karimov gewesen sein, es gibt aber auch differenziertere Interpretationen (s. Kap. 6.4).

Mit der Kontinuität der Person Karimov in der uzbekischen Politik geht auch die Kontinuität der regionalen Machtverteilung einher. Die Macht liegt weiterhin bei der Fraktion Samarkand/Buchara. Jegliche Versuche der Fraktion Fergana/Taškent wieder Macht zu erlangen werden unterdrückt. Die Charakterisierung des Fergana-Tals als Basis islamischer Fundamentalisten in Uzbekistan muss auch diesem Kontext betrachtet werden. Es stellt sich die Frage, in wieweit es sich im Fergana-Tal um ideologisch-islamisch motivierte Gruppen handelt und in wieweit politische Opposition gegen Karimov und die mit ihm verbundene regionale Machtelite eine Rolle spielen. Die erneute Auswechslung des Hokims von Fergana Anfang 2000 lässt zumindest die Frage nach der tatsächlichen Machtausübung Karimovs in dieser Region aufwerfen.

---

[96] Ausführlich zum Bombenanschlag in Taškent 1999 vgl. ABBAS 1999.

Gemeinsam ist allen hier betrachteten Staaten, dass sich in keinem der Staaten trotz der unterschiedlichsten Ansätze demokratische Strukturen herausgebildet haben. Alle Staaten haben eine zentralistische Machtstruktur, die auf den Präsidenten ausgerichtet ist. In allen Staaten wird die zentralistische Machtverteilung durch das Verwaltungssystem der Hokime sichergestellt. Trotzdem haben alle Präsidenten mit regionalen Machtgruppierungen zu kämpfen, die sich trotz dieses zentralistisch-hierarchischen Systems nicht kontrollieren lassen. Die politische Entwicklung in der Transformationsphase, insbesondere im Rahmen der Etablierung des Nationalstaates, haben die politischen Disparitäten noch verstärkt. Sei es durch die Übergehung von regionalen Fraktionen wie in Tadžikistan (Leninabad) und zum Teil in Kyrgyzstan (Südoblaste) oder durch ihre aktive Unterdrückung wie in Uzbekistan (Fergana-Tal). Trotz der noch zu analysierenden ganz unterschiedlichen Raumwahrnehmung der betroffenen Gebiete fällt hier schon auf, dass alle diese Gebiete Teil des Fergana-Tals sind, sowie das in den kyrgyzischen und tadžikischen Gebieten bedeutende uzbekische Minderheiten leben.

6.1.3 ÖKONOMISCHE TRANSFORMATIONSSTRATEGIEN

Die Charakterisierung der ökonomischen Transformationsstrategien erfolgt in Anlehnung an das Model der ökonomischen Transformation von Lösch, wie es in Kapitel.2.2 erläutert wurde, mit Hilfe eines systemischen Ansatzes. Die spezifische Wirtschaftsentwicklung nach der Unabhängigkeit wird für bestimmte Bereiche in Kapitel 6.2 analysiert. Eine Auflistung makroökonomischer Kennzahlen ist für die Beurteilung der Veränderungen im Wirtschaftsraum wenig aussagekräftig, auch aufgrund der Problematik dieser Daten[97] (s. Kap. 3). Die systemische Einordnung der Transformationsstrategie ist am ehesten geeignet, die Unterschiede in der politische Vorgehensweise der einzelnen Staaten bei der ökonomischen Transformation zu verdeutlichen und damit die Rahmenbedingungen für die Wirtschaftsentwicklung transparent zu machen. Die Wirtschaftsentwicklung als solche kann durch diesen Ansatz nicht analysiert werden und wird daher in Kapitel 6.2 gesondert betrachtet.

[97] So schreibt HALBACH 1997: „*Über den tatsächlichen wirtschaftlichen Zustand südlicher GUS-Staaten gibt es kaum ein verläßliches Bild*“ (HALBACH 1997: 113).

Ausgehend davon, dass alle Transformationsstaaten die drei Phasen des LÖSCH'schen Models Institutionenbildung und beginnende Privatisierung, Dezentralisierung (Phase 1), Deregulierung und Liberalisierung (Phase 2) und Stabilisierung und Strukturelle Anpassung (Phase 3) innerhalb der ökonomischen Transformation zu durchlaufen haben, ergeben sich innerhalb der gewählten Transformationsstrategie die Möglichkeiten zur Auswahl der geeigneten strategischen und operativen Alternativen. Analysiert man die ökonomischen Transformationsstrategien der hier betrachteten Länder in diesem Kontext ergibt sich folgendes Bild:

1. Kyrgyzstan

Wie bei der politischen Entwicklung wird Kyrgyzstan bezüglich der Umsetzung ökonomischer Reformen positiv beurteilt. Während die politische Beurteilung bei näherer Betrachtung eher eine negative Entwicklung konstatiert, kann der ökonomische Reformwille der kyrgyzischen Regierung direkt im Anschluss an die Unabhängigkeit nicht abgesprochen werden. Die wirtschaftliche Reformpolitik wird seit 1993 von internationalen Finanzierungsorganisationen mit Krediten unterstützt. Als Folge wurde Kyrgyzstan der erste GUS-Staat, der eine eigene Währung einführte und IWF geleitete makroökonomische Stabilität erreichte. Eine Ausnahme in der GUS bildete vor allem die freie Konvertibilität der Währung Som innerhalb Kyrgyzstans. 1998 trat Kyrgyzstan als erster GUS-Staat der WTO bei. Eine neue Gesetzgebung wurde implementiert, neue Institutionen wurden etabliert, die kleine Privatisierung gilt als abgeschlossen und die große als fortgeschritten. Liberalisierung von Preisen und Handel haben zu einer weitgehenden Deregulierung des Marktes geführt. Damit hat Kyrgyzstan die Phasen I und II durchlaufen und befindet sich in der Phase der Stabilisierung und des Strukturwandels. Bezüglich der ökonomischen Transformationsleistung müsste Kyrgyzstan damit als vorbildlich für Mittelasien eingestuft werden (CLEM 1997, DEUTSCHLAND 1993: 23, WANNER 1999, TACIS 1999). Diese Einordnung spiegelt allerdings nicht die wirtschaftliche Entwicklung im Land wieder, welche als desolat bezeichnet werden kann (s. Kap. 6.2). Damit wird auch deutlich, wie problematisch die Charakterisierung der Transformationsländer nach ihrer systemischen Transformationsleistung ist, welche weder auf regionale Besonderheiten noch auf die reale Wirtschaftslage der Länder eingehen. Dies gilt in der Folge auch für die in Kapitel 2.2. diskutierten Foci der Transformationsforschung.

2. Tadžikistan
Ein erstes Reformprogramm zur ökonomischen Transformation wurde bereits 1992 vorgelegt und auch erste Gesetze z.B. bezüglich der Privatisierung implementiert. Mit dem Beginn des Bürgerkrieges endeten alle transformationspolitischen Maßnahmen. 1995/1996 wurden erneut Gesetze zur Transformation erlassen und die Etablierung entsprechender Institutionen begann.
Eine Währungsreform und die Einführung des tadžikischen Rubel fand zwar bereits statt, aber eine Konvertibilität war nicht gegeben und der russische Rubel fungierte, zumindest im Norden, 1999 weiterhin als Zahlungsmittel (EIGENE BEOBACHTUNGEN). Mit Unterstützung des IWF wurde im Oktober 2000 eine neue Währung in Tadžikistan eingeführt, der Somoni, über dessen Stabilität noch keine Aussagen vorliegen (IMF 2001). Auch die begonnene Privatisierung ist noch nicht weit fortgeschritten. Dennoch zeigten sich IWF und Weltbank 1997/1998 zufrieden mit den Ansätzen der ökonomischen Transformation und unterstützen den Prozess mit Krediten. Innerhalb des systemischen Schemas der ökonomischen Transformation befindet sich Tadžikistan somit in Phase I. Die Verzögerung der Implementierung transformationspolitischer Maßnahmen war bisher hauptsächlich durch den Bürgerkrieg bedingt und der Prozess wird noch einige Zeit in Anspruch nehmen (DEUTSCHLAND 1993: 41, EIU 1999B, I.I., UNDP 1998). Inwieweit sich die politische Lage soweit stabilisieren wird um die Bestrebungen fortzusetzen kann nicht eingeschätzt werden. Problematisch scheint hier die politische Machtverteilung, die einige Gruppen ausschließt und zumindest den Verdacht nahe legt, dass diese Gruppen auch bei der ökonomischen Transformation nicht einbezogen werden, was wiederum eine Destabilisierung der politischen Situation zur Folge haben könnte.

3. Uzbekistan
Der uzbekische Präsident Karimov nannte bereits direkt nach der Unabhängigkeit die graduelle Umsetzung von Reformen und die bedeutende Rolle des Staates als Reformer als 2 seiner 5 Prinzipien einer Transformationsstrategie (KARIMOV 1995: 10-11). Das Resultat uzbekischer Transformationsbestrebungen beschreibt das EIU Country Profile 1999-2000 wie folgt: „*Uzbekistan has been one of the most recalcitrant reformers in the former Communist bloc, favouring state-control over the private sector, regulation over liberalisation, and foreign debt over foreign equity investment*" (EIU 1999C: 18). 1994 kündigte die uzbekische Regierung tiefgreifende Reformen an, wohl auch auf Druck von IWF und Weltbank. Bis Ende 1996

sollten auch die Währungsreform abgeschlossen werden und der Sum frei konvertierbar sein. Unter anderem die schlechte Baumwollernte 1996 wird dafür verantwortlich gemacht, dass die uzbekische Wirtschaftspolitik wieder restriktiver wurde, auch der Handel ist weiterhin staatlich kontrolliert. Da die Einführung der Konvertibilität des Sum nicht erfolgte, wurden Kredite internationaler Finanzinstitutionen suspendiert. 2001 ist der ständige Repräsentant des IWF in Taškent schließlich zurückbeordert worden. Eine Aussicht auf Konvertibilität besteht somit nicht und das Nebeneinander von offiziellem und ‚Basarkurs' besteht weiter. Bei einer systemischen Einordnung befindet sich Uzbekistan immer noch in Phase I. Zwar wurden entsprechende transformationspolitische Gesetze geschaffen und auch notwendige Organisationen etabliert. Ordnungspolitische Aktionen wie Währungsreform und kleine Privatisierung wurden in Teilbereichen durchgeführt. Damit wären eigentlich die Rahmenbedingung für das Starten der Phase II geschaffen. Da aber kein freier Wettbewerb besteht und der Staat auch weiterhin das Binnen- und Außenhandelsmonopol inne hat, kann von Deregulierungs- oder Liberalisierungsmaßnahmen nicht gesprochen werden. Der Grund für das lange Verbleiben in Phase I erschließt sich bei näherer Betrachtung der Ergebnisse von Phase I: Es hat keine wirklichen strukturellen Veränderungen gegeben, die meisten Veränderungen im Kontext von Privatisierung und Institutionenbildung bestehen nur auf dem Papier bzw. es handelt sich um reine Namensänderungen. Eine kohärente Transformationsstrategie wird nicht deutlich (CLEM 1997: 183, EIU 1999/2000, STEIN 1997).

Uzbekistan unterscheidet sich in seiner Vorgehensweise somit signifikant von der in Kyrgyzstan und Tadžikistan, wobei der tadžikische Weg aufgrund des verspäteten Beginns der Transformation noch Veränderungen unterworfen sein kann. Eine Rücknahme der ökonomischen Reformen in Kyrgyzstan ist unwahrscheinlich. Die unterschiedlichen Strategien setzen somit unterschiedliche Wirtschaftsabläufe in den einzelnen Nationen in Gang. Im Fergana-Tal finden so erfolgreiche Privatisierung, Zentralisierung und beginnende Reformen nebeneinander in Regionen statt, die politisch in einem Gegensatz oder zumindest einer Konkurrenz zu den jeweiligen Zentren stehen. Die regionalen Disparitäten werden folglich durch die unterschiedlichen Transformationsstrategien weiter verstärkt.

6.2 Neustrukturierung des Wirtschaftsraumes Mittelasien

„*The independent Central Asian States found themselves landlocked without transport extensions to shipping points outside of the Soviet grid. Their internal transportation networks reflected the logic of their construction: a view of Central Asia's five states as resource extraction sites for the shipment of minerals and cotton north to Russia*"
(SINNOT 1997: 22).

Die wirtschaftliche Entwicklung der mittelasiatischen Staaten war bis 1991 durch koloniale Strukturen geprägt (s. Kap. 5.2). Als Folge beginnen die Staaten ihren Transformationsprozess von einem unterentwickelten ökonomischen Niveau. Als reine Rohstoffproduzenten sind sie auf den Import verarbeiteter Produkte angewiesen, die nun auf dem Weltmarkt mit Devisen bezahlt werden müssen. Da Rohstoffe der einzige Devisenbringer der Länder sind, bleibt vorerst die Ausrichtung auf die Rohstoffproduktion erhalten. Die Problematik wird besonders in der Landwirtschaft deutlich: Der Baumwollanbau hatte den Getreideanbau verdrängt, so dass alle betrachteten Länder zunächst von Getreideimporten abhängig sind, welche mit Devisen des Baumwollexports finanziert werden. Die sinkende Qualität der Baumwolle, wie die geringen Preise für unverarbeitete Produkte, erschweren die Einschränkung des Baumwollanbaus zu Gunsten des Getreideanbaus weiter.
Neben dem Wechsel von einem wirtschaftlichen System der Zentralverwaltungswirtschaft zu einer Form der Marktwirtschaft stehen die mittelasiatischen Staaten damit zusätzlich vor der Aufgabe jeweils unabhängige Nationalökonomien aufzubauen. Die unterschiedliche Vorgehensweise auf der Strategieebene und ihre Einordnung erfolgte für die einzelnen Länder bereits in Kapitel 6.1.3. Die Auswirkungen dieser strategischen Entscheidungen auf die nationale Wirtschaftsentwicklung ergänzt die strategische Einschätzung und ermöglicht in der Folge eine Bewertung des ökonomischen Transformationsprozesses im Kontext der theoretischen Diskussion.

6.2.1 WIRTSCHAFTSENTWICKLUNG SEIT 1991

Eine makroökonomische Bestandsaufnahme ausschließlich anhand quantitativer ökonomischer Indikatoren ist im Kontext der hier betrachteten Staaten wenig aussagekräftig. So charakterisiert HALBACH 1997 die Aussagekraft der makroökonomischen Daten in den GUS-Staaten wie folgt: „*Angesichts der makroökonomischen Daten zwischen 1991 und 1994 mußte man sich im Fall .. Kirgistans oder Tadžikistan fragen, wie Gesellschaften dabei physisch überleben konnten. Offensichtlich entgingen der Statistik aber Sektoren, die hier schon in sowjetischer Zeit eine wichtige Rolle spielten: Lokalbasare und Schattenwirtschaft sowie Bereiche privater Wertschöpfung, die keinen statistischen Niederschlag finden.*" (HALBACH 1997: 113). Statistische Daten gehen im Folgenden somit nur in die Analyse ein, in soweit sie eine Trendfunktion haben oder raumstrukturelle Aspekte betreffen[98].

Die Wirtschaftsentwicklung war, wie auch bei anderen Transformationsstaaten mit Beginn der Unabhängigkeit, zunächst durch Wirtschaftsschrumpfung, hohe Inflation, Einkommensverluste und Wegfall alter Handelsbeziehungen geprägt. Die Aspekte der strukturellen Unterentwicklung und die starke Verflechtung innerhalb des sowjetischen Wirtschaftssystems prägten die Anfangsphase der Transformation. Ein wichtiger Schritt der Loslösung von Russland war die Einführung eigener nationaler Währungen in Mittelasien seit 1993 und Versuche durch alternative Handelspartner, vor allem in Europa und Asien, eine ökonomische Unabhängigkeit zu erreichen. In der Folge gelang es, die Wirtschaft auf geringem Niveau zu stabilisieren. Seit 1996 verzeichnen die Staaten leichte Anstiege des BIP und einen Rückgang der Inflation (GUMPEL 1997, HALBACH 1995). Tabelle 6.1 gibt einen Überblick über einige makroökonomischen Daten für 1998. Nach diesen Angaben liegt das BIP/Kopf in Uzbekistan weit über den Werten für Kyrgyzstan und Tadžikistan. Der Eindruck entsteht, dass trotz des mangelnden Reformwillens in Uzbekistan hier bessere ökonomische Leistungen zu Gunsten aller Bürger erzielt werden. Dieser erste Eindruck wird im weiteren zu überprüfen sein, denn diese Angaben spielen im Bereich der Raumwahrnehmung, wie noch zu zeigen ist, eine bedeutende Rolle (s. Kap. 6.4.2).

Tabelle 6.1: Makroökonomische Kennziffern 1998

	Kyrgyzstan	*Tadžikistan*	*Uzbekistan*
BIP ($ Mrd.)	1.6	1.3	12.2
BIP/Kopf ($)	344.1	216.4	510.3

Quelle: EIU 1999B

In der Einkommensentstehung spielt der Sektor Landwirtschaft weiterhin die bedeutendste Rolle. Die hohen Kennzahlen für den Bereich Dienstleistungen sind insofern wenig aussagekräftig, da Dienstleistung hier eine Sammelkategorie

[98] Eine ausführliche Übersicht der makroökonomischen Kennziffern findet sich in den jährlichen Veröffentlichungen von EBRD, EIU, IWF oder Weltbank.

bezeichnet, in der auch die Einkommen der Regierung sowie andere nicht näher bezeichnete Bereiche gefasst werden.

Tabelle 6.2: BIP nach Sektoren 1998 (% BIP)

	Landwirtschaft	*Industrie*	*Dienstleistung*	*Sonstige*
Kyrgyzstan	35.9	16.3	34.7	13.1
Tadžikistan	19.8	18.1	44.1	18.0
Uzbekistan	31.2	17.8	24.2	26.8

Quelle: UNDP 2000A, B, MINISTERIUM FÜR MAKROÖKONOMIK UND STATISTIK UZBEKISTAN 1998

Die Kontinuität in der Bedeutung des Sektors Landwirtschaft für die ökonomische Entwicklung wird auch bei Betrachtung des hohen Anteils der Beschäftigten in diesem Sektor deutlich. In Kyrgyzstan liegt der Anteil der Beschäftigten in der Landwirtschaft 1995 bei 47,3%, in Tadžikistan bei 59,0% und in Uzbekistan bei 41,2%. Für Kyrgyzstan und Tadžikistan bedeutet dies sogar eine Steigerung des Anteils seit der Unabhängigkeit, was auch als Zeichen für eine hohe versteckte Arbeitslosigkeit gewertet werden kann (ABAZOV 1999, EIGENE BERECHNUNGEN, MINISTERIUM FÜR MAKROÖKONOMIK UND STATISTIK UZBEKISTAN 1998, STATE STATISTICAL AGENCY FOF TAJIKISTAN 1996).

Die steigende Bedeutung des landwirtschaftlichen Sektors bezüglich der Beschäftigung liegt aber auch darin begründet, dass dieser traditionell die Wirtschaftsdomäne der einheimischen Bevölkerung darstellte, während Russen und Europäer den Industriesektor dominierten. Mit der Unabhängigkeit, in Tadžikistan auch als Folge des Bürgerkriegs, fand eine verstärkte Abwanderung der Russen und Europäer statt (s. Kap. 6.3.1). In der Folge dieser ethnisch spezifischen Abwanderung kam es zu einem Mangel an Facharbeitern in den Industriebetrieben. Dies trug entscheidend zur Schließung vieler Betriebe bei. Zeitgleich fielen mit der Unabhängigkeit auch die traditionell russisch dominierten Versorgungsrouten der Betriebe aus. Der Weg zu Ersatzteilen und anderen Betriebsmitteln verlief nun über den Weltmarkt und damit über Devisen. Sinkende Rohstoffpreise für Baumwolle im Vergleich zu steigenden Energiepreisen, die in der Sowjetunion noch hochsubventioniert waren, trugen zudem zu einem Einbruch der Industrieproduktion bei. Dort wo privatisiert wurde fehlen die Investitionen. Industrielle Großbetriebe überleben meist nur durch hohe Staatssubventionen (EIUA, B, C).

Eine scheinbare Kontinuität seit der Zeit der Sowjetunion weisen die für alle Länder offiziell angegebenen, extrem niedrigen Arbeitslosenraten auf. Für 1997 liegen diese in Uzbekistan bei 0,4%, in Tadžikistan 1998 bei 3,2% und in Kyrgyzstan 1999 bei 2,9% (UNDP 1998C, UNDP 2000A, B). Inoffizielle Angaben gehen allerdings von Arbeitslosenraten von über 20% aus (i.I.). Die Reaktion eines betroffenen Interviewpartner steht stellvertretend für viele. So äußerte dieser lachend *„2% Arbeitslose in Kyrgyzstan? Das haben Sie falsch verstanden. Das sollte sicher heißen, dass 2% einen Arbeitsplatz haben, nicht umgekehrt. Wenn man Arbeit sucht, muss man selber etwas machen. Es gibt keine Arbeit.*" (TI14). Auch die hohe Anzahl junger Menschen, die während des Tages in Teehäusern und auf der Straße anzutreffen sind, deuten auf eine höhere Arbeitslosigkeit als in den offiziellen Statistiken hin (EIGENE BEOBACHTUNGEN). Erschwerend bei der Bewertung sind auch die Definitionen von Arbeitslosigkeit. Für Uzbekistan gilt zum Beispiel nach Aussage eines einheimischen Experten: *„Als arbeitslos gelten nur Menschen, die über kein Hofland verfügen. Sobald sie über mindestens 600m² Hofland verfügen gelten sie nicht mehr als arbeitslos. Aber 600m² Hofland reichen nicht aus, um eine Familie zu ernähren, vor allem wenn es mehrere Erwachsene gibt"* (EUe). Auch das steigende Bevölkerungswachstum, vor allem auf dem Land, bei einer naturräumlichen Begrenzung der landwirtschaftlichen Nutzfläche im Kontext der Wirtschaftsstruktur der Länder unterstützen höhere Schätzungen der Arbeitslosigkeit.

Die wirtschaftliche Entwicklung der Länder weist neben den angesprochenen Gemeinsamkeiten, vor allem im makroökonomischen Bereich, aber auch Unterschiede auf. Diese sind für die Entwicklung der Struktur des Wirtschaftsraumes im Kontext der Frage nach raumstrukturellen Wirkungen von Transformation von Bedeutung.

Kyrgyzstan unterscheidet sich zwar nicht bezüglich der Bedeutung des Agrarsektors von den anderen betrachteten Staaten, wohl aber in den Produkten, da hier Getreide das Hauptprodukt bildet. Aufgrund der weiter sinkenden Erträge und der insgesamt geringen Anbaufläche ist aber auch Kyrgyzstan weiterhin auf Importe in diesem Bereich angewiesen (EIU 1999A). Die Privatisierung in der Landwirtschaft ist in Kyrgyzstan weit fortgeschritten, wenn auch der tatsächliche Status des Landes nicht ganz klar scheint, hier widersprechen sich die Aussagen zum Teil:

> *„Es gibt ein Grundbuch. Das Land ist privat, es kann verkauft und verpachtet werden, ist also richtig privat*" (EKj).
> *„Alle Farmer sind jetzt privat, auch die Maschinen sind privat. Man hat mindestens 2,5a pro Person erhalten*" (EKk).
> *„Aller Boden ist privat, für 49 oder 99 Jahre, danach auch lebenslänglich und vererbbar*" (EKb).
> *„Landwirtschaft ist privat, es gibt für 99 Jahre Pacht*" (EKx).
> *„In der Landwirtschaft hat die Privatisierung statt gefunden. Es gibt Nutzungsrecht für 49 Jahre, es ist auch vererbbar, aber es gibt kein Grundbuch. Die Landnutzer können nicht 100-prozentig sicher sein, dass sie Eigentümer sind*" (EIKo).
> *„Wirklich privat ist die Landwirtschaft auf Erbpacht. Es soll eine Umwandlung zu Eigentum durchgeführt werden, aber das bedeutet eine Gefahr der Spekulation*" (EIKv).

Einigkeit bestand darüber, dass die Entscheidung über die Anbauprodukte den Bauern überlassen ist. Der Staat hat sich somit aus der Landwirtschaft weit zurückgezogen, auch wenn er noch immer der Hauptkäufer der landwirtschaftlichen Produkte wie Getreide und Baumwolle ist. Als Folge der weitgehenden Privatisierung gibt es nun aber auch keine staatliche Unterstützung mehr für Betriebsmittel wie Diesel oder auch Dünger und Pestizide. Während in der Sowjetunion der starke Einsatz von Düngemitteln und Pestiziden ein ökologisches Problem darstellte, wird heute vor der Gefahr der Bodendegradation durch unzureichende Düngemittel und Pestizide gewarnt: *„Es fehlt an allem, was in der Landwirtschaft gebraucht wird. An Dünger gibt es wenn überhaupt nur Stickstoff. Dieser ist sehr teuer und eine Planung ist nicht möglich, da man nie weiß, wann es was und wie viel davon gibt. Auch die Mechanisierung ist schlecht. Die Bodennutzung müsste intensiviert werden*" (EIKv).

Neben der Getreideproduktion und der Baumwollproduktion, bildete die Viehzucht in dem traditionell nomadischen Gebiet einen wichtigen Wirtschaftszweig. Hier ist es in Folge der Privatisierung zu starken Herdenreduzierungen gekommen. *„Bei der Privatisierung ist das Vieh einfach aufgeteilt worden. Damit hat jede Familie gerade mal 2-3 Tiere bekommen. Mit dieser geringen Zahl kann man keine Herde gründen. Zudem fehlt vielfach das Wissen über die traditionelle nomadische Lebensweise. Als Resultat ist ein Großteil der Tiere schlicht gegessen worden. Als Folge der ausfallenden*

Beweidung sind nun viele Bergweiden nachhaltig für zukünftige Nutzung unbrauchbar geworden“ (EIKv). Diese Aussagen werden durch statistische Angaben untermauert. ANDERSON gibt, unter Berufung auf das Kyrgyzische Statistische Komitee, folgende Zahlen für die Herdenreduzierung im Zeitraum 1993 – 1997 an:

Tabelle 6.3: Viehzahlen (in 1000)

	Rinder	*Schafe und Ziegen*
1993	1122,4	8741,5
1997	847,6	3716,1

Quelle: ANDERSON 1999

Die Herdenreduzierung hat zudem weitere Ursachen. Durch die Ausweitung des Getreideanbaus mit dem Ziel der Importunabhängigkeit ist der Anbau von Futtermitteln seit der Unabhängigkeit um 2/3 zurückgegangen (EIU 1999A). Der kyrgyzische Landwirtschaftssektor hat in Folge der Transformation somit eine Vielzahl von Probleme zu bekämpfen. Desolat stellt sich die Situation dabei vor allem für periphere Gebiete im ländlichen Raum dar, wie auch die folgenden Aussagen für das Fergana-Tal belegen:

> „*In der Landwirtschaft verdient man gerade genug zu überleben*“(TI12).
> „*Die Bauern bauen das Gemüse und die Früchte für sich selbst an. Es ist reine Selbstversorgung*“ (TI13).
> „*Je weiter man sich von der Stadt entfernt, umso ärmer werden die Bauern. Produziert wird nur für den lokalen Markt, es gibt Transportprobleme. Um Oš herum ist die Landwirtschaft besser ausgestattet. In den Tälern ist auch die Bewässerung weiter funktionsfähig, die Bauern kümmern sich selbst darum*“ (EIKv).
> „*Es geht in Richtung Subsistenzwirtschaft*“ (EIKo).

Wichtiger Devisenbringer ist in Kyrgyzstan der Bergbau, vor allem die Steigerung der Goldexporte mit der Eröffnung der Goldmine bei Kumtor. Während der gesamte restliche Bergbausektor von einer staatlichen Firma kontrolliert wird (Kyrgyzaltyn), ist der Goldabbau in Kumtor ein kyrgyzisch-kanadisches Joint Venture mit der kanadischen Firma Cameco. Hier stehen vor allem Umweltaspekte in der Kritik, da Auflagen nicht eingehalten werden (I.I., EIU 1999A). Dies wird auch zur allgemeinen Kritik an der Beteiligung ausländischer Firmen bei der Rohstoffausbeute genutzt. Umweltaspekte sind auch bezüglich des Uranabbaus von Bedeutung, so betitelte die TAZ 1996 einen Artikel über die Gefahren Uranhalden in Kyrgyzstan mit „*Ein Tschernobyl im Wartestand*" (TAZ 01.07.1996). Die hier angesprochenen Uranhalden im Süden Kyrgyzstans sind wenig gesichert und ein Abrutschen der Halden könnte auf Grund der Nähe des Syrdar'ja die gesamte Bevölkerung des Fergana-Tals gefährden. Altlasten dieser Art, entstanden in der Zeit als Sowjetrepublik, sind finanziell von den nun unabhängigen Staaten nicht zu beseitigen. Während die Aralseeproblematik aber weltweite Aufmerksamkeit erregt, entgehen diese industriellen Altlasten weitgehend der Öffentlichkeit. Ähnliche Probleme gibt es auch im zweiten mittelasiatischen Uranabbaugebiet in Tadžikistan.

Auch in Tadžikistan ist die Entwicklung des Industriesektor rückläufig. Zum Einen auch hier bedingt durch die Abwanderungen von Spezialisten der Industriebetriebe, zum Anderen durch den Wegfall der Zulieferprodukte und die Entwicklungen des Bürgerkrieges. Der Uranabbau im Norden Tadžikistans ist in der Folge völlig zum Erliegen gekommen und auch der Goldabbau hat sich 1998 auf 1200 t reduziert (ETo). „*Der Reichtum des Nordens war der Bergbau. Zudem gab es Industrie im Bereich der Waffenproduktion und es wurden Teile für die Raumfahrt hergestellt. Auch Kohleabbau gab es. Jetzt ist alles zusammengebrochen, die Facharbeiter sind weg*" (ETo) Wichtiges Exportprodukt ist weiterhin Aluminium. Die Exportmenge hat sich nach 1991 aber um die Hälfte verringert, machte trotzdem 1998 immer noch 39% der Exporterlöse aus. Regional ist die Aluminiumproduktion auf den Westen Tadžikistans konzentriert (Tursunzoda). Problematisch ist hier wiederum, dass die Rohstoffe für die Produktion weitgehend importiert werden müssen und die veralteten Industrieanlagen hohe Investitionen bezüglich der Energieversorgung erfordern (EIU 1999B). Die Industrieanlagen in Tadžikistan sind „ *großteils stillgelegt oder nur gering ausgelastet. Im Industriesektor gab es bisher keine Reformen*" (ETk).

Im Bereich Landwirtschaft ist in Tadžikistan weiterhin Baumwolle, vor allem auf bewässerten Flächen, von Bedeutung. Auch hier leidet die Qualität der Baumwolle unter den mangelnden Betriebsmitteln. Nicht bewässerte Flächen werden zunehmend für den Weizenanbau genutzt. Der Anstieg der Getreideanbauflächen verlief auch hier zum Teil auf Kosten der Futtermittelanbauflächen mit entsprechenden Konsequenzen (s. Tab. 6.4).

Tabelle 6.4: Prozentualer Anteil der Anbauprodukte an der Anbaufläche 1990-1997 in Tadžikistan

	1990	*1997*
Getreide	12.5	36.1
Baumwolle	54.2	46.0
Futtermittel	26.5	14.7

Quelle: ADB O.J.

Die Erträge sind auch hier rückläufig. 1990 wurden noch 27.7 dt/ha Baumwolle erwirtschaftet, 1997 waren es nur noch 16.2 dt/ha. Auch hier ist eine Ursache in der mangelhaften Ausstattung der Betriebe zu sehen. Düngemittel und Pestizidnutzung sind von 1985 bis 1995 um 85% bzw. 93% zurückgegangen und gefährden auch hier die Bodenqualität durch Unternutzung so, wie die Übernutzung in der Sowjetunion ökologisch problematisch war (ADB O.J.). „*Es gibt keine eigene Pestizidproduktion und Düngemittel wird mit Händen und Füssen produziert. Gepflügt wird mit Tieren und ansonsten ist viel Handarbeit nötig*“ (ETd). Hinzu kommen mangelnde Investitionen in die Bewässerung und das Trockenfallen von Brunnen, welche die Entwicklung weiter erschweren. Auch hier fehlen die finanziellen Mittel für Investitionen. „*Die Bewässerung funktioniert nicht mehr, es geht viel Land verloren. Die Zukunft ist schwer, es gibt keine staatliche Unterstützung. Wenn Technik da wäre, hätten wir kein Problem*“ (ETj). Eine Unabhängigkeit von Getreideimporten konnte Tadžikistan bisher nicht erreichen. Die Privatisierung setzte auf Grund des Bürgerkrieges erst verspätet ein und geht entsprechend langsam voran:

> „*Die Privatisierung ist ineffizient und langsam. 99% der Farmer Assoziationen arbeiten nicht. Zudem bekommen die privaten Farmer nur schlechtes Land und unbewässertes Land. Die Struktur ist erhalten geblieben, die Kolchosen wurden zu Bauerngemeinschaften umgewandelt, aber es waren reine Namensänderungen. Die Farmer verfügen über keine realen finanziellen Mittel. Die größten Probleme sind Wasser, Saatgut und Düngemittel...Auf bestimmten Feldern muss Baumwolle angebaut werden, ansonsten kann man über den Anbau frei entscheiden*“ (ETd).
>
> „*Laut Regierungsgesetzt sind 15000 ha bewässerter Fläche für Privatfarmer bestimmt (im Fergana-Tal, d.V.). Bis 2000 sollen 40 Kolchozen umgewandelt sein. Die Kolchozen entscheiden, an wen sie die Baumwolle verkaufen, aber exportieren darf nur der Staat. Die*

> *Preise werden an der Liverpooler Börse bestimmt. Die Lage ist schwer, es fehlen Technik und Chemikalien. Pumpen müssen repariert werden. Wir haben ca. 50% weniger Produktionsmittel. Drainage gibt es seit dem Zerfall der Sowjetunion überhaupt nicht mehr*“ (ETj).
> „*Es gibt in der Landwirtschaft kein Gesetz für Grund und Boden. Es gibt verschiedene Pachtrechte. Es gibt ein Gesetz über die Tätigkeit des Bauern, welches die freie Wahl des Anbaus festlegt. Die Privatisierung hat angefangen, aber der Transformationsprozess wurde durch den Bürgerkrieg verzögert*“ (ETk).

Insgesamt steht die Wirtschaft Tadžikistan vor ähnlich großen Problemen wie in Kyrgyzstan. Erschwerend kommen hier die regionalen Differenzierungen und die Folgen des Bürgerkrieges hinzu.

Eine noch schlechtere Bilanz bezüglich der Privatisierung in allen Sektoren lässt sich in Uzbekistan ziehen. Hier bleibt der Staat in allen Sektoren bestimmender Faktor, wie die Ausführungen unter 6.1.3 belegen. Die Wirtschaftsentwicklung wird auch hier weiterhin durch den Baumwollanbau dominiert, der 40% der Exporterlöse ausmacht (EIU 1999C). Nicht nur uzbekische Exporte leben von uzbekischer Baumwolle, nach Aussage eines internationalen Experten: „*Kyrgyzstan hat 1998 mehr Baumwolle verkauft als produziert. Die Baumwolle wird über die Grenze geschmuggelt, da sie dort frei verkauft werden kann. Die Baumwolle kommt sicher aus Uzbekistan*“ (EIUr). In Uzbekistan sind die Baumwollpreise staatlich weit unter Weltmarktpreis festgelegt. Zugleich hat der Staat das Kaufmonopol, zahlt oft verspätet und versorgt die Betriebe nicht mehr mit Produktionsmitteln (STEIN 1997). Grenzüberschreitender Schmuggel ist somit wenig überraschend. Auch in Uzbekistan wurde zur Importsubstitution der Getreideanbau forciert. Trotz der Größe des Landes ist durch die naturräumlichen Bedingungen auch hier der Anteil landwirtschaftlicher Nutzfläche begrenzt, so das eine Ausweitung der Getreideanbauflächen, mit dem Ziel der Selbstversorgung, nur auf Kosten anderer Anbauprodukte erfolgen konnte. Baumwolle stellte den wichtigsten Devisenbringer, so dass der Ausbau der Getreideproduktion nicht zu einer Verringerung der Baumwollproduktion führen durfte (STEIN 1997, VAN ATTA 1993: 599). Trotz dieser Bedenken hat sich nach Angaben des uzbekischen Landwirtschaftsministeriums die Baumwollanbaufläche seit 1991 verringert (s. Tab. 6.5).

Tabelle 6.5: Veränderung der Baumwoll- und Getreideanbauflächen auf bewässerten Flächen 1995/1996 in Uzbekistan

	Getreideanbaufläche auf bewässerter Fläche (ha)	*Baumwollanbaufläche auf bewässerter Fläche (ha)*
1995	872.000	1.490.700
1996	1.200.000	1.437.900

Quelle: LANDWIRTSCHAFTSMINISTERIUM DER REPUBLIK UZBEKISTAN 1996

Auch hier wurde eine Reduzierung der Futteranbauflächen zur Erweiterung der Getreideanbauflächen notwendig. So reduzierte sich die Anbaufläche von Luzerne auf bewässerten Flächen von 280.800 ha 1995 auf 169.000 ha 1996. Die Anbauflächen für Körnermais waren ebenso rückläufig (LANDWIRTSCHAFTSMINISTERIUM DER REPUBLIK UZBEKISTAN 1996). Regional liegen die Getreideanbauflächen eher in den Gebieten westlich von Taškent. Im landwirtschaftlichen Gunstraum des Fergana-Tals liegt der Anteil der Baumwollanbauflächen an den bewässerten Flächen deutlich über dem von Getreide (STEIN 1997A: 83-88).

Bezüglich der Erträge ist auch hier ein Rückgang zu verzeichnen (I.I.). Glaubwürdige Statistiken liegen für Uzbekistan allerdings nicht vor. Ein Interviewpartner beschrieb die Erhebung uzbekischer Statistiken wie folgt: „*Der Vertreter der Behörde kommt zum Bauern und fragt ihn, wie viel Liter Milch seine Kühe pro Tag geben. Der Bauer fragt ihn, wie viel Liter sie denn geben sollen. Die entsprechende Antwort wird dann als Erhebungsergebnis aufgenommen*“ (EIUc). Eine ähnliche Einschätzung uzbekischer Statistiken gibt die EIU wieder: „*..that economic information is heavily manipulated and accurate information is in short supply*“ (EIU 1999C: 19). Tendenzen des Rückganges von Baumwollerträgen werden in Uzbekistan aber auch von offizieller Stelle zugegeben, auch wenn hier die Bauern verantwortlich gemacht werden, wie folgende Aussage unterstützt: „*Die Baumwollerträge sind fallend, fast überall geht die Agrarproduktion zurück. Es gibt keine effiziente Umsetzung der Dekrete und Gesetze. Die Bauern fühlen sich trotz Privatisierung nicht als Landbesitzer. Sie warten auf Befehle von oben. Es gibt wenig Initiative von unten. Die Abkommen zwischen Staat und Firmen werden nicht erfüllt. Das hat auch zu einem schnellen Wechsel von Leitern der Kolchozen in der Region (Fergana-Tal, d.V.) geführt. 106 Kolchozleiter wurden ausgewechselt*“ (EUg).

Diese Aussage vermittelt aber auch das mangelhafte Verständnis von Privatisierung. Der Interviewpartner sah keinen Widerspruch darin, die Bauern als privat zu bezeichnen, sie aber gleichzeitig als Kolchozleiter auswechseln zu können – was einen staatlichen Betrieb notwendig macht.

Als Ursache der Ertragsrückgänge gilt auch in Uzbekistan, neben der mangelhaften technischen Ausstattung, der Rückgang im Pestizid- und Düngemittelverbrauch (s. Abb. 6.1 und 6.2).

Abbildung 6.1: Pestizidverbrauch in Uzbekistan 1990-1995

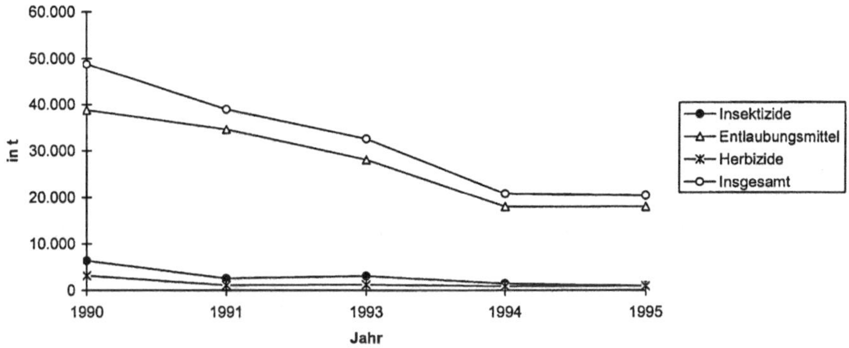

Quelle: LANDWIRTSCHAFTSMINISTERIUM DER REPUBLIK UZBEKISTAN 1996

Abbildung 6.2: Düngemittelverbrauch in Uzbekistan 1992-1995

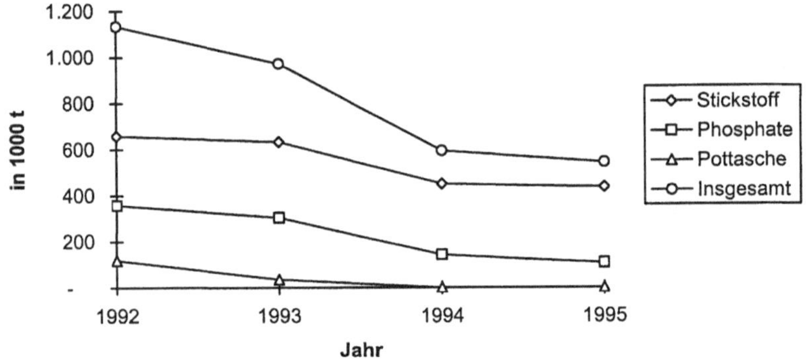

Quelle: LANDWIRTSCHAFTSMINISTERIUM DER REPUBLIK UZBEKISTAN 1996

Eine echte Privatisierung hat im Agrarsektor, wie bereits angedeutet, nicht stattgefunden. Land soll auch zukünftig nicht in Privatbesitz übergehen. Eine reale Privatisierung ist auch aufgrund des hohen Arbeitskräftebesatzes kaum möglich (s. Kap. 5.2). Dieser und das hohe Bevölkerungswachstum im ländlichen Raum würden eine hohe Zahl an Arbeitskräften frei setzen, die von der bestehenden Infrastruktur nicht aufgefangen werden könnten. „*Es gibt einen demographischen Druck im ländlichen Raum. Hier ist der Anteil der Beschäftigten in der Landwirtschaft besonders hoch. Die Regierung hat eine neues Programm für die Infrastruktur im ländlichen Raum verordnet, da wird viel gemacht. Aber das Bevölkerungswachstum ist höher als das der Arbeitsplätze*“ (EUg). Staatliche Planauflagen gelten weiterhin sowohl für die Baumwoll- als auch die Getreideproduktion und auch die Preise werden hier festgelegt. Problematisch ist hier, dass die Bezahlung der abgelieferten Produktionsmengen – wenn überhaupt – mit Verzögerung erfolgt. Ein Übergang zur Naturalentlohnung findet vielfach bereits statt (I.I.). Auch bezüglich der Privatisierung der agroindustriellen Firmen kann hier nur von einer formalen Privatisierung gesprochen werden. Ein Wettbewerb existiert nicht und die meisten Betriebe in diesem Bereich halten Monopolstellungen (FAPU 1996).

Die industrielle Entwicklung verlief auch in Uzbekistan zunächst negativ. Als problematisch erwies sich erneut der Wegfall des zentralen Umverteilungssystems als Folge des Zerfalls der Sowjetunion. Während

Uzbekistan die benötigten Produktionsgüter, vor allem Energierohstoffe, für seine Industrie im Rahmen des sowjetischen Wirtschaftssystems zu niedrigen Preisen beziehen konnte, stellte sich nun das Problem der Devisenbeschaffung zum Erwerb der nun teuren Produktionsgüter. Auch hier kam die Abwanderung der russischen Bevölkerung erschwerend für die Entwicklung hinzu, da damit zudem ein Facharbeitermangel begründet wurde (GRIFFIN 1995: 20, STEIN 1997A: 97).
Der Energiesektor als Devisenquelle wurde in der Folge, auch durch die Entdeckung neuer Erdölfelder, stark unterstützt und Uzbekistan wurde 1996 unabhängig von Erdölimporten. Erdöl- wie Erdgasverarbeitung wurden zudem weiterentwickelt (SINNOT 1997). Neben der Baumwolle ist Gold das zweitwichtigste Exportprodukt Uzbekistans. Die Goldproduktion wurde seit der Unabhängigkeit weiter ausgebaut, ist aber wie alle großen Industriebetriebe staatlich kontrolliert (EIU 1999C).

Als Folge der nur geringfügig durchgeführten Reformen und des endgültigen Rückzugs des IWF aus Uzbekistan ist die wirtschaftliche Entwicklung auch durch die hohe Diskrepanz der parallelen Währungskurse (offiziell, Schwarzmarkt) gefährdet. „*Ungefähr 28% der Devisen werden auf dem Schwarzmarkt gehandelt. Der informelle Sektor ist von großer Bedeutung*" (EIUn). „*Die Regierung muss mittlerweile auf dem Schwarzmarkt Dollar kaufen, um ihren Verpflichtungen nachzukommen*" (EIUp). Die Freigabe der Währung wird wiederum mit der Sicherung der Stabilität begründet, denn in der Folge würde es zu einem Einpendeln der Preise auf wesentlich höherem Niveau kommen. Im Kontext der Tatsache, das gerade auf dem Land der Tauschhandel eine wesentlich höhere Bedeutung erlangt hat und nur wenig Bargeld im Umlauf ist, kann diese Begründung zumindest in Zweifel gezogen werden.

Es wird deutlich, dass die koloniale Struktur der Wirtschaft als persistentes Merkmal der Sowjetzeit Bestand hat, hier durch die Transformation also nur geringe Veränderungen im Hinblick auf die Etablierung einer eigenständigen nationalen Ökonomie erfolgt sind. Die Rohstoffproduktion bildet weiter hin das wichtigste Einkommen. Der Rückgang der Produktion und die Probleme der Instandhaltung der wirtschaftlichen Infrastruktur erlauben keine Investitionen. Uzbekistan hat auf Grund der Rohstoffausstattung und des größeren Anteils an landwirtschaftlicher Nutzfläche eine positivere ökonomische Entwicklung zu verzeichnen. Die Auswirkungen für die Bevölkerung sind dabei allerdings nur gering, da der Staat weiterhin den entscheidenden Akteur im Wirtschaftssektor

darstellt und damit auch den Zugang zu den Gewinnen hat. „*Baumwolle, Nahrungsmittel – das ist alles schon vergeben und ganz oben ist der Staat. Der Staat besteht aus reichen Eliten. Das Geld geht raus aus dem Land. Irgendwann wird soviel Geld da sein, dass auch etwas im Land investiert wird. Die Politiker wissen schon was gut ist, aber im Moment verdienen sie zu gut*“ (EIUs). Damit relativiert sich auch die Angabe über das BIP/Kopf in Uzbekistan (s.o.). Unbedingt notwendig wäre auch hier der Aufbau einer verarbeitenden Industrie. Zum Einen um die Importabhängigkeit zu vermindern, zum Anderen um der steigenden Arbeitslosigkeit entgegen zu wirken. Gerade für Uzbekistan stellt sich die Frage nach den Auswirkungen wirklicher Reformen, die wahrscheinlich auch in diesem Land zu einer weiteren Wirtschaftsschrumpfung führen würden.
Ein Wirtschaftsfaktor, der an Bedeutung zunimmt, ist der Drogenhandel. Dieser spielt auch im Kontext der Entwicklungen des Fergana-Tals eine Rolle, da hier eine der wichtigsten Handelsrouten aus Afghanistan mit Ziel Moskau verläuft[99]. „*Der Drogenhandel ist in den letzten Jahren angestiegen, bei Opium um 100%, bei Heroin um 60%. Es werden zwar weit weniger Drogen über Mittelasien als über Iran und Pakistan transportiert, aber die Problematik ist da. Auch die Zahl der Drogenabhängigen hat sich erhöht. Vor allem bei Jugendlichen auf Grund der desolaten Wirtschaftssituation. Eine regionale Kooperation zur Bekämpfung des Drogenhandels ist zwar geplant, aber sie scheitert an dem Mangel an Kooperation, Mangel an Personal sowie Mangel an Ressourcen und Ausrüstung*“ (EIUq).

6.2.2 RÄUMLICHE WIRTSCHAFTSSTRUKTUR UND INFRASTRUKTUR

Die in Kapitel 5.2 analysierte Wirtschaftsentwicklung in der Sowjetunion war auf Moskau ausgerichtet und in die sowjetische Wirtschaftsentwicklung abhängig eingebunden. Auch die räumliche Verteilung der Wirtschaftskraft innerhalb der einzelnen Sowjetrepubliken und als Folge innerhalb der heutigen Nationalstaaten wurde in dieser Zeit geprägt und soll kurz für die einzelnen Länder zusammengefasst[100] werden.
Kyrgyzstan zeichnet sich vor allem durch die Nord-Süd Polarisierung aus. Die industriellen Ansiedlungen befinden sich im größtenteils im Norden, im Bereich der Hauptstadt Biškek und im Ču-Tal. Daneben gibt es auch im Süden, im Einzugsbereich der Städte Oš und Džalal-Abad kleinere Industrieansiedlungen. Der Süden des Landes hat Anteil am landwirtschaftlichen Gunstraum des

[99] Zur Rolle der Frauen im Drogenhandel vgl. ARIPOVA 1998.
[100] Die hier einfließenden Information entstammen z. T. Kapitel 5, dort finden sich auch die entsprechenden Quellennachweise.

Fergana-Tals und bildet damit ein, wenn auch kleines, Anbaugebiet für den Devisenbringer Baumwolle. Die Getreideproduktion findet hingegen im Norden des Landes statt.
Tadžikistan ist auf Grund der naturräumlichen Ausstattung regional sehr fragmentiert. Der Norden im Fergana-Tal war das Zentrum von Bergbauindustrie und Maschinenbau. Zugleich hat der Norden Anteil am landwirtschaftlichen Gunstgebiet des Fergana-Tals. Im Süden bzw. Südwesten, in der Region Chatlon, befindet sich aber das Hauptanbaugebiet für Baumwolle. Industrieansiedlungen finden sich zudem um die Hauptstadt Dušanbe, so wie punktuell im Westen des Landes. Der Osten Tadžikistan ist als Hochgebirgsland wenig entwickelt und stellt auch politisch als Autonome Region Berg-Badachšan ein eigenständige Region dar. Insgesamt findet sich in der Region Leninabad die diversifizierteste Wirtschaftsstruktur Tadžikistans.
In Uzbekistan liegen die industriellen Zentren um Taškent und Čirčik. Die zweite wichtige Industrieregion ist das Gebiet Fergana. Weitere Industrien finden sich eher punktuell (Gasli). Das Fergana-Tal ist Zentrum der Baumwollproduktion mit den höchsten Erträgen in Uzbekistan. Die strukturschwächste Region in Uzbekistan ist der Westen mit der Autonomen Republik Karakalpakstan. Hier sind auch die stärksten Auswirkungen der Aralseeproblematik zu verzeichnen.

Es zeigt sich, dass es auch innerhalb der einzelnen Länder eine disparate Wirtschaftsstruktur vorherrschend ist. Im Kontext der Transformation stellt sich nun die Frage, inwieweit in diesem Fall aktive Maßnahmen zur Reduzierung der regionalen Disparitäten in die Transformationsbestrebungen eingehen. Ein Faktor zur Überprüfung dieses Aspektes wäre die Existenz regionaler Wirtschaftsplanung. Wie sich bereits gezeigt hat (s. Kap. 6.1), herrschen in allen hier betrachteten Staaten zentralistische Strukturen vor, die Macht der Regionen ist relativ gering bis gar nicht vorhanden (Uzbekistan). Die Einsetzung der lokalen Verwalter, der Hokime, garantiert in allen Ländern die hierarchische Machtverteilung.
Die Feldforschung vor Ort hat ergeben, dass es in keinem der Länder eine staatliche regionale Wirtschaftsplanung gibt. Es stellte sich schon als sehr komplex heraus, den Interviewpartnern zu verdeutlichen, was diese Planung beinhalten könnte. Einige Interviewpassagen zu Aussagen in den einzelnen Ländern verdeutlichen dies:

„*Die Planung funktioniert noch nach den alten 5-Jahres Plänen. Es wird nur was geändert, wenn sich die politischen Bedingungen ändern*“ (EIUs).
„*Es gibt auch keinen nationalen Entwicklungsplan, die Planung verläuft wie zu Sowjetzeiten*“ (EUx).
„*Eine regionale Planung gibt es nicht. In der Transformation soll doch gerade nicht geplant werden, damit sich alles auf dem Markt entscheidet. Wir sollen doch gerade nicht mehr planen*“(EUh).
„*Die Regierung hat keine Zeit für Planungen. Außerdem hat sie in den Oppositionsgebieten keine Macht*“ (ETq).
„*Regionalplanung gibt es leider nicht. Als erster Schritt müsste die Privatisierung durchgesetzt werden. Das wäre zu kompliziert den Leuten zu erklären*“ (EKb).
„*Es gibt keine Regionalentwicklungspläne*“ (EIKo).

Eine Einbeziehung regionaler Ausgleichsmaßnahmen fand somit (soweit durch die Feldforschung feststellbar) nicht statt. Im Zuge der wirtschaftlichen Entwicklung haben sich wie erläutert die bestehenden Disparitäten – politisch wie wirtschaftlich – meist zumindest erhalten bzw. oft auch verschärft. Mangelnde Unterstützung des tadžikischen Nordens hat trotz seiner komparativen Vorteile und der Tatsache, dass diese Region vom Bürgerkrieg kaum betroffen war, zu einem Rückgang der ökonomischen Bedeutung geführt. In Kyrgyzstan haben sich die Disparitäten verstärkt. Investitionen finden hauptsächlich im Norden statt. Die Unruhen 1990 haben zu einer verstärkten Abwanderung der Russen aus dem Süden geführt, welche die Industrieentwicklung in großem Umfang negativ beeinflusst hat. In Uzbekistan ist die Entwicklung ähnlich. Die bedeutendsten Auslandsinvestitionen werden im Raum Taškent und im Fergana-Tal getätigt (z.B.: UzDaewo, UzSalaman). Transformationsstrategien ohne die Einbeziehung regionalspezifischer Aspekte hatte somit auch in diesem Bereich bereits Auswirkungen auf die Wirtschaftsstruktur. Auch hier wird wieder die Komplexität dieser Wirkungen und ihre Abhängigkeiten, sei es durch Ausgangsbedingungen oder durch politische Entwicklungen deutlich.

Ein weiterer wichtiger Aspekt für die Entwicklung des Wirtschaftsraumes Mittelasien und seiner Regionen ist die Infrastruktur als Folge der Entwicklung der Sowjetunion. Die Verkehrswege waren vollständig auf Russland ausgerichtet, alle internationalen Verbindungen führten über Russland, die nächsten Häfen waren Vladivostok oder St. Petersburg. Mit der Unabhängigkeit wirkten sich in Mittelasien folglich verstärkt die Folgen ihrer Einordnung als ‚landlocked countries' aus: Es gibt für keines der Länder einen direkten Zugang zum Weltmarkt, alle Wege führen weiterhin durch Russland. Die Schaffung neuer Infrastruktur ist damit ein weiterer notwendiger Aspekt der ökonomischen Entwicklung Mittelasiens, der allerdings extrem hohe Investitionen erfordert, welche die Länder in der momentanen wirtschaftlichen Situation kaum zu leisten im Stande sind. Ein gewisser Grad an wirtschaftlicher Abhängigkeit von Russland muss somit weiterhin in Kauf genommen werden (GUMPEL 1997).

Eine problematische Infrastruktur besteht auch innerhalb Mittelasiens. Karte 6.3 verdeutlicht die Infrastrukturausstattung in Mittelasien. Ein einschränkender Faktor des Infrastrukturausbaus ist zweifellos die naturräumliche Gliederung, vor allem die Hochgebirge. Es wird aber auch deutlich, dass die Infrastrukturplanung die Republikgrenzen vollständig ignoriert hat. Einige Beispiele sollen die dadurch bestehenden Probleme für die neuen Nationalstaaten verdeutlichen.

- Kyrgyzstan: Die Hauptstadt Biškek ist mit der zweitgrößten Stadt des Landes Oš und mit der Region Fergana-Tal, in der mehr als 50% der Bevölkerung leben, nur durch eine schlecht ausgebaute Straße verbunden. Diese Straße ist im Winter nicht befahrbar. Die direkte Versorgung und Verbindung zwischen nördlichem und südlichem Landesteil ist damit im Winter über die Straße nicht gesichert. Alternative Verbindungen bestehen über Uzbekistan. Bezüglich der Eisenbahnverbindung wird sogar eine mehrfache Überquerung von Landesgrenzen notwendig, da die Linie von Biškek über Kasachstan, Taškent /Uzbekistan, Chudžand/Tadžikistan, Fergana/Uzbekistan nach Oš verläuft. Um eine ganzjährige Verbindung innerhalb der Nationalgrenzen sicher zu stellen ist somit der Ausbau der Straßenverbindungen notwendig. Dieser ist geplant, allerdings mit hohen Kosten verbunden.
- Tadžikistan: Hier ist die Verkehrslage analog. Die Hauptstadt Dušanbe ist mit der zweitgrößten Stadt Chudžand im Norden durch eine sehr schlecht ausgebaute Straße (EIGENE BEOBACHTUNG), die zudem die Überquerung zweier ca. 3000m hoch gelegener Pässe erfordert, verbunden. Die Eisenbahnverbindung führt auch hier über mehrere Landesgrenzen (Turkmenistan, Uzbekistan). Insbesondere in Anbetracht der politischen Entwicklung ist diese auch infrastrukturelle

regionale Fragmentierung von Bedeutung. Separationstendenzen im Norden (Leninabad) können nur schwer kontrolliert werden. Die Niederschlagung des Angriffs im November 1998 in Chudžand war nur möglich, da die Pässe trotz der Jahreszeit passierbar waren (i.I.). Eine sichere ganzjährige Verbindung ist für die politische Stabilität Tadžikistans unbedingt notwendig.

- Uzbekistan: Uzbekistan ist mit dem Großteil der Regionen des Landes infrastrukturell verbunden. Auch hier bildet das Fergana-Tal den Problembereich. Die Passstrasse von Taškent in das Fergana-Tal war im Winter teilweise nicht befahrbar. Die real bessere Wirtschaftslage Uzbekistans hat hier aber einen zügigen Ausbau ermöglicht und die Strasse ist mit Einweihung des Straßentunnels 2000 nun ganzjährig befahrbar. Grund für die hohen Investitionen in den Ausbau der Infrastruktur sind aber auch hier politische Ursachen. Das Fergana-Tal gilt für die uzbekische Regierung als Basis islamischer Fundamentalisten (s.u.), so dass auch eine militärischen Zugänglichkeit der Region sichergestellt werden musste. Die Eisenbahnverbindung von Taškent ins Fergana-Tal macht allerdings auch eine Grenzüberschreitung notwendig, da die Linie durch den tadžikischen Oblast Leninabad führt.

Die enge Verflechtung der Transportwege als Erbe der sowjetischen Planung belastet die neuen Nationalstaaten. Problematisch ist für alle Länder, die Verbindung in ihre Regionen im Fergana-Tal sicher zu stellen. Nur Uzbekistan ist dies aufgrund der höheren Investitionsmöglichkeiten bisher für den Bereich Straßenbau gelungen.

Ein weiteres Beispiel für die ökonomischen Verflechtungen innerhalb Mittelasiens als Folge sowjetischer Planung zeigt die Betrachtung der Ressourcen Wasser und Energie. Uzbekistan verfügt über den absolut größten Anteil der Baumwollanbaufläche. Der Baumwollanbau ist auf Bewässerung angewiesen, welche in Uzbekistan hauptsächlich durch die Fremdlingsflüsse Syrdar'ja und Amudar'ja erfolgt. In ihren Ursprungsgebieten werden die Flüsse auf Grund der hohen Reliefenergie der Gebiete hauptsächlich für die Stromerzeugung genutzt. Weitere Faktoren in der Energieversorgung bildeten Gas- und Erdölerzeugnisse. Innerhalb des gemeinsamen Raumes der sowjetischen Republiken wurden die Ressourcen nach Bedarf zugeteilt und verschoben. Mit der Unabhängigkeit stellt sich die Situation nun anders dar. Tadžikistan und Kyrgyzstan sind auf uzbekische Gaslieferung zur Deckung ihres Energiebedarfs angewiesen. „*Die sowjetische Industrieentwicklung und auch die Versorgung der Haushalte waren auf billige, subventionierte Gaslieferungen innerhalb der Sowjetunion ausgerichtet. In Tadžikistan wird durch Wasserkraft aber Strom produziert. Eine Umstellung der einheimischen Wirtschaft von Gas auf Strom ist nicht möglich. Somit ist Tadžikistan auf Gas aus Uzbekistan angewiesen und verkauft dafür Strom aus Wasserkraft an Uzbekistan. Tadžikistan kann aber nicht genug Strom produzieren*" (ETk). Die Situation Kyrgyzstans ist ähnlich, zwar produzieren die Wasserkraftwerke Strom, aber Gas muss importiert werden. „*Kyrgyzstan könnte in Turkmenistan billiger Gas einkaufen, aber Uzbekistan verweigert den Transit*" (EIUs). Auch die Leitungen für Gas, Erdöl und Strom sind somit als Erbe der sowjetischen Planung für die Abhängigkeiten innerhalb Mittelasiens verantwortlicht. Die Monopolstellung Uzbekistans im Bereich der Energieversorgung hat zu vielfältigen Konflikten innerhalb Mittelasiens geführt (SINNOT 1997). „*Eigentlich sollte es eine Kompensation Gas/Wasser zwischen Uzbekistan und Kyrgyzstan geben, aber die uzbekische Politik ist da sehr willkürlich. Das heißt, wenn Karimov keine Lust auf Diskussionen hat, dreht er den Gashahn ab, auch im Winter .. Kyrgyzstan und Kasachstan können aber immer noch Gas auf Kreditbasis kaufen. Tadžikistan dagegen muss bar bezahlen, was sie oft nicht können*" (EIUs). Es wurde in Kyrgyzstan wie in Tadžikistan oft berichtet, dass keine Gaszufuhr vorhanden war, vor allem auch im Winter. Als Schuldige wurden in allen Gesprächen die Uzbeken genannt, in wieweit dies den Tatsachen entspricht war nicht endgültig nachprüfbar.

> „*Es kommt oft vor, dass wir weder Gas noch Strom noch Wasser haben*" (ETc).
> „*Uzbekistan räumt nur sehr kurze Fristen für die Bezahlung der Gaslieferung ein, dann stellen sie das Gas ab*" (ETk).
> „*Wir müssen Gas und Strom und Wasser im Haus bezahlen, aber auch wenn wir das schaffen fällt die Versorgung oft aus*" (TI6).
> „*Sobald die Gaszahlung nicht pünktlich ist, stoppt die Zufuhr. Es gibt zwar einen Vertrag mit Uzbekistan, aber der wird nicht eingehalten*" (EKb).
> „*Die Gasversorgung erfolgt aus Uzbekistan, wenn die Zahlung verspätet ist, ist das Gas weg*" (EKx).

Unmut wird vor allem darüber geäußert, dass Uzbekistan nicht für die Nutzung des Wassers bezahlt. Vor allem zwischen Kyrgyzstan und Uzbekistan gibt es

immer wieder Diskussionen über die Wassernutzung[101]. Uzbekistan erzielt einen Großteil der Devisen aus dem Baumwollanbau, der durch ‚kyrgyzisches' und ‚tadžikisches' Wasser ermöglicht wird. „*Kyrgyzen müssen Energie bezahlen, aber Uzbeken bekommen das Wasser umsonst*“ (EIKw). Kyrgyzstan beansprucht das Eigentumsrecht an allen natürlichen Ressourcen des Landes, auch an Wasser. Unter Berufung auf nationales und internationales Recht soll damit auch das Recht verbunden sein, Gebühren von den Staaten zu erheben, die das Wasser nutzen. Zudem sollen sich die Nutzerländer an den Kosten für die Unterhaltung und den Betrieb der hydrotechnischen Anlagen beteiligen. Kyrgyzstan wünscht zudem die Beteiligung an Kosten zur Erneuerung ihres Bewässerungssystems, da ohne diese weit mehr Wasser in Kyrgyzstan genutzt würde. Die Versorgung der Bevölkerung müsse sichergestellt werden, aber bei dem jetzigen Stand der Technik würde sich damit das zur Verfügung stehende Wasser für die Staaten am Unterlauf der Flüsse verringern. Kyrgyzstan bezeichnet die Lösung der zwischenstaatlichen Wasserfragen als vordringlich (OXUS 1999(2): 39-40).
Es wird deutlich, das Kyrgyzstan die Wasserfrage zur Lösung der ökonomischen Probleme des Landes nutzen möchte. Die Chancen, die Staaten an den Unterläufen zur Kooperation zu zwingen, sind schlecht. „*Wir können das Wasser ja nicht ganz stoppen, dann saufen wir ab! Ich hoffe, dass sich die Situation mit der Marktwirtschaft ändert*“ (EKx). Auch von uzbekischer Seite gibt es kein Entgegenkommen, was Gebühren für die Wassernutzung betrifft (SINNOT 1997). „*Es gibt doch eine Kompensation für die Wassernutzung, wir liefern Gas an Kyrgyzstan, das funktioniert. Uzbekistan hat Kyrgyzstan durch den Aufschub von Schulden geholfen und finanziert auch die Gasleitung nach China zum größten Teil. Außerdem gibt es nirgendwo auf der Welt ein Land, dass für die Benutzung von Wasser an die Staaten der Oberläufe der Flüsse Geld bezahlt. Eine bezahlte Wassernutzung wäre viel zu kompliziert*“ (EUg).

Die Bedeutung der Ressource Wasser ist in der Region enorm. Während die Nutzung zu Zeiten der Sowjetunion aufgrund der zentralen Planung aus Moskau weitgehend unproblematisch war, stellt die Frage der regionalen Kooperation nun einen bedeutenden Aspekt für die Zukunft dar. Bisher ist diese allerdings noch wenig erfolgreich. Am 06. Juli 2001 berichtete die TIMES OF CENTRAL ASIA über ein erneutes Abkommen über die Wassernutzung zwischen Kasachstan, Kyrgyzstan und Uzbekistan, in dem Quoten festgelegt wurden. In

[101] Ausführlich zur Problematik von Wasser als Konfliktpotential in Mittelasien vgl. KLÖTZLI 1997 und SMITH 1995.

wie fern diese Abkommen aber eine reale Umsetzung erfahren wird ist allerdings kaum zu beantworten (KLÖTZLI 1997: 170-174, TIME OF CENTRAL ASIA 06.07.2001). Die Ressource Wasser und ihre Nutzung ist mit Etablierung der Nationalstaaten zu einer nationalen Frage in den verschiedenen Ländern geworden, welche auf politischem Wege gelöst werden müsste. Da die Priorität der neuen Staaten bei der Konsolidierung der neuen Nationalstaatlichkeit und der Etablierung einer unabhängigen nationalstaatlichen Wirtschaftsstruktur liegen, bilden die bestehenden regionalen Abhängigkeiten und Austauschbeziehungen, als Folge der wirtschaftspolitischen Entscheidungen der Sowjetzeit, heute für die neuen Nationalstaaten ein nicht zu unterschätzendes Konfliktpotential.

Die Bedeutung der Landwirtschaft spiegelt sich auch in der Frage der Landnutzung wieder. Es wurde an verschiedener Stelle bereits auf die unterschiedlichen Aspekte der Landnutzung hingewiesen. Zusammenfassend stellen steigende Bevölkerungszahlen im ländlichen Raum, geringer Erträge, fortschreitende Bodenversalzung und Desertifikationserscheinungen sowie mangelhafte Bodenbewirtschaftung und verfallende Bewässerungstechnik (FAO 1997, WEIßENBURGER 1992) eine hohes Konfliktpotential für die Frage der Landnutzung dar. Die ohnehin knappen Landressourcen werden durch diese Aspekte knapper und damit bei steigendem Bedarf umstrittener. Im Kontext der erläuterten Wasserproblematik wird hier das Konfliktpotential weiter erhöht.
Die naturräumlichen Bedingungen erlauben aber keine räumliche Ausweitung der Landwirtschaft, Land wird damit zu einer immer knapper werdenden Ressource. Dies gilt vor allem für das dicht besiedelte Fergana-Tal.

6.2.3 TRANSFORMATION UND WIRTSCHAFTSRAUM

Die Ausgangsbedingungen 1991 haben bereits mit der Übernahme der Republikgrenzen als Nationalgrenzen Disparitäten hervorgebracht, wie die Kurzcharakterisierung der Länder in Kapitel 6.1.1 deutlich gemacht hat. Die nationale Abgrenzung hatte nicht die postulierte Einbeziehung ökonomischer Aspekte vollzogen, so das im Ergebnis die Länder Kyrgyzstan und Tadžikistan durch die Übernahme der neuen Nationalgrenzen die geringsten Chancen auf ökonomische Eigenständigkeit hatten. Die Abgrenzung hat Uzbekistan mit den wichtigsten Ressourcen, den ausgeprägtesten Industrieansiedlung und dem größten Anteil an landwirtschaftlicher Nutzfläche bedacht und damit die Ausgangsposition dieses Landes entscheidend beeinflusst. Auch die infrastrukturelle Ausstattung begünstigt Uzbekistan. Betrachtet man diese

Aspekte im Kontext der gesamtwirtschaftlichen Entwicklung wird deutlich, dass die Ausgangsbedingungen hier einen entscheidenden Faktor für die Transformation darstellen, welche zudem nicht durch nationalstaatliches politisches Handeln zu verändern sind. Uzbekistan hat ökonomisch komparative Vorteile und versucht zudem damit die Vormachtstellung in der Region zu erhalten. Die Verflechtungen im Bereich Energie und Wasser verstärken diese Tendenz. Dabei kommen die komparativen Vorteile aufgrund der Ressourcen allerdings nicht der breiten Bevölkerung zu Gute, nur eine kleine Elite profitiert. Insgesamt hat sich die wirtschaftliche Situation in allen betrachteten Ländern im Vergleich zum Startpunkt der Transformation stark verschlechtert. Die Verarmung der Bevölkerung nimmt vor allem auf dem Land weiter zu.

In allen betrachteten Staaten hat sich die auf Rohstoffproduktion orientierte Wirtschaftsstruktur während der bisherigen Transformationsphase als weitgehend persistent gezeigt. Auch die regionalen ökonomischen Disparitäten innerhalb der betrachteten Länder zeigen Persistenz bzw. haben sich zum Teil sogar verschärft. Eine regionale Wirtschaftsplanung mit dem Ziel des Ausgleichs der Disparitäten war in keinem der betrachteten Länder Teil der Transformationsstrategie. Trotz der schnell durchgeführten Reformen ist es in Kyrgyzstan nicht zu einer positiven wirtschaftlichen Entwicklung gekommen. *„Die kyrgyzische Regierung ist bankrott*" (EIKb). Dagegen gilt das reformschwächste Land Uzbekistan als ökonomisch vergleichsweise erfolgreich. Die Glaubwürdigkeit der Transformationsnotwendigkeit sowie die Akzeptanz des Prozesses bei der Bevölkerung leidet entsprechend.

6.3 Gesellschaft und Transformation

Transformation wirkt vor allem auf die beteiligten Akteure – sei es in ihrer Funktion als Wirtschaftssubjekt, Wähler oder im Alltag. In Mittelasien fanden sich zum Zeitpunkt der Unabhängigkeit zwei neben einander existierende Gesellschaften (Russen bzw. Europäer und Titularbevölkerung inkl. einheimischer Minderheiten) mit einer zahlenmäßig geringen Mittlergruppe, bestehend aus Eliten der Titularnationen. Auch eine regionale Differenzierung konnte festgestellt werden. Regionen mit erhöhtem Anteil Russen an der Bevölkerung, wie z.B.: Nordkyrgyzstan, resultierten auch in einer stärkeren Russifizierung einheimischer Bevölkerungsgruppen. Innerhalb der sowjetischen Gesellschaft hat sich somit eine Form der Zwei-Klassen-Gesellschaft herausgebildet, in der Russen und Europäer, sowie die einheimische Nomenklatura als Mittler, die Führungsrolle übernahmen und damit die

Unzufriedenheit einheimischer Bevölkerungsgruppen nach sich zogen. Auch hat sich gezeigt, dass die sowjetischen bzw. russisch-europäisch geprägten Gesellschaften ihren Siedlungsschwerpunkt in den Städten und Industrieregionen hatten, während die gesellschaftliche Sowjetisierung im ländlichen Raum kaum griff und nur auf der Ebene der Infrastruktur nachhaltigen Einfluss ausübte (Bildung, Gesundheitsversorgung) (s. Kap. 5.3). Mit der Unabhängigkeit hat sich das Rollenbild der Gesellschaft gewandelt, die Russen wurden zu einer Minderheit in einem durch die Titularnation geprägten Nationalstaat und damit abhängig von der Politik der Menschen, denen sich viele vorher überlegen fühlten. Die Folgen der Nationalisierung wie auch des tadžikischen Bürgerkrieges spiegeln sich folglich in den Veränderungen der Bevölkerungsstruktur wieder, welche räumlich disparat ausgeprägt ist. Bevor die soziostrukturellen Ursachen und Folgen dieser Veränderungen analysiert werden erfolgt ein Überblick über die strukturelle Entwicklung.

6.3.1 BEVÖLKERUNGSSTRUKTUR IM WANDEL

Der Bevölkerungsanstieg in Mittelasien, der sich bereits seit Beginn der 1960er Jahre verfolgen lässt, setzte sich weiter fort (s. Tab. 6.6).

Tabelle 6.6: Bevölkerungsentwicklung 1989 – 1999 (in Mio. Einwohner)

	1989	*1996*	*1999*
Kyrgyzstan	4.2	4.7	4.9
Tadžikistan	5.2	5.9	6.1
Uzbekistan	18.8	23.0	24.2

Quelle: VERÄNDERT NACH UNDP 2000A, UNDP 2000B, NATIONALES STATISTISCHEN KOMITEE KYRGYZSTAN 2000, UNDP 1998C, STATE DEPARTMENT OF STATISTICS UZBEKISTAN 1999

Eine Ursache des steigenden Bevölkerungswachstum sind die hohen Zuwachsraten auf Grund der weiterhin hohen Geburtenraten (s. Karte 6.4). Hier zeigt sich auch, dass die Geburtenraten in den landwirtschaftlich geprägten Gebieten höher sind, als in den Gebieten um die Hauptstädte und Industrieregionen. Das Fergana-Tal verzeichnet eine mittlere bis hohe Geburtenrate im jeweiligen nationalen Vergleich. Zwar hat sich die Geburtenrate seit der Unabhängigkeit insgesamt verringert, (s. Tab. 6.7) die Auswirkungen auf die absolute Bevölkerungszahl werden aber erst mit Verzögerung einsetzen, da der Anteil junger Frauen in der Bevölkerung auf Grund der bisherigen Bevölkerungsdynamik weiterhin hoch ist.

Tabelle 6.7: Geburtenrate je 1000 1988 und 1997 bzw. 1995

	1988	*1995*	*1997*
Kyrgyzstan	31.2	27.5	
Tadžikistan	40.0		23.2
Uzbekistan	35.1		25.5

Quelle: VERÄNDERT NACH LUBIN 1991, UNDP 1998A, UNDP 1998B, UNDP 1998C

Die höheren Wachstumsraten der einheimischen Bevölkerung im Gegensatz zu Russen und Europäern, wie sie in Kapitel 5.3.1 ausführlich erläutert wurden, spiegeln sich in der Veränderung des Anteils von Stadt- und Landbevölkerung wieder. Der Anteil der städtischen Bevölkerung ist in allen betrachteten Republiken rückläufig und 1997 auf unter 40% gesunken (s. Karte 6.4), die Steigerung der Zuwachsraten in den Städten somit geringer als im ländlichen Raum. Das stärkere Bevölkerungswachstum der einheimischen Bevölkerungen mit ihrem Siedlungsschwerpunkt im ländlichen Raum wirkt sich somit direkt auf die Bevölkerungsstruktur aus und erhöht in den ländlichen Gebieten den Druck auf die natürlichen Ressourcen Land und Wasser. Die ohnehin schon hohen Bevölkerungsdichten im uzbekischen Fergana-Tal sind als Folge weiter gestiegen und liegen in Andižan 1999 bei 505 Ew./km² (STATE DEPARTMENT OF STATISTICS UZBEKISTAN 1999).

Eine weiterer Aspekt der Bevölkerungsdynamik stellt die Migration[102] dar. So ist eine weitere Ursache für die Veränderung der Bevölkerungsstruktur die steigende Abwanderung der Russen und Europäer, welche sich signifikant auf den Rückgang des Anteils der städtischen Bevölkerung auswirkt. Die Abwanderung von Russen und Europäern bei gleichzeitigem Anstieg der einheimischen Bevölkerung hat die ethnische Bevölkerungsstruktur in allen betrachteten Staaten zu Gunsten der Titularnationen verändert, wie Abb. 6.3a bis 6.3c verdeutlichen.

[102] Zu Migration in Mittelasien vgl. HALBACH 1997a und ISLAMOV 2000.

Abbildung 6.3a: Ethnische Bevölkerungsstruktur 1989 und 1999 in Kyrgyzstan

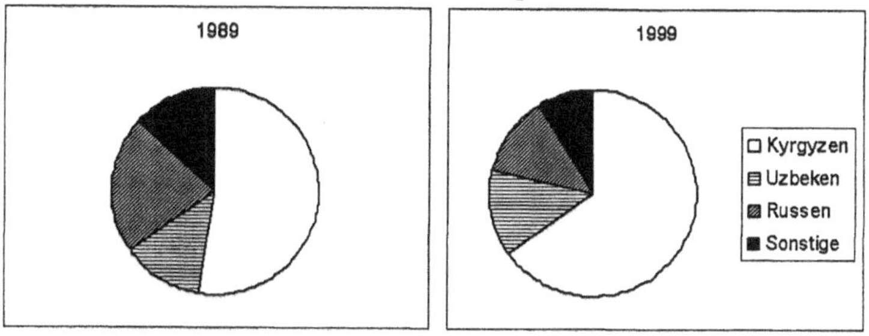

Quelle: LUBIN 1991, NATIONALES STATISTISCHES KOMITEE KYRGYZSTAN 2000

Abbildung 6.3b: Ethnische Bevölkerungsstruktur 1989 und 1996 in Tadžikistan

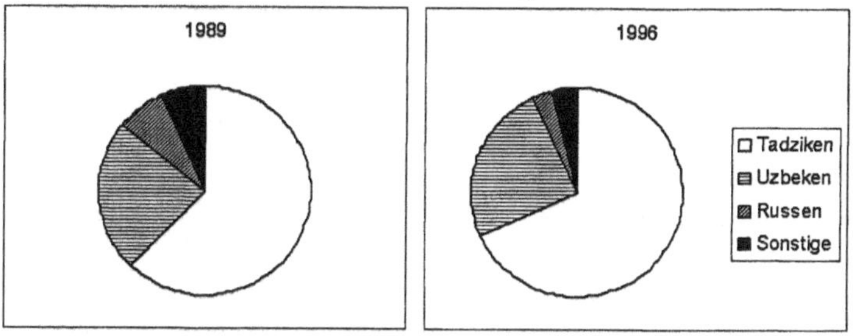

Quelle: LUBIN 1991, STATE STATISTICAL AGENCY TAJIKISTAN 1996

Abbildung 6.3c: Ethnische Bevölkerungsstruktur 1989 und 1995 in Uzbekistan

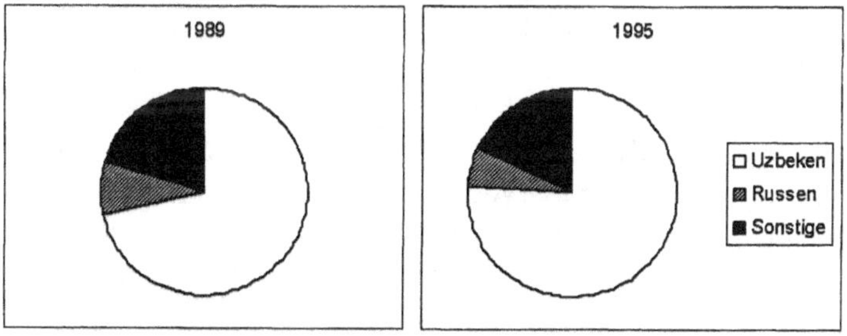

Quelle: ISLAMOV 2000, LUBIN 1991

Auffällig ist der starke Rückgang des Anteils der Russen an der Bevölkerung in Kyrgyzstan. Dieser hat in der Folge signifikant zur Erhöhung des Anteils der Titularnation beigetragen. Vor der Unabhängigkeit die Nation mit der inhomogensten Bevölkerungsstruktur, ist der Anteil der Titularnation in

Kyrgyzstan nun fast genauso hoch wie der entsprechende in Tadžikistan. Vergleichsweise gering ist der Anstieg des Bevölkerungsanteils der Titularnation in Uzbekistan. Da hier aber schon 1989 die homogenste Struktur zu verzeichnen war, bedeutet aber auch der geringe Anstieg eine weitere Stärkung der Titularnation, in diesem Fall der Uzbeken. Leicht ansteigend war der Anteil der uzbekischen Minderheiten in Kyrgyzstan wie in Tadžikistan, wo diese 1996 ein Viertel der Bevölkerung stellten. Für Tadžikistan und Kyrgyzstan bedingt die in Kapitel 5 erläuterte regionale Verteilung der ethnischen Bevölkerung noch höhere Anteile der uzbekischen Minderheit in den uzbekischen Siedlungsgebieten, vor allem im Fergana-Tal. Betrachtet man diese Bevölkerungsstruktur im Kontext der politischen Entwicklungen in Kyrgyzstan und Tadžikistan (s. Kap. 6.1.2) wird deutlich, dass der Umgang mit der uzbekischen Minderheit ein bedeutendes regional begrenztes Konfliktpotential in diesen Ländern darstellt.

Leider war es nicht möglich offizielle Angaben zum Anteil der tadžikischen und kyrgyzischen Minderheiten in Uzbekistan zu erhalten, welche auch in ihrer regionalen Ausprägung von Bedeutung sind. So wurde der Anteil der tadžikischen Bevölkerung in Uzbekistan schon 1989 mit unter 5% angegeben, obwohl PALLAT 1994 angibt, das die tadžikisch sprechende Bevölkerung in den traditionellen Siedlungsgebieten wie Buchara und Samarkand die Mehrheit der Bevölkerung bildete (PALLAT 1994: 1016-1017). Hier wird die schon mehrfach angesprochene Problematik der sprachlichen Abgrenzung der Ethnien deutlich, mit welcher sich historisch keine nationale Zuordnung verbunden hatte und die auch weiterhin ein unzureichendes Abgrenzungskriterien bildet.

Die bereits in der Zeit als Sowjetrepubliken begonnene Dynamik der Bevölkerungsentwicklung hat sich in den einzelnen Nationalstaaten fortgesetzt. Die Abwanderung der Russen wurde durch den Transformationsprozess forciert. Die Geburtenrate in den betrachteten Republiken ist auf hohem Stand leicht rückläufig. Als Folge steigt der Bevölkerungsdruck in den ländlichen Siedlungsschwerpunkten, vor allem im Fergana-Tal, weiter stark an. Während der Anstieg der Anteile der Titularnationen positiv im Kontext der Identitätsbildung gesehen werden kann, stellt sich die Minderheitensituation anders da. Vor allem die Eingliederung der großen uzbekischen Minderheit innerhalb der Nationalstaaten Kyrgyzstan und Tadžikistan hat sich bereits als problematisch erwiesen. Hier spielt auch der absolute Anteil der Uzbeken in der Region sowie die Nachbarschaft des relativ homogenen Uzbekistan eine entscheidende Einfußgröße für die zukünftige Entwicklung.

6.3.2 NEUORIENTIERUNG: SPRACHE UND AUSBILDUNG

Bereits im Rahmen der beginnenden politischen Neuorientierungen wurden in Kyrgyzstan und Tadžikistan die jeweiligen Titularsprachen zu Nationalsprachen erklärt[103] (s. Kap. 6.1.2). Mit der folgenden Unabhängigkeit bildete die Sprache eine der wichtigsten Insignien der Nationalstaatlichkeit. Auch für die russische und europäische Bevölkerung spielte die Entscheidung über die zukünftige Stellung der russischen Sprache eine bedeutende Rolle. Da Russisch die Lingua Franca der Sowjetunion war und Bedingung für eine gehobene Ausbildung sowie für den Zugang zur nationalen Elite, sahen die Russen und Europäer meist keine Notwendigkeit, die jeweiligen Titularsprachen zu erlernen.
Die bereits 1989 in Gang gesetzte Entwicklung hin zur Etablierung der Titularsprache als Nationalsprache wurde in allen hier betrachteten Ländern in die jeweiligen neuen Verfassungen aufgenommen. Das Beherrschen der Titularsprache sollte z.B. in Uzbekistan bis 2000 abgeschlossen werden (I.I.), wobei nicht klar ist, wie dies überprüft werden soll. Aber nicht nur für die Russen und Europäer war die Statusänderung der russischen Sprache von Bedeutung. In den stark russisch-geprägten Gebieten, wie den Hauptstädten und z.B. dem nördlichen Kyrgyzstan, beherrschte auch die einheimische Bevölkerung die russische Sprache oft besser als die eigene. Das gilt vor allem für die politische Elite der Länder. Die russische Sprache bildete meist die Voraussetzung für eine spätere Karriere, so waren z.B. die Universitäten hauptsächlich russisch-sprachig. Der uzbekische Präsident Karimov, wie sein Kollege Akaev, sollen bis heute die russische Sprache besser beherrschen als ihre jeweilige Titularsprache. Im Rahmen der Vorbereitung der letzten Präsidentenwahl in Kyrgyzstan (2000) wurde für die Kandidaten ein kyrgyzischer Sprachtest vorgeschrieben. Das bestehen des Sprachtests von Präsident Akaev wurde zur Schlagzeile „*..is a Yahoo 'oddly enough news item: 'Yes, the President of Kyrgyzstan speaks Kyrgyz!'*“ (VAN DER HEIDE 2000, VORTRAG AM 18.11.)(I.I., EIKX, EIKW, HALBACH 1997).

Die Umsetzung der neuen Sprachgesetze und damit die Verbreitung der Titularsprache stellt die Bildungssysteme in den betrachteten Ländern aufgrund der hohen Kosten vor kaum lösbare Probleme. Die Unabhängigkeit hat zudem ja auch die Staatsideologie verändert. Eine reine Übersetzung bestehender russischer Schulbücher ist damit nicht ausreichend, diese müssen in den jeweiligen Ländern inhaltlich neu konzipiert werden. Zudem sind die

[103] Vgl. zur Sprachenpolitik auch HEUER, KELLNER-HEINKELE 1999.

Universitäten bis heute durch die russische Sprache dominiert. Wissenschaftliche Veröffentlichungen sind größtenteils in russischer Sprache abgefasst, auch da viele Vertreter der Universitäten und Akademien der Wissenschaften die russische Sprache besser beherrschen und auch die Fachterminologie in den einheimischen Sprachen nur unzureichend vorhanden ist. „*Die Sprache hat sich 70 Jahre nicht weiterentwickelt, viele Worte fehlen*" (EUm). In Uzbekistan wurde zudem das lateinische Alphabet eingeführt, welches bis 2000 das Kyrillische ersetzen soll. Auch hier wäre eine komplexe und kostenintensive Organisation notwendig. Es ist nicht ausreichend, nur in den Schulen das neue Alphabet zu unterrichten, gerade die erwachsene Bevölkerung würde bei einer vorschnellen Umstellung zu Analphabeten. Eine durchgehende Einführung des neuen Alphabets müsste also auch die Unterrichtung der erwachsenen Bevölkerung gewährleisten. Vor allem in ländlichen Gebieten hat sich diese Umstellung als problematisch erwiesen und hier ist weiterhin das kyrillische Alphabet vorherrschend. In der Hauptstadt und den Touristenzentren wie Buchara und Samarkand finden sich zunehmend Hinweisschilder in lateinischem Alphabet, wobei auch hier keine einheitlichen Schreibweisen zu finden sind. Die bisherige Art der Einführung des neuen Alphabets hat somit vorerst zu einer Intensivierung der Disparitäten zwischen ländlichem und städtischen Raum geführt (I.I., EIGENE BEOBACHTUNGEN, NOWAK 1995).
Die desolate ökonomische Situation in den Ländern, vor allem im ländlichen Bereich, hat zudem zu einer Reduzierung der Ausgaben für den Bildungsbereich geführt. Mit einem Anteil von 7.7% des BIP (1996) liegt der Anteil der Ausgaben für den Bildungsbereich in Uzbekistan trotz eines Rückgangs im Vergleich zu Kyrgyzstan mit 4.1% (1999) und Tadžikistan mit 2.2% (1998) vergleichsweise hoch und spiegelt damit auch wieder die komparativen Vorteile Uzbekistans im ökonomischen Bereich wider (UNDP 1998C, UNDP 2000A, UNDP 2000B). Als Folge der insgesamt geringen Bildungsausgaben zerfällt die notwendige Infrastruktur. Vor allem in den ländlichen Gebieten ist es auf Grund verspäteter oder ausfallender Lohnzahlungen vielfach zum Wegzug der Lehrer gekommen. In der Folge findet der Unterricht heute vielfach in bis zu 3 Schichten statt. Hinzu kommen die hohen Kosten für Schulbücher und Ausstattung der Schulen. Materielle Schwierigkeiten gelten auch als Hauptgrund dafür, das immer mehr Kinder keine Schule mehr besuchen. Im Süden Kyrgyzstans sind durch natürliche Katastrophen wie z.B. Schlammlawinen eine Reihe von Schulen zerstört worden. Das Geld für den Wiederaufbau fehlt genauso wie eine Transportinfrastruktur, die den Besuch anderer Schulen in einiger Entfernung ermöglichen würden (UNDP 1999). Es besteht die Gefahr,

dass bei einer weiteren Verschlechterung der Bildungsinfrastruktur zum Einen der ländliche Raum weiter benachteiligt wird und zum Anderen Erfolge der sowjetische Bildungspolitik, wie durchgehende Alphabetisierung der Bevölkerung und dezentrale Struktur der Bildungs- und Ausbildungsinstitutionen, verloren gehen.

Der neue Status der Titularsprache hat zu einer raschen Umstellung von Administration, Formularen etc. geführt. Wenn eine zweite Sprache eingesetzt wird, ist es heute vielfach die englische Sprache. Aufgrund der ökonomischen Bedeutung der englischen Sprache ziehen es nun auch russisch-sprachige Bevölkerungsgruppen vor eher Englisch zu lernen, als die Titularsprache (EIKx). Eine weitere Folge der Sprachenpolitik war die zunehmende Emigration von Russen und Europäern, mit schwerwiegenden Folgen für die Ökonomie (s. Kap. 6.2.3). So gaben nach BUŠKOV, SITNJANSKIJ noch 1994 83% der potentiellen Auswanderer die Sprachensituation als Hauptgrund für die Auswanderungsabsicht an (BUŠKOV, SITNJANSKIJ 1997: 11). In Kyrgyzstan änderte sich die Sprachenpolitik gegenüber der russischen Sprache im Kontext der ökonomischen Folgen der Emigration der Russen und Europäer. Präsident Akaev spricht nun von „Kyrgyzstan als gemeinsamem Haus“ für alle Nationen und Sprachen. Ausnahmeregeln verbesserten den Status der russischen Sprache und die Anzahl der Emigrationen ging zurück. In Biškek wurde die slawische Universität gegründet und bezüglich ihrer Bewertung finden sich Parallelen zur Dualität des Wertesystems der Sowjetzeit. *„An den Universitäten gibt es keine Qualität mehr, die Examen werden gekauft. In Biškek ist nur die Slawische Universität eine Eliteuniversität“* (TI12). Im Mai 2000 wurde schließlich die russische Sprache per Gesetz zur ‚offiziellen Sprache' erklärt. MEGORAN vermutet dabei allerdings, dass die Ursache für die Aufwertung der russischen Sprache auch darin begründet liegt, dass die kyrgyzische Sprache nicht den Status erreichen konnte, der ihr 1991 zugedacht war. Zudem nennt er die folgenden Präsidentenwahl und die erneute Annäherung an Moskau als weitere Ursachen des Wandels in der Sprachenpolitik (MEGORAN 2000A). In Uzbekistan scheint die Durchsetzung der Sprache als Staatsprache weniger problematisch. Der Anteil der russischen Bevölkerung hat hier nie die Bedeutung wie in Kyrgyzstan erlangt und die Russifizierung war in ländlichen Gebieten, wo der größte Anteil der uzbekischen Bevölkerung lebt nicht sehr ausgeprägt (HALBACH 1997).

In der Sprachenfrage stehen in allen betrachteten Ländern die jeweilige Titularsprache und Russisch im Mittelpunkt der Diskussion. Es stellt sich somit die Frage nach der Stellung der Sprachen der Minderheiten. Die Bevölkerungsstruktur weist regional hohe Anteile uzbekischer Bevölkerung in Kyrgyzstan und Tadžikistan aus, vor allem im Fergana-Tal. Die Bedeutung der uzbekischen Sprache ist in den uzbekisch geprägten Städten Kyrgyzstans Oš und Džalal-Abad mit je über 40% Bevölkerungsanteil der Uzbeken (I.I.) sehr hoch. Dies wirkt sich auch auf die Sprachen aus.

> *„Im Fergana-Tal ist Uzbekisch die Lingua Franca, nicht Russisch“* (EIKw).
>
> *„Die Verkehrssprache in Džalal-Abad ist kyrgyzisch oder uzbekisch, nicht russisch“* (TI8).

Die Tatsache, dass die russische Sprache in Kyrgyzstan nun zur offiziellen Sprache erklärt wurde, wirft hier die Frage nach der Stellung der uzbekischen Sprache auf.

Betrachtet man die Entwicklungen im Bildungssystem wird deutlich, dass Transformation hier vor allem im Kontext der Nationalen Identität durch Sprache ein Rolle spielt. Aufgrund der geringen Finanzierung des Bildungssektors können aber vielfach die geplanten Maßnahmen nicht durchgeführt werden. Die Frage nach der Stellung der Sprachen von Minderheiten spielt politisch besonders im Fall der Uzbeken in Kyrgyzstan eine bedeutende Rolle. Der nationale Alleingang Uzbekistans bei der Einführung des lateinischen Alphabets verstärkt die Abgrenzung zu den Nachbarländern.
Eine Transformation im Sinne der Definition in Kapitel 2 im Hinblick auf die Veränderung von Denk- und Handlungsweisen findet bisher in der breiten Ausbildung keine Basis. *„Systemtransformation ist auch im Denken schwer, die Situation seit 1991 ist schwer zu beschreiben, es gibt viele Probleme. Geschichte und Philosophie müssen geändert werden und internationale Organisationen müssen bei der Integration in das internationale Bildungssystem helfen“* (EKu). Es fehlen aber bisher Ansätze, welche die Bedeutung von Marktwirtschaft und Demokratie erläutern könnten. Transformation findet seinen sichtbaren Ausdruck für die Menschen somit hauptsächlich in der desolaten Wirtschaftslage. Die mangelnde Informationsvermittlung über die Inhalte der Transformation gefährden somit die Umsetzung und vor allem die Akzeptanz auf Seiten der Bevölkerung für den stattfindenden Prozess.

6.3.3 RAUMWIRKSAMKEIT GESELLSCHAFTLICHER TRANSFORMATIONSPROZESSE

Die deutlichsten Auswirkungen der Transformation auf die Bevölkerungsstruktur hatte die Abwanderung der russischen und europäischen Bevölkerung. Der Anteil der ländlichen Bevölkerung hat sich weiter erhöht und im Kontext des absoluten Bevölkerungsanstiegs den Ressourcendruck vor allem im dicht besiedelten Fergana-Tal verstärkt. Die Abwanderung der Russen hat zudem mit zu der signifikanten Veränderung der ethnischen Bevölkerungsverteilung vor allem in Kyrgyzstan beigetragen. Die Bildung der Nationalstaaten hat ein neue Minderheitensituation geschaffen – auch bezüglich des regionalen Verteilungsmusters. Im Rahmen der Bildung einer Nationalen Identität besteht somit die Notwendigkeit der gleichzeitigen Integration anderer Nationalitäten. Diese Problematik spiegelt sich auch in der Sprachenpolitik wieder. Regional bildet hier das Fergana-Tal wieder einen Sonderfall im mittelasiatischen Kontext. Aufgrund des hohen Anteils uzbekischer Bevölkerung innerhalb der Staatsgebiete Kyrgyzstans und Tadžikistans hat hier auch die uzbekische Sprache eine dominantere Stellung als die russische Sprache, vor allem in Kyrgyzstan. Im Kontext gesellschaftlicher Transformation findet innerhalb des Bildungssystems hauptsächlich die Sprachenpolitik Beachtung. Die mangelhafte finanzielle Ausstattung gefährdet aber hier bereits die Erfolge. Eine Transparenz über die Inhalte von Transformation wird innerhalb der einheimischen Bildungssysteme nicht vermittelt. Zum Teil werden Kurse und Lehrgänge zu Themen wie Firmengründung oder Marktwirtschaft und Computer- und Sprachkurse mit internationaler Unterstützung angeboten. Diese Angebote beschränken sich meist auf Haupt- oder größere Städte und sind nicht in der Lage, die notwendige Transparenz im Transformationsprozess auf breiter Ebene zu gewährleisten. Die Polarisierung zwischen ländlichem und städtischen Raum setzt sich somit fort. Dies gilt auch für freie Informationsangebote zu Fragen von Marktwirtschaft und Demokratie. So verfügen die größeren Städte heute zumeist über Internetcafes. Zudem ist hier die Ausstattung mit TV-Geräten mit der Möglichkeit internationale Programme zu empfangen eher gegeben. Das Medium TV ermöglicht am ehesten einen Einblick in den ‚Kapitalismus'. So erfreuen sich US-amerikanische und südamerikanische Seifenopern im TV einer verstärkten Beliebtheit bei der Bevölkerung. Da diese mit Übersetzung auch in den nationalen oder zumindest den weiträumig zu empfangenden russischen Programmen für breite Massen zugänglich sind, prägen diese Bilder die Vorstellungen über Marktwirtschaft nachhaltig, und können in ländlichen Gebieten nicht kritisch begleitet werden.

6.4 Nationalstaat und Nationalgrenzen

Die bisherigen Analysen haben gezeigt, dass die Übernahme der ehemaligen Grenzen der Sowjetrepubliken zur Entwicklung von Disparitäten in Mittelasien geführt hat. Zudem bedeutet die Übernahme dieser Grenzen die Festschreibung der stalinistischen Nationalen Abgrenzung. Die Aufnahme der neuen Nationalstaaten in internationale Organisationen wie die VN festigt diese Struktur. Auch im Zeitalter der Globalisierung sind die Nationalstaaten die politischen Akteure, „*our world is still one of nation-states..bordes do remain, as well as passports, cititzenship and a seat at the UN*" (ROY 2000: 200).
Inwieweit die neuen Nationalstaatsgrenzen eine Wirkung auf die Entwicklung von Wirtschaft und Gesellschaft Mittelasiens im Rahmen der Transformation haben können, wird durch den politischen Umgang mit den Grenzen bestimmt. Offene Grenzen würden dem Erhalt wirtschaftlicher und gesellschaftlicher Verflechtungen dienen, geschlossene Grenzen dagegen die schon bestehenden Differenzen und Probleme verschärfen.

6.4.1 GRENZEN UND POLITIK

Die Analyse der politischen Entwicklung begründet die Grenzpolitik der verschiedenen Staaten (s. Kap. 6.1.2). Die Entwicklungen in Afghanistan, der tadžikische Bürgerkrieg sowie die Gefahr der Infiltration islamischer Fundamentalisten, welche Präsident Karimov mit Terroristen gleichsetzt, dienen Uzbekistan als Rechtfertigung für die zunehmend strenger werdende Grenzpolitik. Kontrollen an den Grenzen zu Uzbekistan und auch innerhalb Uzbekistans wurden seit 1991 kontinuierlich durchgeführt. Seit 1998 verschärften sich aber die uzbekischen Grenzkontrollen. „*Die Grenze nach Tadžikistan im Süden muss geschlossen werden, es ist zu gefährlich. Wir müssen das Land vor Terroristen schützen. Wir werden eine Grenze ähnlich der ehemaligen deutsch-deutschen Grenze dort errichten. Stacheldrahtzäune sind schon vorhanden. Wir sind das der Sicherheit und Stabilität im Lande schuldig*" (EUf). Auch in Grenzgebieten zu Kyrgyzstan setzten 1998 verstärkte Behinderungen ein. „*Der Busverkehr zwischen Oš und Fergana ist schon 1998 ausgesetzt worden*" (EIUw). Auch innerhalb Uzbekistans haben sich die Kontrollen zunehmend verschärft. Während eine Fahrt über die Passstrasse von Taškent ins uzbekische Fergana-Tal 1996 weder von verstärkten Polizeikontrollen noch größere Armeepräsenz oder Halteverboten an der Passhöhe behindert wurde, hatte sich das Bild 1999 und 2000 bereits verändert und Armeepräsenz war zahlreich vorhanden (EIGENE BEOBACHTUNGEN). Der

Ausbau dieser Passstraße steht dabei im Kontext des Schutzes vermuteter terroristischer Gruppierungen im uzbekischen Fergana-Tal. Bereits seit den ersten islamischen Gegenbewegungen direkt im Anschluss an die Unabhängigkeit in Namangan, wird das uzbekische Fergana-Tal als islamisch-konservativ und damit als Basis islamisch-fundamentalistischer Ideen eingeordnet. Die von der uzbekischen Regierung als Wahhabiten bezeichneten islamischen Gruppierungen werden als terroristisch verfolgt und ihnen wird unter anderem vorgeworfen, in Verbindung zur islamischen Opposition in Tadžikistan zu stehen. Die Bezeichnung Wahhabiten wurde bereits in der sowjetischen Presse zur Bezeichnung streng islamischer Bevölkerungsgruppen verwand, welche in einem Zusammenhang mit ausländischen Mächten stehen sollen, vor allem unter dem Einfluss Saudi-Arabiens. Seit dem Mord an mehreren Polizisten in Namangan bis 1997 geht die uzbekische Regierung verstärkt gegen Gruppierungen aus dem Fergana-Tal vor. Es gibt aber auch Zweifel an der Verantwortung religiöser Gruppierungen für diese Taten, die auch auf lokale Auseinandersetzungen oder Drogenhandel basieren könnten. Die Bezeichnung Wahhabiten ist dabei flexibel. *„Der Begriff ist aber typisch für eine diffuse Identifizierung religiöser Bewegungen, die von den Regierungen als bedrohlich wahrgenommen werden*" (HALBACH 1998: 1). Da das Fergana-Tal auch zur Zeit der russischen Kolonisation Entstehungsort der Guerillabewegung der Basmačen war, sieht die Regierung ihre Einschätzung dieser Region als ‚hotbed' islamischen Fundamentalismus durchaus begründet und geht dort immer wieder gegen die Bevölkerung vor (AKINER 1995, HALBACH 1998, 1999, ROY 1998). *„Ende 1997 wurden im Fergana-Tal Banditen entdeckt. Diese hatten eine radikal-islamische Ideologie und gehörten zu einer Gruppe, die in Afghanistan ausgebildet wurde. Ihr Anführer heißt Namangani. Es sind Wahhabiten. Das hat aber eigentlich nichts mit Islam zu tun, sie wollen nur in Uzbekistan an die Macht*" (EUg).

Im Februar 1999 kam es schließlich zu einem Bombenattentat auf den uzbekischen Präsidenten Karimov, das zu einer *„Repressionswelle nach dem Anschlag*" (NZZ 30.06.1999) vor allem im Fergana-Tal führte. *„Für die Bombenanschläge wurden die Schuldigen im Fergana-Tal ermittelt. Die islamische Bewegung gefährdet den Transformationsprozess*" (EUg). In der Folge wurden 6 Angeklagte zum Tode verurteilt. Das Vorgehen von Präsident Karimov gegen diese Bewegungen muss dabei im Kontext der Unterdrückung jeglicher Opposition in Uzbekistan gesehen werden (TIMES OF CENTRAL ASIA 03.07.1999).

Neben dem Verbot religiöser Parteien wurde die Gesetzgebung in Uzbekistan weiter verschärft. Seit 01.05.1998 ist das Tragen von Gebetskleidung, dazu gehören Schleier wie auch spezifische Kleidung und spezieller Bartwuchs bei Männern, in der Öffentlichkeit verboten. Alle Moscheen und Koranschulen müssen beim Staatskomitee für Religionsfragen eingeschrieben sein (NZZ 31.10./01.11.1998). Nach Angaben der Zeitung OSTinWEST sind alleine 1999 15.000 Uzbeken wegen religiöser Aktivitäten inhaftiert worden (OSTinWEST 23/1999). In der Folge versuchte Uzbekistan als säkularer Staat die islamischen Tendenzen unter Kontrolle zu bringen und am 07.04.1999 wurde schließlich in Taškent durch ein Präsidentendekret die Taškenter Islamische Universität gegründet (BBC CAU070499). Die uzbekische Vorgehensweise erinnert dabei an die sowjetische Religionspolitik und ihre Wirksamkeit muss in Frage gestellt werden. Vor allem die Verurteilung der Region Fergana-Tal ist hier im Kontext der Raumwahrnehmung von Bedeutung. So wurde nach Explosionen mit 2 Toten in Oš/Kyrgyzstan vermutet, dass dies terroristische Aktivitäten waren und die Täter in Verbindung mit Wahhabiten stehen (CAM 4/1998). Der gesamte Raum Fergana-Tal, obwohl Staatsgebiet dreier verschiedener Länder, wird damit tendenziell als fundamentalistisch eingestuft.

Folge der ‚islamischen Gefahr' ist die in Ansätzen bereits beschriebene extreme Grenzpolitik Uzbekistans. Welche Auswirkungen diese hat wird deutlich bei Betrachtung der infrastrukturellen Verflechtungen in Mittelasien (s. Karte 6.3). Straßen wie Eisenbahnlinien überqueren in dieser Region vielfach Nationalgrenzen. Grenzschließungen und langwierige Grenzkontrollen erschweren die Verbindungen enorm. Uzbekistan hat die Grenzen vor allem im Fergana-Tal immer wieder geschlossen. Im Januar 2000 hat Uzbekistan zudem die Visapflicht für seine Nachbarstaaten eingeführt, Kasachstan folgte mit der Einführung der Visapflicht im Februar 2000 (HALBACH 2000: 22).. Die Grenzbefestigungen werden weiter verstärkt. Aufgrund der unklaren genauen Grenzverläufe kommt es dabei immer wieder zu Auseinandersetzungen. „*Die Grenzziehung war nur nominal, die Grenzen sind am Schreibtisch gezogen worden. Laut kyrgyzischen Angaben sind zwischen Uzbekistan und Kyrgyzstan 70 Bereiche umstritten. Mit Tadžikistan gibt des latente Gebietsstreitigkeiten um ebenfalls 70 Bereiche*" (EIUg).

Für Kyrgyzstan und Tadžikistan bedeutet die radikale Grenzpolitik eine Einschränkung von Wirtschafts- und Handelswegen. Schließt Uzbekistan die Grenzen im Winter, fehlt beiden Ländern der direkte Kontakt zu ihren wichtigen

Regionen im Fergana-Tal. Der Kontext der politischen Regionalisierung, die Verteilung der ethnischen Minderheiten und möglicher Separatismustendenzen in den jeweiligen Teilregionen verstärken die Brisanz der potentiellen Folgen uzbekischer Grenzpolitik.
Die Einschätzung über die Wirksamkeit und die Folgen der Grenzpolitik sind dabei durchaus different.

> „*Die Grenzen sind nur von einer Seite zu. Uzbekische Soldaten gehen nach Kyrgyzstan so weit sie wollen, um Leute festzunehmen .. Das Geld für wirklich dichte Grenzen in Uzbekistan fehlt dennoch, aber sie haben neue dicke Check Points*“ (EIUu).
> „*Stalins Grenzen sind schlecht und jetzt sind sie fest .. die uzbekische Polizei geht nicht über die kyrgyzische Grenze. Und wenn doch, dann nicht offiziell. Es gibt jetzt aber stärkere Grenzkontrollen*“(EKk).
> „*Das Zollbüro ist nahe der Grenze, aber die ist jetzt eher eine Grenzfestung*“ (EKb).
> „*Wir hoffen, dass die Marktwirtschaft Uzbekistan zur Grenzöffnung zwingt. Die grenznahe Bevölkerung hat grenzüberschreitende Beziehungen und Familie. Wenn die Grenze zu ist, ist das inhuman*“(EKx).
> „*Als Folge der geschlossenen Grenzen gab es kaum Waren auf dem Basar in Oš. Es gibt Angst, dass die Uzbeken Land annektieren könnten. Die Strassen werden in Zukunft wohl um die Grenzen herumgebaut*“ (EIKb).
> „*Uzbekistan will sein Gebiet abschotten. Zwischen Kyrgyzstan und Tadžikistan gibt es kein großes Grenzproblem*“ (EKa).
> „*Wir brauchen jetzt ein Visum für Uzbekistan. Die Grenze ist problematisch für die menschlichen Beziehungen*“ (TI14).

Eine Ablehnung der uzbekischen Grenzpolitik, in diesem Fall gegenüber Kyrgyzstan, ist allen Aussagen gemeinsam. Auch wird deutlich, dass die Republikgrenzen zur Sowjetzeit nicht die Bedeutung von Nationalgrenzen hatten. Handel und zwischenmenschliche Beziehungen waren nicht durch Grenzen eingeschränkt. Obwohl die Grenzen also damals schon existierten, haben sie erst mit der Unabhängigkeit und vor allem im Zuge der uzbekischen Grenzpolitik eine raumstrukturierende Wirkung erhalten, welche für die Menschen erlebbar ist.
Ähnliche Einschätzungen zur uzbekischen Grenzpolitik gibt es in Bezug auf die tadžikisch-uzbekische Grenze.

„*Die Situation ist schwierig. Es gibt keine innerethnischen Probleme, aber die Grenzen, das ist sehr schwierig. Früher gab es hier zum Beispiel Studenten aus dem gesamten Fergana-Tal, jetzt nur noch aus Leninabad*" (TI5).

„*Seit dem 26. Mai (1999, d.V.) dürfen jetzt auch wieder Autos mit tadžikischem Kennzeichen über die Grenze. Aber nur bis zur Stadtgrenze von Taškent. Dort sind Kontrollen. Wenn man ein Auto mit tadžikischem Kennzeichen hat, muss man es dort abstellen und mit dem Taxi in die Innenstadt fahren. Auch die Grenzen im Fergana-Tal nach Kokand sollen wieder offen sein, aber das weiß ich nicht genau*" (ETo).

„*Die uzbekische Grenzpolitik ist furchtbar*" (ETn).

„*Die Grenzproblematik hat sich seit den Angriffen in Leninabad 1998 verschärft. Früher flog man nach Taškent, jetzt nach Almaty. Im Fergana-Tal sind die Grenzen auch zu. Das ist sehr schwierig für die Landwirtschaft, der Transport ist auch schwierig. Es gibt auch keinen Busverkehr mehr. Man kommt noch nach Biškek. Man schaut nach Bussen mit dem Autokennzeichen von Biškek und zahlt 60 $, der Reisepreis bezahlt dann auch die Vermeidung möglicher Unannehmlichkeiten unterwegs an den Grenzen.*" (ETk).

„*Eine Neuziehung der Grenzen könnte eventuell zu einem Krieg führen. Die Grenzen zwingen aber eigentlich zur Zusammenarbeit. Sonst ist die wirtschaftliche Entwicklung gefährdet*" (EITd).

Positive Einschätzungen oder zumindest Erklärungen für die uzbekische Grenzpolitik äußern, wenig überraschend, uzbekische Interviewpartner. Auch hier einige Aussagen stellvertretend:

„*Das ein Staat seine Grenze verstärkt ist vollkommen normal*" (EUk).

„*Kyrgyzstan konnte seine Grenze nicht verteidigen (bezieht sich auf die Rebellenangriffe nach Kyrgyzstan 1999, d.V.), unter der dortigen Demokratie konnten kriminelle Elemente ins Land gelangen. Uzbekische Rebellen wollen Präsident Karimov stürzen und haben in Kyrgyzstan Instabilität provoziert. Die Grenze zwischen Džalal-Abad und Oš ist zum Schutz vor Rebellen geschlossen, nicht für Bürger. Es ist uzbekischer Selbstschutz*" (EUg).

Interessant in dieser letzten Aussage ist auch die nahezu Gleichsetzung von Demokratie und kriminellen Elementen, die im Kontext der politischen Entwicklung Uzbekistans allerdings verständlich wird.

Die Grenzen haben durch die Festlegung von Territorien und damit auch die Festlegung der Ausgangsbedingungen, was die Ausstattung mit ökonomischen Ressourcen wie auch die Bevölkerungszusammensetzung betrifft, ein disparates Bild in Mittelasien geschaffen. Uzbekistan nimmt durch seine komparativen Vorteile und die momentan stabilere ökonomische Entwicklung eine Vorreiterstelle in der Region ein. Auch politisch versucht Uzbekistan die Vormachtstellung in der Region zu behaupten und die Länder Kyrgyzstan und Tadžikistan können dem nicht viel entgegensetzen (MEGORAN 2000A). Vor allem die Abhängigkeit von Energieimporten hat eine weitgehende Verschuldung der Länder gegenüber Uzbekistan verursacht, welche die Loslösung oder Widerstände erschweren. Die uzbekische Grenzpolitik im nationalen Alleingang erschwert zudem eine regionale Integration. So berichtet GOBLE am 21. Juni 2001 über kyrgyzische und tadžikische Kritik an der uzbekischen Grenzziehung. Zum Einen verlaufen die Grenzen zum Teil mitten durch Dörfer, welche nun durch Stacheldrahtzäune getrennt sind (im Fergana-Tal z.B. in Aravan). Zum Anderen hat Uzbekistan begonnen die Grenzen zu verminen, wiederum als Schutz gegen islamische Fundamentalisten bzw. Terroristen. Die uzbekische Regierung versicherte, dass sie die kyrgyzische und tadžikische Regierung informiert hätte – diese bestritten dies. Sie beklagten bereits Minenopfer in den Gebieten. Bitten um Karten der verminten Gebiete wurden bisher nicht erhört. Internationaler Kritik begegnet die uzbekische Regierung damit, dass die Bewegung ‚Islamic Movement of Uzbekistan' (IMU) von Namangani auch von den USA als terroristische Bewegung anerkannt wurde und die USA sich schließlich seit Jahren weigern die Anti-Landminen-Deklaration zu unterzeichnen (GOBLE 2001). Nachrichten wie die von ITAR-TASS vom 17. Juni 2001 muten in diesem Kontext seltsam an: So wird über die Unterzeichnung eines Grenzabkommens zwischen Kasachstan, Kyrgyzstan und Uzbekistan berichtet und über Aussagen der Beteiligten, dass es keine ernsthaften Auseinandersetzungen bezüglich der Grenzen zwischen diesen Ländern gäbe (ITAR-TASS 17.06.2001).

Chancen einer regionalen Kooperation in jeglichen Bereichen zwischen den hier betrachteten Staaten können nach den bisherigen Analysen der politischen, wirtschaftlichen und gesellschaftlichen Entwicklungen sowie der Ausgangsbedingungen der einzelnen Staaten nur als sehr gering bewertet werden. Die Tendenzen zu einer Nationalisierung anstelle einer regionalen Integration bestätigen sich auch bei der Betrachtung der jeweiligen Länder auf dem Weg zu einer nationalstaatlichen Identität.

6.4.2 IDENTITÄTEN UND GESCHICHTE

Die Rolle der Sprachenpolitik für die Bildung einer eigenen Identität in den neuen Nationalstaaten wurde bereits analysiert. Eine Tendenz zur Abschwächung der Sprache als Nationalem Symbol zeigt lediglich die Entwicklung in Kyrgyzstan mit der Statusänderung der russischen Sprache hin zu einer offiziellen Sprache des Landes.

Mit der Übernahme der Titularbezeichnungen der stalinistischen Nationalitätenpolitik waren die Möglichkeiten der Geschichtsfindung beschränkt. Eine Rückbesinnung auf die alte Raumstruktur mit der Differenzierung zwischen Nomaden und sesshafter Bevölkerung, unabhängig von der gesprochenen Sprache, meist bilingual, hätte eine andere territoriale und staatliche Struktur benötigt. Auch wenn es keine Unabhängigkeitsbestrebungen in Mittelasien gab und die Staatsführer mit der Ausnahme Akaevs auch den Augustputsch in Moskau mit Überraschung registrierten, hatte sich doch bereits in einigen Ländern eine eigene nationale Identität herausgebildet. Die politische Entwicklung in den einzelnen Sowjetrepubliken hat gezeigt, dass sich regionale Zugehörigkeiten und auch Stammes- und Clanstrukturen in das System eingepasst hatten. Die Entwicklung der nationalen Identität, wenn auch auf Basis der künstlichen Nationenbildung, ermöglichte eine Art von Eigenentwicklung und Abgrenzung von der russisch-sowjetischen Gesellschaft. Die Bildung eines ‚Großturkestan', wie sie nach der Unabhängigkeit vor allem von westlicher Seite befürchtet wurde, war 1991 genauso unwahrscheinlich wie schon während der russischen Revolution, wo diese auch schon einmal befürchtet wurde.

Verdeutlichen lässt sich diese Identitätsbildung während der Sowjetunion in Anlehnung an GEIß[104] durch die Untergliederung verschiedener Ebenen von Identitäten:

1. Die Supranationale Identität

Mit der Gründung der Sowjetunion wurde jeder Bewohner zum Sowjetbürger. Damit war eine übergeordnete Identität geschaffen. Innerhalb Mittelasiens hatte diese eine Verbindungsfunktion. So sollte sie unter anderem dazu dienen, die Akzeptanz der Russen und Europäer in Mittelasien zu sichern und somit den inneren Frieden. Eine tiefergehende Sowjetisierung hat bei der einheimischen

[104] Anlehnung bezieht sich hier auf die Ebenenbildung, inhaltlich nimmt GEIß 1995 eine andere Einordnung vor.

Bevölkerung, wie die Analyse gezeigt hat, nicht stattgefunden. Daneben hatte diese Identität auch eine Außenwirkung gegenüber Staaten außerhalb der Sowjetunion. So spielt der Sieg im ‚Großen Vaterländischen Krieg' über das faschistische Deutschland noch heute eine Rolle. Um den 09. Mai werden im uzbekischen, kyrgyzischen und tadžikischen Fernsehen fast ausschließlich Beiträge dazu gesendet. Die Kriegsveteranen treffen sich, werden geehrt. Es schließt sich dabei weder aus traditionelle Kleidung und russische Orden gleichzeitig zu tragen noch Wodka dazu zu trinken (EIGENE BEOBACHTUNGEN, ROY 2000: 164). Nach der Unabhängigkeit könnte die Religionsgemeinschaft eine neue supranationale Identität stellen, noch kann dazu aber keine Aussage getroffen werden.

2. Die Nationale Identität

Mit der Nationalen Abgrenzung wurden Titularnationen geschaffen und mit allen notwendigen ‚Zutaten' einer Nation bestückt: Geschichte, Literatur, Staatsinsignien etc.. Diese bilden heute die Basis der nationalen Identitäten in den nun unabhängigen Staaten. Sie ermöglichten innerhalb der Supranationalen Identität eine Abgrenzung zu Russen und Europäern aber auch zu den anderen Sowjetrepubliken. So beschreibt ROY, dass sich ein Uzbeke in Kyrgyzstan als Uzbeke bezeichnen wird und erst danach als Bürger Kyrgyzstans. Gleichzeitig beschreibt er im Fall der Tadžiken und Uzbeken, dass es hier bei der weit verbreiteten Bilingualität auch passieren kann, dass sich der eine Bruder einer Familie als Tadžike, seine Schwester als Uzbekin bezeichnet. Hier spielen die tadžikisch-uzbekischen Ehen und die gemeinsamen Lebensräume sowie die Bilingualität die ausschlaggebende Rolle (ROY 2000: 173-174). Deutlich wird diese Problematik bei der Frage der ethnischen Zugehörigkeit und der Staatsangehörigkeit. Auch in mittelasiatischen Pässen wird zwischen diesen Aspekten unterschieden. ‚Kyrgyze' bezeichnet damit eher die ethnische Zugehörigkeit als die Staatsangehörigkeit. VAN DER HEIDE beschreibt dieses Problem mit der Gegenüberstellung der Konzepte Kyrgyz und Kyrgyzstani (VAN DER HEIDE 2000). Im Rahmen der Integration der verschiedenen Minderheiten in den einzelnen Staaten wird die Frage nach der Bedeutung von Staatsangehörigkeit und Nationalität auch in Zukunft eine wichtige Rolle auf dem Weg der nationalen Konsolidierung bilden[105].

[105] Das diese Problematik auch in Europa aktuell ist zeigt die Diskussion um Zuwanderung in Deutschland, vgl. EHRKAMP, LEITNER 2001.

3. Die Subnationale Identität

Deutlich hat die bisherige Analyse der politischen Entwicklung Mittelasiens die Bedeutung regionaler Stammes- und Clanidentitäten gezeigt. In den neuen Nationalstaaten wurden ebenso Wege gefunden, diese im System zu integrieren, wie zu Zeiten der Sowjetunion. Diese subnationale Identität ist aber auch ein Polarisierungsaspekt, wie am Beispiel des tadžikischen Bürgerkrieges mehr als deutlich wurde (regionale Fragmentierung der politischen Gegner). Da sie im Rahmen der Nationalen Identität existiert, bedeutet sie also trotzdem eventuell eine Gefahr für die Staatliche Einheit. Eine bewusste Integration aller Minderheiten in den Staaten ist für die nationale Konsolidierung damit absolut notwendig. Wird dies vernachlässigt bestehen Konfliktpotentiale, welche die Raumstruktur verändern können – wie wieder das Beispiel Tadžikistans mit den möglichen Separationsbestrebungen im Norden zeigt.
Die Komplexität dieser sich überlappenden Identitätsebenen ist aber nicht zwangsläufig problematisch, wie z.B. der Blick nach Deutschland zeigt. Hier grenzt sich der Europäer als solcher vom Amerikaner ab, vom Niederländer als Deutscher und vom Bayern als Rheinländer. Wie problematisch die Suche nach der zugehörigen Geschichte sein kann, ist allerdings auch wieder anhand der europäischen Erfahrung zu sehen, betrachtet man die Diskussionen zwischen Deutschland und Frankreich um Karl den Großen bzw. Charlemagne.

Das Problem der historischen Legitimierung stellt sich verstärkt in Mittelasien. So hat die Sowjetunion zwar eine gewissen Geschichtsschreibung der Titularnationen hervorgebracht, die historische Entwicklung des Raumes kannte aber keine ethnische Abgrenzung. Somit ist es nicht möglich die Geschichte Transoxaniens Uzbekistan oder Tadžikistan eindeutig zuzuordnen, sie bildete den historischen Vorläufer beider heutiger Staaten. *„Letztlich wird eine territoriale Kontinuität konstruiert, in der sich eine behauptete ethnische einfügen muß“* (ATTAR, FEDTKE 1998: 504).

Die nationale Identitätsbildung greift zu großen Teilen auf die Inhalte der sowjetischen Nationalitätenpolitik zurück. Die Insignien der Nationen und die Einteilung der Ethnien bleibt erhalten. Auch die historische Legitimation baut auf sowjetischer Geschichtsschreibung auf. Gleichzeitig findet jedoch die deutliche Abgrenzung von der Kolonialmacht Sowjetunion statt. Ausdruck findet diese z.B. in der Umbenennung von Straßen und Städten, in Uzbekistan sind zudem die Leninstatuen verschwunden. Hinzu kommt eine Rückbesinnung auf „historische Helden“. So hat Uzbekistan entschieden Timur Lenk, oder

Tamerlan, zu seinem Vorvater zu erheben. Die Tatsache, dass es eben die Dynastie der Timuriden war, die schließlich von den Uzbeken besiegt wurde, scheint dabei nicht hinderlich zu sein. Dies ist ein Aspekt, der aber wieder auf die Persistenz historischer Strukturen hinweist. In historischer Zeit spielten eben „ethnische" Zugehörigkeiten keine bedeutende Rolle für politischen Machterhalt, wie die Ausführungen in Kapitel 4 gezeigt haben. Statuen Timurs verdrängten die Lenins und Epen sowie Museen bieten die Basis für die Etablierung dieser historischen Identifikationsfigur. Tadžikistan beruft sich – sprachlich begründet – auf das historische Reich der Samaniden, während Kyrgyzstan mit dem heroische Epos Manas auf eine kulturhistorische Besonderheit zurückgreifen kann. Die Beantwortung der Frage, ob Manas Kyrgyze war lässt sich auf Grund bekannter Problematik nicht beantworten – da es diese Einteilung in historischer Zeit nicht gab. Das Epos geht aber inhaltlich auf nomadisches Leben ein, so dass es bisher von Seiten der traditionell sesshaften Bevölkerungsgruppen auch noch keinen Versuch gab, den Kyrgyzen diese historische Legitimation streitig zu machen. Authentizität bekommt das Epos auch dadurch, dass es auch während der Zeit der Sowjetunion mündlich weitergetragen wurde und die Kenner das Manas bis heute sehr anerkannt sind.

Eine genaue Betrachtung des alltäglichen Lebens zeigt aber, wie oberflächlich die Abgrenzung von der sowjetischen Vergangenheit ist. So finden sich außerhalb der Hauptstädte vielfach weiterhin Straßennamen mit Hinweisen auf Lenin oder andere sowjetische Persönlichkeiten. Auch in den Hauptstädten kann man weiterhin Denkmäler aus sowjetischer Zeit bewundern. In Kyrgyzstan und Tadžikistan stehen auch viele alte Leninstatuen noch an ihrem Platz. Auch die Straßennamen haben sich zum Teil nur auf den Schildern geändert. Um in den Städten zu navigieren ist es immer hilfreich, die alten sowjetischen Namen zu kennen, da diese im Alltag weiterhin verbreitet sind. Schließlich zeigen auch Propaganda, Schriftzüge auf den Häusern, Plakate vom Präsidenten oder Plakate zur Arbeitsmotivation deutlich sowjetische Züge, wenn auch jetzt mit nationalistischem Inhalt. „*One can say that a soviet habitus still exists*" (ROY 2000: 165). Dieser bildet allerdings nur den Rahmen der nunmehr eigenen Nationalen Identität (EIGENE BEOBACHTUNGEN, ROY 2000: 162-168).

Die Unabhängigkeit hat somit bezüglich der Nationenbildung die Tendenz der Nationalen Abgrenzung beibehalten. Bei aller möglicher Kritik und der Gefahr eine Destabilisierung der Region auf Grund der heterogenen ethnischen Zusammensetzung sowie der erwiesenen Neukreation der Nationen im Rahmen der Nationalen Abgrenzung, sollte die real stattfindende Nationenbildung auch als solche akzeptiert werden. „*National identity is never a finished project; it is always in the process of being constructed and reconstructed*" (DOTY 1996: 123).

6.4.3 RAUMWAHRNEHMUNG UND IMPLIKATIONEN FÜR DAS FERGANA-TAL

Die Analyse der Entwicklungen in Mittelasien nach der Unabhängigkeit werfen auch die Fragen nach einer möglichen Veränderung der Wahrnehmung der Region, der Länder und der Teilregion Fergana-Tal auf. Geprägt wird die Raumwahrnehmung[106] nach 1991 innerhalb der Titularbevölkerungen vor allem durch die Entkolonisierung, den Status der Unabhängigkeit, und hat damit eine positive Prägung. Die ehemaligen Eliten der Sowjetunion in Mittelasien, Russen und Europäer, sehen sich dagegen mit einer Verschlechterung ihrer Lage konfrontiert und betrachten die Entwicklungen gemischt. International spielen die mittelasiatischen Staaten nur eine geringe Rolle[107]. Zur Zeit der Sowjetunion waren sie, wenn überhaupt, als Baumwollproduzent und sonst als Armenhaus der Sowjetunion international ein Begriff. Eine weitere negative Besetzung erfolgte mit der Wahrnehmung der Aralseekatastrophe. Interessant sind international heute vor allem die Rohstoffausbeutung und der wachsende Markt – für auswärtige Produkte. Die politische Einflussnahme betreffend wird zuweilen vom ‚Second Great Game' gesprochen, bei dem aber wirtschaftliche Interessen eine größere Bedeutung haben dürften als politische, zumindest bisher. Als Faktor für eine potentielle Instabilität gelten die Nähe zu Afghanistan, der tadžikische Bürgerkrieg, islamischer Fundamentalismus als Folge und in diesem Kontext auch der Drogenhandel zu seiner Finanzierung.
Interessanter als diese Einschätzungen auf internationaler Ebene sind die unterschiedlichen Wahrnehmungen der einzelnen Nationen und des Fergana-Tals. Es gibt eine deutliche Tendenz Uzbekistans, eine führende Rolle in der Region zu übernehmen: Uzbekistan ist das bevölkerungsreichste Land Mittelasiens. Zudem leben größere Teile der uzbekischen Bevölkerung in allen Nachbarländern. Die Unabhängigkeit von Energieimporten und die relative ökonomische Leistung unterstreichen diesen Führungsanspruch, der aber vor allem in Kasachstan auf großen Widerstand stößt (EIKA, ROY 2000: 193). Die ‚kleinen' mittelasiatischen Staaten Tadžikistan und Kyrgyzstan können sich diesem Führungsanspruch alleine nicht widersetzen. Die uzbekischen Medien

[106] Zur Raumwahrnehmung Mittelasiens in historischer und heutiger Zeit vgl. ERTÜRK 1999.
[107] Eine nähere Betrachtung der geopolitischen Rolle Mittelasiens ist im Rahmen dieser Arbeit nicht möglich, vgl. dazu HALBACH 1995, KASENOV 1997.

unterstützen die Regierung in diesem Vormachtanspruch durch die Art ihrer Berichterstattung. Während in den ländlichen Regionen Uzbekistans genau die selbe Armut vorherrscht wie in Tadžikistan und Kyrgyzstan, werden die Touristenzentren Chiva, Buchara und Samarkand herausgeputzt und die Hauptstadt Taškent schmückt sich mit immer neuen Prunkbauten. Genannt sei beispielsweise der Komplex der Nationalbank (NBU), das neue Interconti-Hotel oder das neue Parlamentsgebäude inklusive eines vorgelagerten Parks mit Seen und Kinderspielplätzen. Diese Bilder werden als Beweis für die gute ökonomische Leistung Uzbekistans gerne in den Medien vermittelt. Vor allem im Fergana-Tal empfangen auch die Haushalte in den Territorien Tadžikistans und Kyrgyzstans diese Bilder. Da die Grenzschließungen, die Visarichtlinien sowie die mangelnde finanzielle Ausstattung kaum mehr Reisen nach Uzbekistan ermöglichen, sind es vor allem solche Bilder, welche die Wahrnehmung Uzbekistans in seinen Nachbarländern prägen.

Hinzu kommen Berichte über erfolgreiche Joint Ventures, wie mit dem koreanischen Automobilkonzern Daewoo, dessen Erfolge sich ganz einfach durch das Fahren dieser modernen Autos zeigt, die heute für den uzbekischen Verkehr prägend sind. Gerüchte über kostenlose Gasversorgung[108] in Uzbekistan bei gleichzeitigem Energiemangel in Kyrgyzstan und Tadžikistan prägen das Bild weiter. Aussagen wie die folgenden aus Kyrgyzstan resultieren somit auch aus diesen Einflüssen:

> „*In Uzbekistan gibt es Ressourcen, hier nicht. Wir haben nur Pistazien, Aprikosen etc. Früher gab es zwar auch hier Rohstoffabbau, aber jetzt sind alle Fabriken kaputt oder arbeiten nicht mehr*"(TI8).
>
> „*Ich sehe keine Zukunft für Kyrgyzstan, es gibt nichts, nichts wird gebaut. Die Uzbeken haben viel bessere Perspektiven, denn dort arbeiten die Leute. Eine Demokratie haben wir doch auch nicht. Die Politiker haben alle Konten in der Schweiz. Unter Karimov haben die Uzbeken wenigstens Perspektiven*"
> (TI12).
>
> „*Es gibt die Gefahr, dass Kyrgyzstan so wie Uzbekistan wird. Akaev sieht deren Erfolg und will diesen auch in Kyrgyzstan. Außerdem*

[108] Die Gasversorgung ist nicht per Gesetz oder Dekret kostenlos, die Bürger bezahlen die Gasrechnungen nicht. „*Wenn der Gasmann kommt, sagen die Menschen, dass sie nicht zahlen wollen. Dann geben sie dem Gasmann 200 Sum, dieser steckt sie ein und alle sind glücklich*" (EIUs).

> *ärgert er sich über die Kritik und die Karikaturen in den Zeitungen. So was gibt es in den Nachbarländern auch nicht. Zudem macht sich der uzbekische Präsident Karimov über seine angebliche Unfähigkeit lustig, im Fernsehen. Und das sehen auch die Kyrgyzen*" (EIKw).

Das heißt nicht, dass positive Aspekte wie Freiheit und Demokratie in Kyrgyzstan nicht wahrgenommen werden. Die folgende Aussage stammt von einem in der Nähe von Oš / Kyrgyzstan lebenden Uzbeken: „*Kyrgyzstan ist in Ordnung. Ich bin Uzbeke und habe keine Kritik an der Regierung. Ich lege viel Wert auf die Freiheit die wir jetzt haben. In Uzbekistan gibt es diese Freiheit nicht*". Weitere Äußerungen aus dem kyrgyzischen Fergana-Tal sind kritisch, machen aber auch deutlich, dass es oft einfach um das finanzielle Überleben geht und Gedanken über Freiheit und Demokratie daher nur zweitrangig sind:

> „*Fragen über Kultur sind nicht aktuell. Nur Fragen über Geld. Was morgen ist, ist keine Frage. Aber Freiheit ist gut. Die Leute wollen einfach nur soviel Geld haben, dass sie leben können*" (EKj).
> „*Wir verdienen hier mehr als die in Uzbekistan. Die Propaganda in Uzbekistan ist wie in der Sowjetunion*" (EKk).

Die Attraktivität des angeblich ‚reichen' Nachbarn Uzbekistan wird bei der desolaten Wirtschaftslage verständlich. Fast alle einheimischen Interviewpartner betonten in verschiedenen Kontexten, dass die ökonomische Situation im Moment das Hauptproblem ist. „*Es gibt Menschen, die nicht wissen ob sie morgen noch Brot haben. Kleider können sie nicht kaufen. Ein neues Kleid bedeutet eine Woche hungern. Die Leute denken über Essen und nicht über Politik nach*" (TI12). Dies gilt in Uzbekistan gleichermaßen, auch wenn hier – im Kontext der politischen Rahmenbedingungen – nur selten direkt Kritik geäußert wurde. Die wirtschaftlichen Schwierigkeiten in Uzbekistan wurden auch hier deutlich, wie folgende Aussagen aus Uzbekistan zeigen:

> „*Es gibt viele Fälle von Mangelernährung. Es gibt zwar Medikamente, aber die sind sehr teuer, die kann kaum jemand bezahlen. Es gibt zwar sehr reiche, aber auch sehr arme Leute. Es ist schwer zu arbeiten. Auf dem Land ist die ärztliche Versorgung sehr schlecht, die Ärzte sind weit weg, es gibt keine Autos und mit den Bussen ist es schwierig*" (EUr).
> „*An sich ist es jetzt OK, aber vorher war es schon besser. Nach der Arbeit im Kolchoz hatte man Zeit für die Familie und die Kinder. Jetzt müssen danach noch die 5 ha Hofland bearbeitet werden*" (TI2).

> *„Es gibt positive und negative Seiten bei der neuen Ordnung. Man muss fleißig sein, dann geht es. Ohne Arbeit gibt es nichts*“ (EUj).
> *„Viel in der Wirtschaft funktioniert nicht, man arbeitet für die Verbesserung des Leben des Volkes. .. Freiheit und Unabhängigkeit sind wichtig, aber die Zeit war zu kurz um auf eigenen Beinen zu stehen, die Demokratie wird wohl noch 25 Jahre dauern, aber vielleicht ist Uzbekistan ja schneller*“ (EUb).

Bei der Raumwahrnehmung spielt die Transformation als eigenständiger Aspekt kaum ein Rolle. Es geht darum, wer wirtschaftlich die bessere Leistung erreicht und damit um die Etablierung einer eigenständigen Nationalökonomie. Der Raum wird in jedem Fall in seiner Funktion als Nationalstaat wahrgenommen. Es wird immer nach diesen Staaten abgegrenzt geurteilt. Keiner der Interviewpartner sprach von einer integrierten Großregion wie Mittelasien oder gar Turkestan.

Während bei dieser Raumwahrnehmung zum Einen Nationalstaaten und zum Anderen deren ökonomische Entwicklung im Vordergrund standen, spielen bei der Wahrnehmung des Fergana-Tals wiederum andere Faktoren eine Rolle. Ein entscheidender Unterschied wird schon bei der Betrachtung der internationalen Wahrnehmung des Raumes, soweit sie existent ist, deutlich. Das Fergana-Tal wird als integrierter Raum betrachtet, zumindest auf den ersten Blick, bei der Analyse der Titel der (wenigen) Veröffentlichungen zu diesem Raum (HALBACH 2000, LUBIN 1999, NALLE 1999, STEIN 2000, TABYSHALIEVA 1999). Inhaltlich wird zwar in den meisten Fällen direkt zu Beginn auf die Besonderheit des Fergana-Tals als Teilbereich dreier Nationalstaaten hingewiesen, die Wahrnehmung ist aber die des integrierten Raumes, unterstützt durch die naturräumliche Integration als intramontanes Becken. Auch innerhalb Mittelasiens werden bei der Nennung Fergana-Tal zwar oft nur die jeweiligen Teilgebiete des betroffenen Staates gemeint, die Ausdrucksweise ist aber wieder die des Gesamten: Fergana-Tal. Folgenreich ist dies in so fern, dass das Fergana-Tal in den einzelnen Staaten doch sehr unterschiedlich wahrgenommen wird. Ohne der ausführlichen Diskussion in Kapitel 7 vorwegzugreifen, erlaubt die bisherige Analyse bereits eine Charakterisierung der jeweiligen Teilgebiete des Fergana-Tals.

Mehr als die Hälfte der kyrgyzischen Bevölkerung lebt im kyrgyzischen Fergana-Tal bzw. den hier einzuordnenden administrativen Distrikten. Es ist gleichzeitig der Siedlungsschwerpunkt der uzbekischen Minderheit im Land. Die Nord-Süd Trennung Kyrgyzstans spiegelt auch die regionale

Machtverteilung wieder, wobei die Macht momentan bei der Nordregion liegt. Der Süden ist landwirtschaftlich geprägt und verfügt nur über wenig Industrie, welche im Rahmen des Transformationsprozesses verfallen ist oder nur mit geringer Auslastung arbeitet. Der Süden war weniger russifiziert, der Islam ist hier von größerer Bedeutung und die Lingua Franca ist nicht die russische sondern die uzbekische Sprache, welche offiziell keinen Status in Kyrgyzstan hat. Das kyrgyzische Fergana-Tal war Schauplatz gewalttätiger ethnischer Auseinandersetzungen zwischen Kyrgyzen und Uzbeken 1990. Von der desolaten wirtschaftlichen Lage Kyrgyzstans sind vor allem die ländlichen Räume, die weite Teile des Südens prägen, betroffen. Hinzu kommen hier Naturkatastrophen wie Schlammlawinen und Altlasten des Uranabbaus.

Tadžikistan: Der Norden des Landes, der Oblast Leninabad, stellte während der Zeit als Sowjetrepublik die politische Machtelite des Landes. Zudem bildete er ein wirtschaftliches Zentrum des Landes, zum Einen durch die angesiedelte Industrie, zum Anderen durch Baumwollanbau. In Leninabad lebt eine große uzbekische Minderheit, die Bevölkerung ist vielfach zweisprachig. Als Folge von Unabhängigkeit und Bürgerkrieg hat sich die regionale Machtverteilung von Norden nach Süden verschoben. Die regionale Machtfraktion Leninabad ist nicht in der neuen Regierung integriert. Zwar wurde der Norden vom Bürgerkrieg weitgehend verschont, aufgrund der neuen Machtverteilung wird er aber nun wirtschaftlich benachteiligt. Die Folgen der Abwanderung der Russen und der Wirtschaftsschrumpfung als Folge der Transformation hat im Norden zu einem weitgehenden Stillstand der Industrieproduktion geführt.

Uzbekistan: Das Fergana-Tal macht nur einen flächenmäßig geringen Anteil des uzbekischen Staatsterritoriums aus, ist aber der dichtest besiedelte Teil Uzbekistans. Zudem ist es neben Taškent das zweite bedeutende Wirtschaftszentrum des Landes und Standort wichtiger Joint Ventures. In der regionalen Machtverteilung Uzbekistans nimmt das Fergana-Tal eine wichtige Rolle ein und war immer wieder an der Macht beteiligt. Der uzbekische Präsident Karimov entstammt einer anderen regionalen Machtfraktion (Samarkand) und die Fraktion Fergana-Tal ist somit heute nicht an der Macht beteiligt. Das Fergana-Tal gilt als ‚hotbed' islamischen Fundamentalismus, als islamisch konservativ und rebellisch.

Diese kurze Einordnung als Ergebnis der bisherigen Analyse macht bereits deutlich, dass die nationalstaatliche Entwicklung nicht nur zu zwischenstaatlichen Disparitäten in Mittelasien geführt hat, sondern auch innerhalb der einzelnen Nationalstaaten disparate Entwicklungen stattfanden. Wie fortgeschritten bereits die Konsolidierung der Nationalstaaten ist, zeigt die differenzierte Einordnung des Fergana-Tals. Trotz dieser Differenzen wird die Region aber weiterhin als integrierter Raum angesprochen. Die Raumwahrnehmung unterscheidet sich damit von jener der Region Mittelasien, die wie gesehen nicht als Großregion sondern bezüglich ihrer Nationalstaaten wahrgenommen wird. Gemeinsam ist wieder der geringe Bezug zum Transformationsprozess, der auch hier hauptsächlich in Form der Unabhängigkeit und der Grenzen wahrgenommen wird.

Am Beispiel des Fergana-Tals wird zum Einen die Notwendigkeit regionaler Kooperation deutlich, zum Anderen die Auswirkung der tatsächlich stattfindenden Desintegration. Es bietet sich somit die Möglichkeit auf Mikroebene im Kontext raumstruktureller Wirkungen von Transformation und der Analyse regionaler Disparitäten Konsequenzen für eine potentielle Integration oder Desintegration zu untersuchen. Damit wird die Analyse raumstruktureller Wirkungen von Transformation um die Analyse der Möglichkeiten regionaler Kooperation erweitert, deren Bedeutung vor allem für die zukünftige Wirtschaftsentwicklung der Region Mittelasien ja bereits deutlich wurde – aber bisher politisch nicht unterstützt.

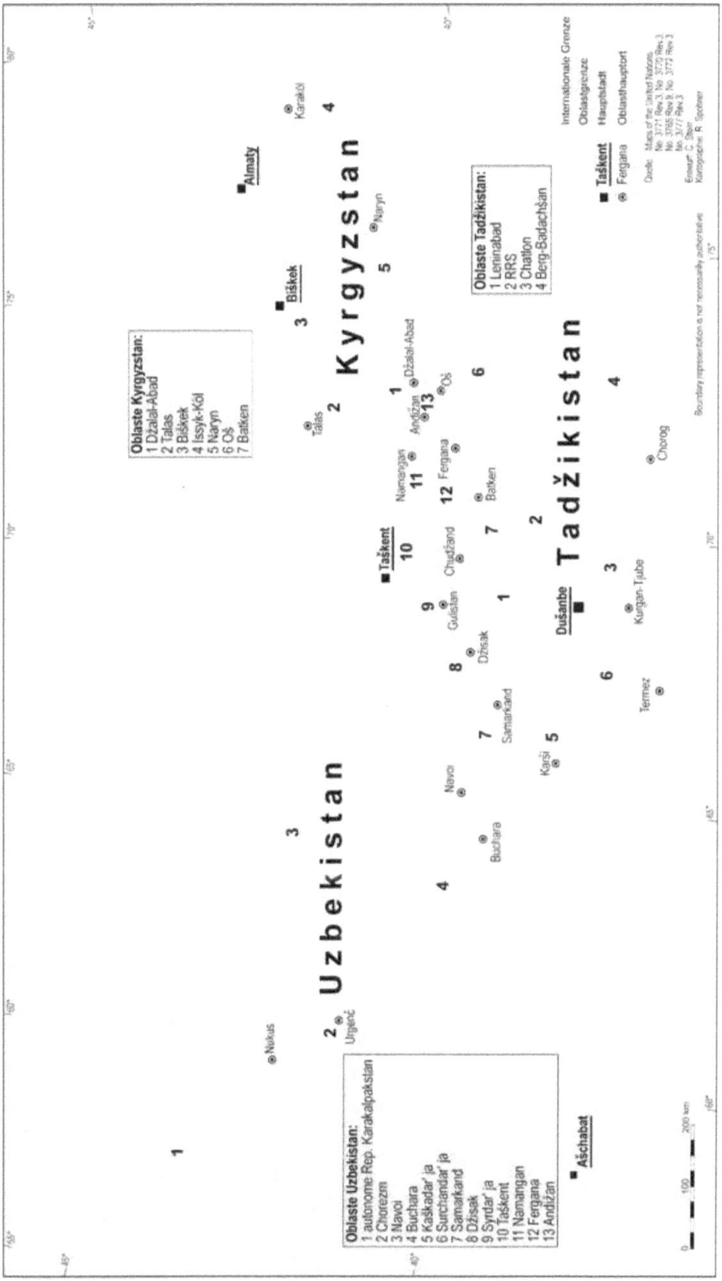

Karte 6.2: Administrative Gliederung der mittelasiatischen Staaten Kyrgyzstan, Tadžikistan und Uzbekistan nach 1991

Karte 6.3: Verkehrsinfrastruktur der mittelasiatischen Staaten Kyrgyzstan, Tadžikistan und Uzbekistan

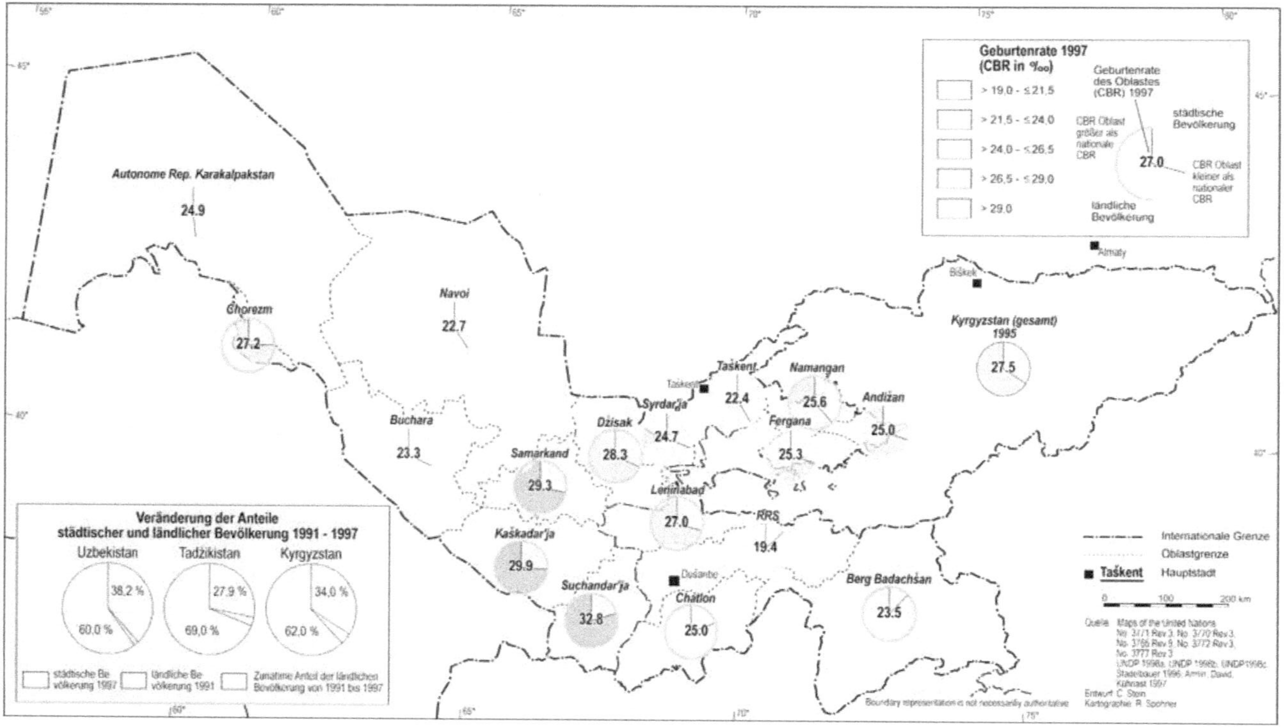

Karte 6.4: Geburtenrate (CBR) in %1997 in Mittelasien und Anteil städtischer und ländlicher Bevölkerung nach Oblasten; Veränderung der Anteile städtischer und ländlicher Bevölkerung 1991 - 1997 auf nationaler Ebene

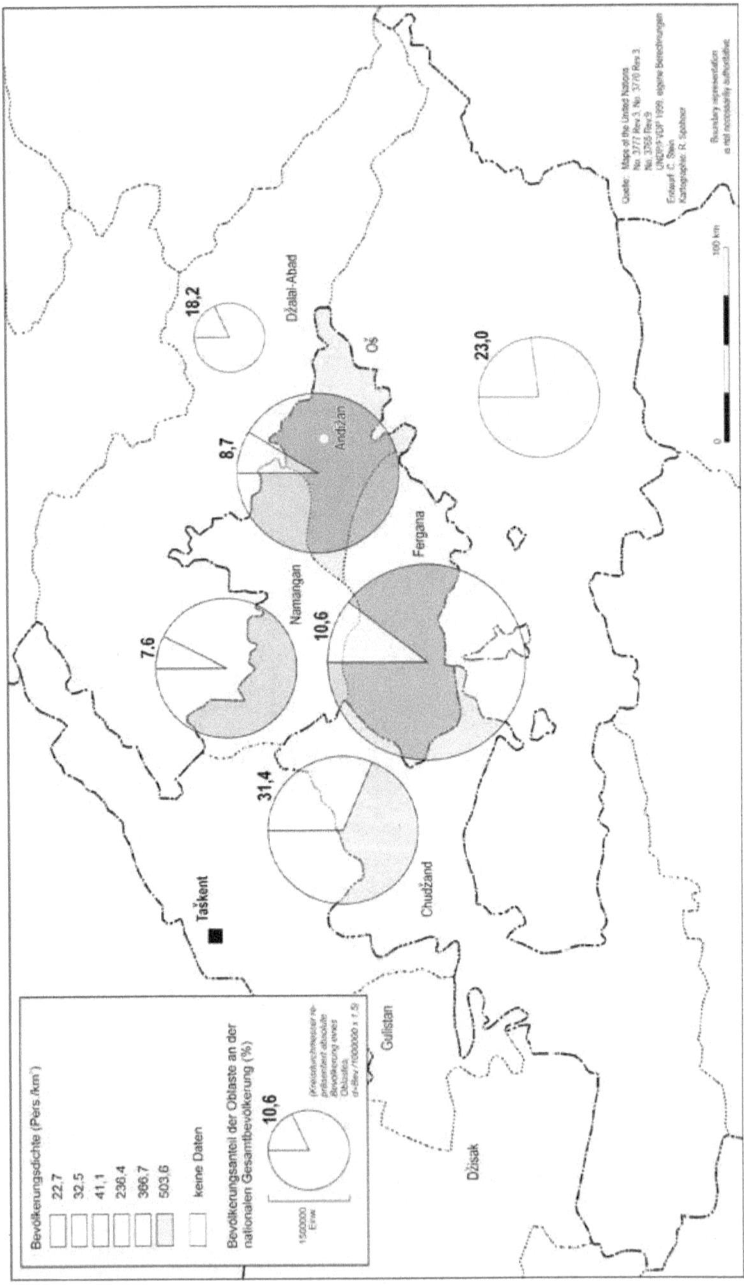

Karte 7.4: Bevölkerungsverteilung und Bevölkerungsdichte im Fergana-Tal 1999

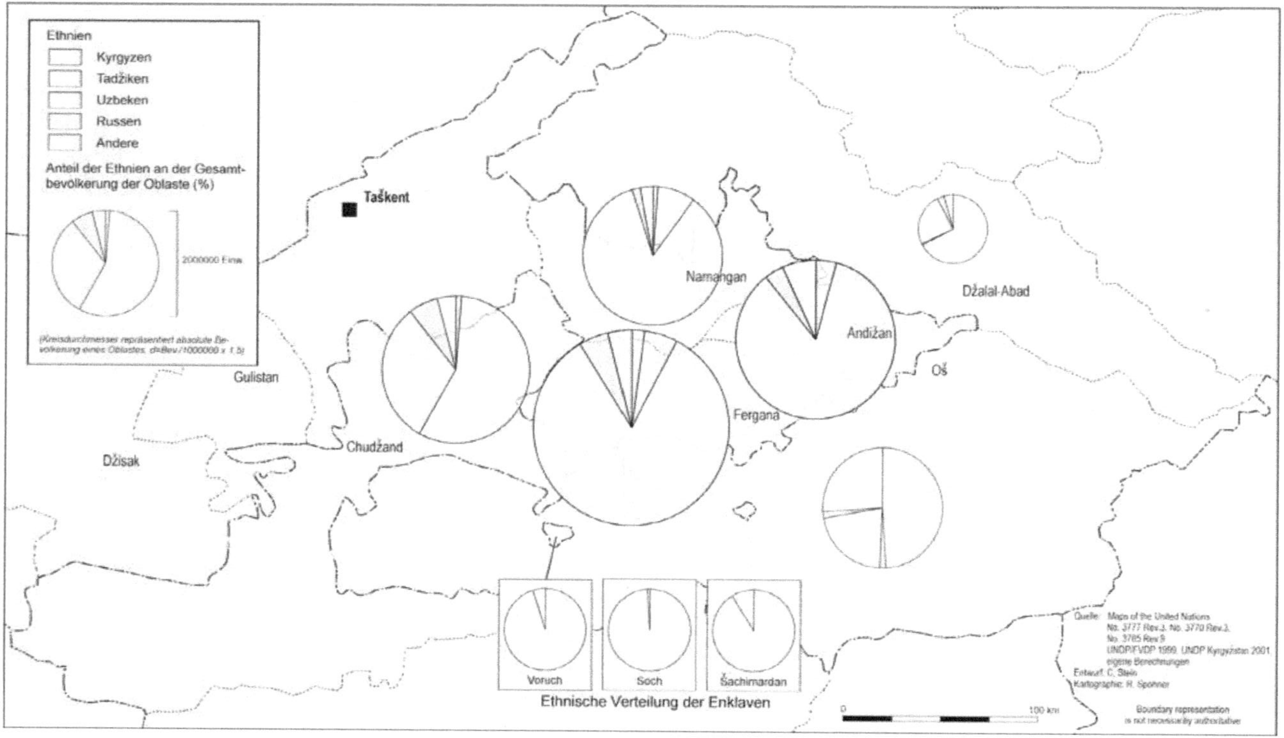

Karte 7.5: Ethnische Bevölkerungsverteilung im Fergana-Tal 1999

7 FALLSTUDIE: FERGANA-TAL

Das Fergana-Tal in Mittelasien bildet naturräumlich und historisch einen integrierten Raum. Die folgenden Aussagen, von politischen Vertretern der drei beteiligten Staaten, scheinen dies zu bestätigen:

> „*It should be specifically noted that the Valley represents even today a unified social and cultural region. For example we have great and old relations in the agriculture, power sector and industrial sector, in transportation and communications*" (Auszug aus einer Rede des kyrgyzischen Premierministers A. M. Muraliev am 19.06.1999).
>
> "*Fergana valley has always been wholesome unified region historically, economically as well as socially*" (Auszug aus einer Rede des stellvertretenden Außenministers der Republik Tadžikistan am 19.06.1999).
>
> "*Fergana is a region of tightly interwoven economic, historical, ethnic, and religious ties, and has been for centuries. 'National' borders are a modern invention, not easily applicable to Fergana*" (Saifulin, Rafik (Deputy Director, Uzbekistan Presidential Institute of Strategic Studies), Perspectives on Central Asia (1996)/1(4): 1).

Setzt man aber diese Aussagen nun in den Kontext der bisherigen Analyse, insbesondere der Grenzpolitik, und der bisher mangelnden regionalen Kooperation in ihrer praktischen Umsetzungen z.B. bei der Frage der Wasserversorgung, stellt sich die Frage nach dem Hintergrund dieser Äußerungen. Das Wissen um die potentiell integrative Funktion der Region spiegelt sich nur mangelhaft in der realen Politikumsetzung wieder. Hinzu kommt der bereits kurz angesprochene Aspekt der unterschiedlichen Wahrnehmung der Region innerhalb der einzelnen Länder. Die differierende Entwicklung der drei betrachteten Staaten im Rahmen des Transformationsprozesses nach 1991 hat das bereits bestehende differenzierte und komplexe regionale Verteilungsmuster von Macht, Wirtschaft und Bevölkerung in diesem Raum verändert.

Die neuen Nationalgrenzen teilen das Fergana-Tal in drei ungleiche Teile. Der flächenmäßig größte Teil fällt Uzbekistan zu, obwohl er hier nur wenige Prozent der gesamten Landesfläche ausmacht. Im Gegensatz dazu stehen die verhältnismäßig kleinen Teile des kyrgyzischen und tadžikischen Fergana-Tals, die dabei jeweils 42% bzw. 18% des jeweiligen Staatsterritoriums dieser beiden

Länder ausmachen. Die 18% Anteil am Staatsterritorium in Tadžikistan beinhalten dabei aber 75% der landwirtschaftlichen Nutzfläche. Die Bedeutung dieses Anteils für die wirtschaftliche Entwicklung ist somit höher als die reine Prozentangabe vermuten lässt. Gleiches gilt für die räumliche Verteilung der Industriebetriebe in Tadžikistan. Im Gegensatz dazu kennzeichnet den kyrgyzischen Teil des Territoriums ein nur geringer Anteil am Tiefland und ein umso größerer Anteil an den das Fergana-Tal abgrenzenden Bergketten. Auch der verhältnismäßig geringe Anteil des Fergana-Tals an der Gesamtfläche Uzbekistans wird aufgrund der wirtschaftlichen Bedeutung dieser Region relativiert, denn hier liegen die Hauptanbauflächen für Baumwolle und Getreide sowie wichtige Wirtschaftszentren.

Neben dieser Aufteilung existieren zudem 7 Enklaven, die zu den Territorien Uzbekistans und Tadžikistans gehören. Die größeren Enklave liegen im Süden des Fergana-Tals auf kyrgyzischem Gebiet. Die Enklaven Soch und Šachimardan gehören zu Uzbekistan, die Enklave Varuch zu Tadžikistan (UNDP/FVDP 1999, UNDP Kyrgyzstan 2001).

Karte 7.1: Administrative Gliederung des Fergana-Tals in Mittelasien nach 1991

Historisch schon Alexander dem Großen bekannt und ökonomisch bedeutend als Teil der Seidenstrasse, stand das Gebiet als Teilregion Mittelasiens unter dem Einfluss verschiedenster Herrscher und Reiche (s. Kap. 4). Als Chanat von Kokand war es schließlich eines der ersten Gebiete des heutigen Mittelasiens, welches unter russischen Einfluss geriet. Zwar wurde die Region schon während der Nationalen Abgrenzung in die drei bestehenden Teilgebiete aufgegliedert, aber weder ökonomische noch soziostrukturelle Entwicklungen in der Zeit als Sowjetrepubliken haben sich an diesen Grenzen orientiert. Die Region blieb, wie die eingangs zitierten Aussagen beschreiben, eine ökonomisch und gesellschaftlich integrierte Region. Unterstützt wird der integrative Aspekt durch die naturräumliche Lage des Fergana-Tals als intramontanes Becken (s. Kap. 4.1). Betrachtet man allerdings die heterogene Bevölkerungsverteilung, die regionalpolitischen Interessen und die Frage nach Ressourcen und ihrer Allokation, so werden die Implikationen und auch die Konfliktpotentiale für die Entwicklung der Region als Teilgebiet dreier unabhängiger Nationalstaaten deutlich. Karte 7.2 gibt einen Überblick über die naturräumliche Lage, die Verflechtungen von Infrastruktur, natürlichen Ressourcen, Besiedlungsmuster sowie administrativer und nationalstaatlicher Abgrenzung des Fergana-Tals (Kartenbeilage).

7.1 Ökonomische Disparitäten – Folge von Transformationsstrategien und Grenzen

Die Auswirkungen der politischen Grenzen im Kontext der Transformation werden vor allem bezüglich der wirtschaftlichen Entwicklung und hier vor allem als Ursache ökonomischer Disparitäten deutlich. Die naturräumliche Abgrenzung des Fergana-Tals von den jeweiligen Landeszentren rückt dabei die Frage der Transportwege in den Vordergrund.

7.1.1 GRENZEN UND INFRASTRUKTUR

Die Problematik der Verkehrsanbindung der einzelnen Teile des Fergana-Tals zu ihren Zentren wurde bereits erläuterte (s. Kap. 6.2.2). Hier stehen somit die regionalen Verkehrsverbindungen innerhalb des Fergana-Tals im Mittelpunkt. Das Verkehrswegenetz wurde in der Zeit der Sowjetunion geplant und umgesetzt. Betrachtet man das Straßennetz, wird deutlich, dass die sowjetische Planung die Grenzen in keiner Weise berücksichtigt hat. Selbst die Hauptverkehrswege innerhalb der einzelnen Republiken überqueren ständig die heutigen Staatsgrenzen, wie Karte 7.3 zeigt (Kartenbeilage). Mit Beginn der

Unabhängigkeit wurde von allen Republiken zunächst eine offene Grenzpolitik vertreten, so dass Handelswege innerhalb des Fergana-Tals zuerst nicht beeinträchtigt wurden. Dies führte in der Folge dazu, dass die politischen Maßnahmen zur Infrastrukturausweitung nach der Unabhängigkeit auf die Verbesserung der inner-nationalen Hauptverbindungen, also auf die Verbindung zwischen Fergana-Tal und jeweiligem Zentrum zielten. „*Current infrastructure investment are made to improve road transportation within the countries*" (GELY 2000:14). Die Verschärfung der uzbekischen Grenzpolitik seit 1998 wirkte sich folgend vor allem auf die regionalen Verkehrsverbindungen im Fergana-Tal aus. So hat Uzbekistan seit 1996 27 neue Militärposten an der uzbekisch-kyrgyzischen Grenze eröffnet (MEGORAN 1999).
Ein Beispiel für die regionalen Folgen der uzbekischen Grenzschließung ist die Strecke von Oš nach Džalal-Abad, also von einer kyrgyzischen Stadt in eine weitere. Wie die Karte 7.3 zeigt, existiert hier eine kurze Straßenverbindung, welche uzbekisches Territorium durchquert. Ist die Grenze geschlossen, führt die einzige Strecke über Uzgen nach Džalal-Abad. Zwar ist eine Straßenverbindung von Oš nach Uzgen vorhanden, die Verbindung von Uzgen nach Džalal-Abad war dagegen im Frühjahr 2000 noch eine Schotterpiste, somit für Lastentransporte wenig geeignet. Zudem ist dieser Umweg mit erheblichem Zeitverlust verbunden. Ist die direkte Strecke Oš – Džalal-Abad in einer halben Stunde zurückzulegen, benötigte man im Frühjahr 2000 für den Weg über Uzgen mehr als 2 Stunden (EIGENE BEOBACHTUNGEN). Nach welchen Kriterien die uzbekischen Grenzbeamten die Grenzüberquerung erlauben oder untersagen war nicht zu ergründen. Private Netzwerke und Bestechung spielen hier aber eine entscheidende Rolle. So war es einigen meiner Bekannten möglich, mich auf dem kürzesten Weg von Džalal-Abad nach Oš zu bringen, durch Uzbekistan und ohne Visakontrolle, andere nahmen den Umweg über Uzgen. Ähnliche Beobachtungen machte auch MEGORAN: „*Adding to the individual hardships was the unpredictable activity of Uzbekistani border guards. Sometimes border guards allowed buses to cross the border, sometimes routes were sealed of entirely, closed to even cars and pedestrians*" (MEGORAN 1999: 2). Im Süden des Fergana-Tals kommt die Lage der Enklaven als erschwerend für die Verkehrsverbindung hinzu, da auch hier die Grenzen bei der Straßenplanung unberücksichtig blieben. „*Von Oš nach Batken kommt man nur durch uzbekische Enklaven, oder über große Umwege auf kleinen Bergstrassen um die Enklaven herum*" (EIKv). Auch HANDRAHAN bestätigt dies: „*To reach Batken from the major southern city of Osh one must cross in and out of Uzbekistan, tolerating harsh treatment and bribes from the Uzbek border police. From*

Batken to Leilek's raion capital, Isfana, an additional three to four hour drive, crossing several Tajik border posts known to ask even higher bribes, must be endured" (HANDRAHAN 2000: 9). Auch spielt die räumliche Isolation des Gebietes eine Rolle, da Kontrollen durch Vertreter der Hauptstadt selten sind. Grenzen bedeuten zudem auch Einkommen – in diesem Fall für die Grenzbeamten. Die Unsicherheit bzw. Willkür der Grenzbeamten ist aber, wie gesehen, kein rein uzbekisches Phänomen.

Die Ausführungen haben bereits die rein praktischen Probleme der grenzquerenden Verkehrswege deutlich gemacht, für die viele weitere Beispiele angeführt werden könnten. Wird keine Kooperation bezüglich der Grenzfrage erzielt, bleiben als Lösung nur weitere Infrastrukturinvestitionen: „*In der Sowjetunion gab es keine Grenzen. Wenn die Grenzen jetzt zu bleiben, müssen wir eben neue Strassen um die Grenzen herum bauen*" (EKv). Ein Blick auf die Karte 7.3, im Kontext der schwierigen ökonomischen Situation vor allem Kyrgyzstans und Tadžikistans, macht das Ausmaß der notwendigen Investitionen deutlich.

Um die Problematik etwas abzuschwächen, wurde der innerregionale Flugverkehr ausgeweitet, so gibt es mittlerweile wieder Flüge von Oš nach Isfana (I.I). Aufgrund des Problems der Treibstoffversorgung aber ist dieser Flugverkehr keine Alternative für die breite Bevölkerungsmehrheit. Problematisch sind auch die Eisenbahnverbindungen. Die Verbindung des Fergana-Tals mit anderen Gebieten verläuft durch den Norden Tadžikistans. Die uzbekische Grenzpolitik hatte vor allem für die Tadžiken dieses Gebietes negative Auswirkungen: „*Der Zug hält nicht mehr in Tadžikistan, dass sei zu gefährlich. Wenn der Zug aus dem Fergana-Tal kommt, fährt er durch Tadžikistan durch, ohne zu Halten*" (ETk).

Transportwege sind Handelswege. Die hier ausgeführte Problematik wirkt sich somit direkt auf die Wirtschaftsentwicklung aus. So berichteten viele Gesprächspartner, dass das Produktangebot, vor allem auf dem größten regionalen Basar in Oš, rückläufig ist, während das Preisniveau steigt, sobald die Grenzen zu Uzbekistan geschlossen sind. Hier sind z.B. die Auswirkungen der unterschiedlichen Transformationsstrategien zu spüren. Da die uzbekische Landwirtschaft weiterhin größtenteils staatlich kontrolliert ist, Löhne aber selten oder in Lebensmitteln bezahlt werden und zudem ein doppelter Währungskurs die Kaufkraft mindert, war der Verkauf der Produkte der Hoflandwirtschaft auf den großen kyrgyzischen Basaren eine wichtige Einkommensquelle, die nun mit den Grenzschließungen wegzufallen droht (KANDIYOTI 1998). Gleichzeitig hat die Privatisierung auf kyrgyzischer Seite zu starken Produktionseinbußen geführt, so dass hier ein Produktmangel zu verzeichnen ist. Dies gilt nicht nur für landwirtschaftliche Produkte. Die bessere industrielle Ausstattung des uzbekischen Fergana-Tals, auch in Folge der Staatssubventionierung, im Gegensatz zur fast vollständig zerfallenen Industrie in Kyrgyzstan (als Folge der Reformen aber auch der Ausgangsbedingungen), hat auch hier einen Handel unterstützt. So ist die größte Düngemittelfabrik Asot in Fergana angesiedelt, Dünger aber auch in Kyrgyzstan und Tadžikistan nachgefragt. In gewisser Weise haben also die unterschiedlichen Transformationsstrategien hier neue wirtschaftliche Komplementärbeziehung entstehen lassen, die auf grenzüberschreitenden Handel angewiesen ist. Wie wichtig dieser für die Uzbeken ist, beschreibt MEGORAN. Er führt aus, dass Uzbekistan im Herbst 1999 begonnen hat, Teile der kyrgyzisch-uzbekischen Grenze mit Stacheldrahtzaun abzugrenzen. Dieser wurde im Gebiet um Aravan auf einer Breite von 2 m zerstört. Grund war aber nicht der (befürchtete) Einfall islamischer Rebellen, sondern der Versuch uzbekischer Bürger, ihre Handelswege wieder zu öffnen. Eine Kooperation auf lokaler Ebene zwischen den Menschen der nun verschiedenen Nationen wird hier deutlich: „*Smuggling has mushroomed and is largely carried out by Uzbek citizens for Kyrgyz citizens who place orders for particular goods*" (MEGORAN 2000b).

7.1.2 GRENZEN UND RESSOURCEN

Neben der Verkehrsinfrastruktur hat auch die sowjetische Wirtschaftsentwicklung bestehende Grenzziehungen im Fergana-Tal ignoriert. Die räumliche Wirtschaftsstruktur war auf Komplementarität ausgerichtet.

Neben der Baumwolle stellte in Kyrgyzstan der Bergbau eine wichtige Einkommensmöglichkeit, aber auch in Uzbekistan und Tadžikistan spielte Bergbau eine Rolle. Die Produktions- und Verarbeitungsbetriebe liegen heute häufig in verschiedenen Ländern. So decken große Teil der Industrieanlagen in Namangan und Fergana ihren Kohlebedarf in den südkyrgyzischen Kohlegebieten (GELY 2000). Karte 7.3 zeigt die Verteilung der Rohstoffe und der wichtigsten verarbeitenden Betriebe im Fergana-Tal und macht die Komplementarität der Wirtschaftsstruktur deutlich. Verarbeitung fand zum großen Teil in den Industrieregionen des uzbekischen Fergana-Tals und in der Region um Chudžand in Tadžikistan statt. Die Förderungsorte der wichtigen Energierohstoffe Erdöl und Erdgas liegen wiederum zum größten Teil im uzbekischen Fergana-Tal, ohne Nutzungsrecht für kyrgyzische oder tadžikische Industrie. Doch auch bei Ressourcenvorkommen in z.B. Tadžikistan gibt es

Probleme. Auch hier hat die Unterbrechung der sowjetischen Arbeitsteilung Auswirkungen, wie folgende Aussage verdeutlicht:

> „*Es gibt zwar Ölvorkommen, aber in Leninabad gibt es keine Verarbeitungsindustrie, das Öl muss zur Verarbeitung nach Namangan*“ (ETo).

In Leninabad gibt es keine ölverarbeitende Industrie und das Land ist finanziell nicht in der Lage, eine solche aufzubauen. Die Verarbeitung in Namangan ist aber jetzt von zwischenstaatlichen Verträgen abhängig. Problematisch ist die Verteilung der Ressourcen auch bedingt durch die heterogene Bevölkerungsstruktur: „*Es wurde in Tadžikistan Öl gefunden und die Kyrgyzen sagen, das Öl gehöre ihnen, denn es wäre aus ihrem Land. Gemeint ist, dass das Öl in einem kyrgyzischen Dorf auf tadžikischem Territorium gefunden wurde*“ (ETo).
Neben der problematischen Verteilung der Ressourcen und der Verflechtungen der Wirtschaftsstruktur besteht zudem noch das Problem der Pipelines. Die verarbeitende Öl- und Gasindustrie in Fergana ist durch eine Pipeline mit dem Rest Uzbekistans verbunden. Diese verläuft parallel zur Eisenbahnstrecke, also durch Leninabad und damit durch Tadžikistan. Aufgrund der Abhängigkeit Tadžikistans von uzbekischen Gaslieferungen ist die Durchleitung zwar momentan gesichert. Uzbekistan ist aber in Sorge um mögliche Anschläge z.B. auf den Staudamm des chudžander Wasserreservoirs, welche dann auch die Pipeline zerstören würden (EIUn).

Wasser ist auch im Fergana-Tal eine der umstrittensten Ressourcen. Neben der Problematik der Wassernutzung der verschiedenen Anrainerstaaten sind auch lokale Probleme von Bedeutung. So kritisiert Kyrgyzstan immer wieder den Bau des andižaner Reservoirs im Westen des Fergana-Tals. Hier ist der Staudamm auf uzbekischer Seite, der Stausee aber auf kyrgyzischer Seite. „*..appropriating Kyrgyz farmland while supplying Uzbekistans farmers with water..*” (SINNOT 1997: 30). Dieser Stausee ist auch heute wieder in der Diskussion: “*Bei der Fertigstellung des Stausees wurde ein Dorf überschwemmt. Nun steigt der Wasserspiegel wieder an und ein weiteres Dorf ist in Gefahr*“ (EIKw). Hier werden auch mögliche nationalisierende bzw. ethnisierende Tendenzen deutlich. Gleiches gilt auch für Entwicklungen am chudžander Wasserreservoir: „*Durch den Stausee ist der Grundwasserstand sehr niedrig, dass ist schlecht für die Bodenqualität. Das Grundwasser steigt aber auch durch die viele Wassernutzung an den Hängen. Das Grundwasser am Fuß der Hänge steigt* *dann fast bis an die Oberfläche. An den Hängen wohnen die Kyrgyzen, im Tal die Tadžiken*" (ETo). Neben diesen potentiellen Nutzungskonflikten gibt es in diesem Kontext, gerade auf uzbekischer Seite, Befürchtungen bezüglich möglicher Terroranschläge: „*Der Hokim von Fergana hat Angst, dass das Reservoir im Süden Ferganas, in Kyrgyzstan, von Rebellen gesprengt wird. Das würde Überflutungen in Uzbekistan nach sich ziehen*" (EIKw).

Wasser spielt auch im Kontext der Ressource Land eine Bedeutung. Der Zerfall vieler Bewässerungssysteme und der Mangel an zertifiziertem Saatgut wie auch an Düngemitteln und Pestiziden hat zu weit verbreiteter Bodendegradation im landwirtschaftlichen Gunstraum Fergana-Tal geführt (GROETSCHEL 1997, EIUc, EIKo). Die ohnehin knappe Ressource Land gerät damit weiter unter Druck. Die naturräumliche Begrenzung macht eine Ausweitung der landwirtschaftlichen Nutzfläche in diesem Gebiet unmöglich. Fatal ist der Landverlust vor allem für die Länder Tadžikistan und Kyrgyzstan, die als Gebirgsländer ohnehin nur über geringe Flächen für landwirtschaftliche Nutzung verfügen. In diesem Kontext steht auch die Kritik an der einseitigen Demarkation der Grenzen von Seiten Uzbekistans. Der Regierung wird vereinzelt vorgeworfen, sie würde diese Demarkation zur Annektion von Land nutzen (EIUw). Da Landwirtschaft der wichtigste Produktionssektor im Fergana-Tal ist, darf das Konfliktpotential der Landnutzung nicht unterschätzt werden. Die Analyse der Wirtschaftsentwicklung hat gezeigt, dass gerade in ländlichen Gebieten aller drei Länder die wirtschaftliche Situation desolat ist. Die private Landwirtschaft, sei es ‚wirklich' private oder Hoflandwirtschaft, sichert hier das Überleben. Damit werden Land und Wasser für jeden Einzelnen zur wertvollen Ressource und zum potentiellen Konfliktpotential

7.1.3 GRENZEN UND WIRTSCHAFTSENTWICKLUNG

Insgesamt steht die wirtschaftliche Entwicklung des Fergana-Tals im Kontext der Entwicklung Mittelasiens und der einzelnen Nationalstaaten. Steigende Verarmung auf Grund der auf niedrigem Niveau stagnierenden Wirtschaftsentwicklung mit einer Benachteiligung ländlich geprägter Räume wirken sich somit auch auf das Fergana-Tal aus. Die Auswirkungen der Grenzen für die wirtschaftliche Entwicklung sind vor diesem Hintergrund zu betrachten. Die Unabhängigkeit hat in ihrer Ausprägung der Grenzen für die Region Fergana-Tal weitreichende Folgen, vor allem desintegrierende. Die strikte Grenzpolitik Uzbekistans erschwert den Handel und erfordert hohe Investitionen in den Ausbau der Infrastruktur seitens der Nachbarländer. Die räumliche

Wirtschaftsstruktur wurde zu Sowjetzeit komplementär angelegt und ist nun vom jeweiligen Ausland abhängig. Auch die unterschiedlichen Transformationsstrategien haben ihre räumlichen Auswirkungen, in dem sie in den verschiedenen Ländern zu verschiedenen Lebensbedingungen geführt haben. Hier sind auf Mikroebene komplementäre Strukturen entstanden, die durch geschlossene Grenzen in die Illegalität gedrängt werden. An diesem Beispiel wird die Notwendigkeit einer regionalen Kooperation für die Entwicklung des Wirtschaftsraumes sehr deutlich. Konfliktpotentiale entstehen in der Hauptsache aus Verteilungsfragen der Ressourcen Land und Wasser. Hier spielen, neben den Ausgangsbedingungen, die Bevölkerungsdynamik und Bevölkerungsverteilung eine wichtige Rolle, die im nächsten Kapitel für das Fergana-Tal betrachtet werden.

Vorher soll kurz auf einen weiteren, von GELY als: „*.. a sort of co-ordinated inter-ethnic co-operation..*" (GELY 2000: 4) bezeichneten Wirtschaftszweig eingegangen werden, der im Fergana-Tal eine immer größere Rolle spielt und die real auf lokaler Ebene stattfindende – illegale – Kooperation verdeutlicht: Drogenhandel. Die desolate wirtschaftliche Situation zieht dabei vor allem viele Frauen in den Handel hinein. Die aus Afghanistan stammenden Drogen werden dabei über Chorog und Oš weiter nach Andižan geschmuggelt und machen somit eine internationale Kooperation notwendig. LUBIN nennt vor allem die desolate ökonomische Situation als Grund für den verstärkten Drogenschmuggel. In diesem Zusammengang steht auch der steigende Drogenkonsum, vor allem bei jungen Leuten, im Fergana-Tal (LUBIN 1999: 70-72). Für beide Aspekte stehen folgende Aussagen:

> „*Im Dorf ist es am schlimmsten. Es gibt da keine Arbeit für die Jungen, die müssen in die Stadt. Dort finden sie aber auch keine Arbeit und driften in die Kriminalität. Einige werden auch drogensüchtig. Auch die Prostitution wird immer schlimmer. Ich habe Angst, wenn meine Töchter abends weggehen wollen und verbiete es ihnen*" (TI12).
>
> „*Es gibt Drogenhandel und wir wissen, dass das nicht gut ist. Wir haben auch Angst um unsere Familien, davor, dass auch sie Drogen nehmen könnten. Aber wenn man nicht weiß, was man am nächsten Tag essen soll, muss man jede Möglichkeit nutzen*" (TI13).

Regionale Kooperation findet somit an der Basis zunehmend in der Illegalität statt. Zudem im Kontext des Drogenhandels in einem Bereich, der für die Gesellschaft eine hohe Gefährdung bedeutend.

7.2 Soziostrukturelle Disparitäten

Bei Betrachtung der Bevölkerungsentwicklung in Mittelasien wurde bereits auf die Sonderstellung der Fergana-Tals hingewiesen. Hier leben über 50% der Bevölkerung Kyrgyzstans, über 30% der Bevölkerung Tadžikistans und trotz des geringen territorialen Anteils des uzbekischen Fergana-Tals an der Gesamtfläche Uzbekistans, mehr als ein Viertel der Bevölkerung Uzbekistans (UNDP/FVDP 1999). Die Region Fergana-Tal hat zudem die höchsten Bevölkerungsdichten der ehemaligen Sowjetunion. Vor allem im uzbekischen Fergana-Tal liegen die Angaben zur Bevölkerungsdichte mit 505 Ew./km² für Andižan und 366 Ew./km² für Fergana extrem hoch (STATE DEPARTMENT OF STATISTICS UZBEKISTAN 1999). Karte 7.4 zeigt die regionale Aufgliederung der Bevölkerungsdichten sowie auch die regionalen Anteile der Bevölkerung an der Gesamtbevölkerung der jeweiligen Staaten. Bei der Bewertung der Bevölkerungsdichten in Kyrgyzstan und Tadžikistan ist zu beachten, dass die administrativen Einheiten hier auch einen Großteil der Bergketten, die das Fergana-Tal begrenzen, einbeziehen. Diese sind nur spärlich besiedelt und beeinflussen daher den jeweils für den gesamten Oblast angegebenen Wert. Gerade die Gebiete um Oš und Džalal-Abad weisen eine hohe Bevölkerungsdichte auf, wenn auch die von Andižan auch bei einer Bereinigung der Angaben nicht erreicht wird (EIGENE BEOBACHTUNGEN).

Während sich also durch Bodendegradation die Ressource Land verringert, steigt durch das Bevölkerungswachstum der Druck auf diese Ressource an. Dieser Ressourcendruck hat bereits in einigen Fällen zu Auseinandersetzungen geführt und auch die diskutierte Auseinandersetzung zwischen Kyrgyzen und Uzbeken 1990 in Oš soll unter anderem Landverteilungsstreitigkeiten als Ursache gehabt haben. Das bereits erkannte Konfliktpotential Ressourcendruck könnte also in diesem Zusammenhang durch eine Ethnisierung zu einem stark desintegrierenden Faktor für die Region Fergana-Tal werden.

7.2.1 BEVÖLKERUNGSVERTEILUNG – KONFLIKTPOTENTIAL?

Wie bereits in Kapitel 6.3.1 ausgeführt wurde, leben in den betrachteten Staaten jeweils unterschiedliche Minderheiten, wobei hier die Uzbeken in Kyrgyzstan und Tadžikistan die zahlenmäßig bedeutendste Gruppierung ausmachen. Das Fergana-Tal war historisch ein Siedlungsgebiet der unterschiedlichsten Gruppierungen und auch die Nationale Abgrenzung sowie die damit versuchte Homogenisierung hat an der heterogenen Bevölkerungszusammensetzung nichts geändert. Betrachtet man das Fergana-Tal gesamt, d.h. über die nationalstaatlichen Grenzen hinaus, bilden die Uzbeken mit 61.9% die Mehrheit der Bevölkerung. Die Kyrgyzen und Tadžiken haben einen Anteil von unter 20% (16,5% und 13,2%) an der Gesamtbevölkerung des Fergana-Tals (UNDP/FVDP 1999). Da auch die größte Teilfläche des Tales zu Uzbekistan gehört, entspricht die Verteilung der Bevölkerungsanteile auf dem ersten Blick dieser Aufteilung. Aussagekräftiger ist somit die Betrachtung der ethnischen Bevölkerungsverteilung nach Staaten und Oblasten, wie sie in Karte 7.5 dargestellt ist. Hier wird der hohe Bevölkerungsanteil der Uzbeken in den verschiedenen Oblasten in Kyrgyzstan und Tadžikistan deutlich, wo er im Oblast Oš mit 28.0% und in Leninabad mit 31.3% deutlich über den jeweiligen Landesdurchschnitten liegt (UNDP/FVDP 1999). In Kyrgyzstan lag der Anteil der Uzbeken an der Gesamtbevölkerung des Landes 1999 bei 13.8% (NATIONALES STATISTISCHES KOMITEE KYRGYZSTAN 2000), in Tadžikistan 1996 bei 25% (STATE STATISTICAL AGENCY TAJIKISTAN 1996).

Der Anteil der Minderheiten in Uzbekistan ist dagegen wesentlich geringer, so haben die Tadžiken eine Anteil von 4,7%, die Kyrgyzen von sogar nur 2,5% (UNDP/FVDP 1999). Auch wenn hier eine Homogenisierung der uzbekischen Angaben zu den Minderheiten nicht ausgeschlossen werden kann, dürfte der reale Anteil zumindest für die Region Fergana-Tal nur einige Prozentpunkte höher liegen.

Innerhalb der Fergana-Tal Regionen von Kyrgyzstan und Tadžikistan tritt wiederum eine Polarisierung auf. So leben in dem Gebiet Nur in Leninabad fast ausschließlich Uzbeken (I.I) und im kyrgyzischen Fergana-Tal sind die Städte Oš, Uzgen und Džalal-Abad durch uzbekische Bevölkerungsmehrheiten gekennzeichnet (I.I). Diese teilweise auftretende regionale Polarisierung könnte im Rahmen einer weiteren Verschlechterung der ökonomischen Situation ethnisiert werden. So erkannte Akaev diese Gefahr bei der Entscheidung über die Landverteilung und konnte durchsetzen, dass diese nicht ethnische Kyrgyzen bevorzugte. Im Zuge des Bevölkerungszuwachses und dem damit verbundenen Druck auf die vorhandenen Ressourcen, sowie der wachsenden Unzufriedenheit unter der Bevölkerung, könnte die ethnische Bevölkerungsverteilung leicht zu Konflikten führen.

Angesprochen auf den Oš – Konflikt 1990 äußerten sich nur wenige Interviewpartner. Das Thema ist bis heute heikel, wie auch die folgenden Äußerungen belegen:

> „*Von den Geschehnissen 1990 haben wir nichts mitbekommen. Auf staatlicher Ebene herrscht Freundschaft zwischen den Staaten. Vielleicht war der Zerfall der Sowjetunion schuld. Uzbeken und Kyrgyzen haben das gleiche Land bekommen, aber das Land in Oš ist besser, aber von Unruhen haben wir nicht gehört*“ (EKk).
>
> „*Es gab keine ethnischen Probleme, es war kein nationaler Konflikt, es war künstlich. Heute gibt es keine schlechten Gefühle mehr, trotz der Toten. Wir möchten es vergessen, weil wir wissen, dass es künstlich war. Die Tragödie war mit einem kleinen Stück Land verbunden. Danach gab die Regierung zehnmal mehr Land und Geld für Häuser und jeder sah, dass der Kampf für nichts war*“ (EKx).
>
> „*Die Vorfälle von Oš scheinen vergessen, sie sind nicht spürbar*“ (EIKo).
>
> „*Das kam ganz überraschend. Es war ein Ausnahmezustand. Ich hatte Angst, denn es gab Schießereien. Es muss organisiert gewesen sein, denn alle hatten plötzlich Messer und Gewehre. Es gab auch hier einen Dozenten, der wollte die Kyrgyzen dazu bringen um ihr Land zu kämpfen. Nach einem Monat kam eine zweite Welle. Die Situation war die ganze Zeit gespannt. Heute ist es den Leuten peinlich, was damals passiert ist. Ich kann mir aber nicht vorstellen, dass das die Russen organisiert haben. Danach sind so viele Russen ausgewandert. Es ging wohl eher um Geld, hier um Land, aber im Endeffekt um Geld*“ (TI16).
>
> „*Das Problem sind Boden und Wasser. Damit haben wir schon traurige Erfahrungen gemacht. Anfang der 90er Jahre bei dem Konflikt in Oš ging es um Landverteilung*“ (EUg).

Diese Aussagen, die fast alle aus dem kyrgyzischen Fergana-Tal stammen zeigen deutlich, wie sehr in diesem Bereich ethnische Konflikte mit der sozioökonomischen Situation verknüpft sind. Nach den heutigen Verhältnissen zwischen den verschiedenen Nationalitäten und Chancen für weitere Konflikte befragt, gehen die Meinungsäußerungen zum Teil sehr weit auseinander. Einige Aussagen dazu:

> „*Wenn es Probleme gibt, dann hat das wirtschaftliche Gründe, es gibt zuwenig Jobs und keine vernünftigen Einkommen. Mit Perspektiven*

> *würde kein Bedarf nach einer Radikalisierung bestehen. Es gibt keine so großen ethnischen Schwierigkeiten. Problematisch ist, dass Uzbekistan aus Sicht der Kyrgyzen reich aussieht*" (EUe).
> „*Mehr als 60 Nationalitäten können gleichberechtigte Bürger in diesem Staat sein*" (EUb).
> „*Es gibt keine ethnischen Probleme, es gibt Probleme mit den Grenzen*" (TI5)
> „*Heute gibt es keine Probleme mehr, die Probleme sind alle gelöst, Uzbeken und Kyrgyzen leben glücklich zusammen*" (TI8)
> „*Es gibt viele Uzbeken in der Landwirtschaft, die Kyrgyzen machen so was nicht. Wenn es ein Problem gäbe, kämen die Uzbeken ja wohl nicht*" (EKk).
> „*Es gibt keine ethnischen Probleme, es gibt viele uzbekische Studenten die aber kyrgyzische Bürger sind*" (EKu).

Die Mehrzahl der Interviewpartner schloss rein ethnische Auseinandersetzungen aus. Ein Konfliktpotential sähen sie dann, wenn sich die ökonomische Situation verschlechtere[109]. Es gab aber auch abweichende Meinungen, so die folgende:

> „*Es gibt ein tief verwurzeltes Misstrauen zwischen den Ethnien. Die Ursache des Konfliktes liegt viel weiter zurück. Es ist der Konflikt zwischen nomadischer und sesshafter Bevölkerung .. kurzfristig wird es hier nicht wie auf dem Balkan, aber in 20 Jahren kann das schon sein*" (EKc).

Die ethnische Bevölkerungsverteilung in sich ist, bei Betrachtung der historischen Entwicklung, nicht unbedingt ein Konfliktpotential. Eine aktuelle Studie von TABYSHALIEVA, ALISHEVA, SHUKUROV kommt zu dem Ergebnis, dass mehr als die Hälfte der Bevölkerung im kyrgyzischen Fergana-Tal der Meinung ist, die ökonomischen Schwierigkeiten beträfen alle Mitbürger gleichermaßen, unabhängig von der Nationalität. Eine Aufgliederung der Antworten zeigt aber, dass zwar 66,7% der Uzbeken dieser Meinung sind, aber nur 49,7% der Kyrgyzen. Hier zeigen sich somit doch erste Anzeichen einer möglichen Ethnisierung ökonomischer Probleme (TABYSHALIEVA, ALISHEVA, SHUKUROV 1999).
„*If the government can create acceptable conditions for the population, ethnic strife may be avoidable*" (HANDRAHAN 2000: 7). Akzeptable Rahmenbedingungen zur Vermeidung von Konflikten schließt bei der

[109] Zu möglichen Konfliktpotentialen im Kontext ethnischer Auseinandersetzungen vgl. TABYSHALIEVA 1999.

gegebenen Bevölkerungsverteilung vor allem die Integration der Minderheiten ein. Diese Integration muss auch auf politisch-administrativer Ebene ansetzten. In Tadžikistan hat die uzbekischen Minderheit keinen Anteil an der politischen Macht. In Leninabad stellen sie aber einen bedeutenden Bevölkerungsanteil. Separatistische Tendenzen wären hier als Abgrenzung zum Machtzentrum möglich, auch gemeinsam mit der regionalen Machtfraktion der Leninabader. In Kyrgyzstan findet sich eine ähnliche Konstellation. „*Increasingly, the Uzbek community in and around Osh .. is being excluded from the region's political institutions..*" (KHAMIDOV 2001: 1). Als Begründung dafür, dass es kaum Uzbeken in der Administration des südlichen Kyrgyzstan gibt, wird die Sorge vor separatistischen Tendenzen angeführt. Neben dem großen Bevölkerungsanteil, den die Uzbeken im Fergana-Tal stellen, sind sie zudem führend in den Wirtschaftsbereichen der Region (HALBACH 2000B). „*Die Uzbeken haben das Geld im Süden. Ihnen gehören die Geschäfte und die Restaurants. Gehen Sie mal auf den Basar in Oš. Dort verkaufen das meiste die Uzbeken. Natürlich führt das zu Konflikten, denn sie haben keine politischen Macht, zahlen aber Steuern und sind deshalb unzufrieden. Und die Kyrgyzen sind neidisch, dass die Uzbeken das Geld verdienen*" (EKl). Die Tatsache, dass Uzbeken von der regionalen Macht ausgeschlossen sind, kann als Katalysator für Separationstendenzen gesehen werden. Auf der anderen Seite hat auch die strikte uzbekischen Grenzpolitik Auswirkungen auf die in Kyrgyzstan lebenden Uzbeken. Sie haben einen kyrgyzischen Pass und sind aus diesem Grunde genauso von der Visapflicht betroffen wie Kyrgyzen. Somit werden sie in Kyrgyzstan nach ihrer Nationalität eingeordnet, in Uzbekistan nach ihrer Staatsangehörigkeit. Dies stellt die Uzbeken vor ein Problem: „*the perception which many had was that they were welcome in neither state*" (MEGORAN 2000a: 1).

Für eine Konsolidierung der einzelnen Staaten ist somit eine Integration der heterogenen Bevölkerungsstruktur, ihrer regionalen Verteilung entsprechend, notwendig. Erfolgt diese nicht, könnte es zu einer Solidarisierung innerhalb der Region Fergana-Tal kommen, welche im mittelasiatischen Kontext destabilisierend wirken könnte.

7.2.2 SPRACHENPOLITIK – INTEGRATIONS- ODER DESINTEGRATIONSWIRKUNG?

Sprache war der entscheidende Faktor für die Nationale Abgrenzung. Der Sprachenpolitik kam auch in der gesellschaftlichen Transformation bisher eine entscheidende Rolle zu. Es hat sich gezeigt, dass in allen Staaten die

Titularsprache zur Staatssprache erklärt wurde und an Minderheitensprachen nur in Kyrgyzstan die russische Sprache zur offiziellen Sprache erklärt wurde.
Im Fergana-Tal hat sich nun auf Grund der hohen Bevölkerungsanteile die uzbekische Sprache als Lingua Franca durchgesetzt. Diese Tatsache findet in Tadžikistan und Kyrgyzstan auch die Umsetzung im Bildungswesen: „*Es gibt verschiedene Unterrichtssprachen, je nach Gruppe. Im Moment gibt es 20% Russisch, 10 % Uzbekisch und 70% Kyrgyzisch, aber das hängt auch vom Fach ab*“ beschreibt ein Vertreter der Universität Oš die Situation. Im Vergleich mit dem Anteil der Uzbeken in Oš von fast 30% erscheint der uzbekisch-sprachige Unterricht allerdings unterrepräsentiert. Der verschwindend geringe Anteil der russischen Bevölkerung in Oš von 2.4% verdeutlicht, welche Bedeutung die russische Sprache immer noch hat (UNDP/FVDP). Trotzdem ist eine Veränderung der Tendenz in Kyrgyzstan zu beobachten: „*Meine Schwester und ich haben eine russische Schule besucht, meine kleinen Geschwister gehen jetzt auf eine kyrgyzische Schule. Das ist nicht gut. Die kyrgyzischen Schulen sind schlechter als die russischen und in Biškek müssen sie russisch können*“ (TI16). Auch in Tadžikistan gibt es an der Universität Gruppen, die in Uzbekisch unterrichtet werden. „*Dort wo hauptsächlich Uzbeken wohnen sind auch die Schulen auf uzbekisch*“ (TI5).

Bezüglich der integrierenden oder desintegrierenden Funktion von Sprache gilt das bereits für die Bevölkerungsverteilung ausgeführte. Wenn die Sprache die einer Minderheit ist, könnte ihre Unterdrückung in dem Falle ein Konfliktpotential darstellen. Im Fall der uzbekischen Sprache ist es schwer zu beurteilen, ob sie im Fergana-Tal wirklich eine Integrations- oder Desintegrationsfunktion hat oder ob sie nicht einfach nur die praktische Funktion der Lingua Franca in einer Region einnimmt, die vielerorts bilingual ist.

7.2.3 RELIGIÖSER FUNDAMENTALISMUS ODER POLITISCHER WIDERSTAND?

Bei der Diskussion der Raumwahrnehmung wurde deutlich, dass islamischer Fundamentalismus in Mittelasien ausdrücklich mit dem Fergana-Tal in Verbindung gebracht wird. Diese Wahrnehmung wird in erster Linie von uzbekischer Seite geprägt und dient unter anderem der Legitimierung der strikten uzbekischen Politik. Es ist an dieser Stelle weder möglich noch beabsichtigt ein Urteil über die Frage der Existenz religiösen Fundamentalismus im Fergana-Tal zu fällen. Es sollen aber einige Aspekte, die im Kontext der Raumwahrnehmung von Bedeutung sind, angesprochen werden. In Uzbekistan wird die Tendenz zum religiösen Fundamentalismus mit Zahlen belegt: „*Im Fergana-Tal gibt es besonders viele Gläubige, im Westen Uzbekistans sind es nur 13%, in Taškent 20% und im Fergana-Tal sind drei Viertel der Bevölkerung gläubig. Das Fergana-Tal ist sehr konservativ*“ (EUg). So sollen im Fergana-Tal auf 1000 Menschen 5 Moscheen kommen (I.I). Von diesen wurden allerdings im Zuge der verstärkten Repressionen der Regierung wieder einige geschlossen. Innerhalb des uzbekischen Fergana-Tals gilt die Stadt Namangan als Zentrum des religiösen Fundamentalismus (BIBIKOVA 2000).

Auf Fragen nach der Religion reagierten die meisten Gesprächspartner im uzbekischen Fergana-Tal überrascht oder auch etwas genervt, wie folgende Aussagen belegen:

> „*Die Presse schreibt viel (über islamischen Fundamentalismus, d. V.) nach eigener Küche, die machen Sensationen aus nichts. Wir haben einen friedlichen islamischen Weg, denn Muslime sollen friedlich sein. Fundamentalisten lehnen den neuen Weg Uzbekistans ab und versuchen Leute mit Einfluss für sich zu gewinnen, aber das gelingt ihnen nur selten*“ (EUb).
>
> „*Der Islam ist einfach unsere Religion, er leitet unser Leben. Wir bauen so viele neue Moscheen, da wir das während der Sowjetunion nicht durften. Da mussten wie heimlich gläubig sein. Aber wieso ist Moscheen bauen denn ein Zeichen für Fundamentalisten? Gibt es bei Euch nicht auch Kirchen? Seid Ihr deswegen Fundamentalisten?*“ (TI4).
>
> „*Hier in Fergana ist es nicht schlimm. Wir sind viel freier als die Frauen in Margilan und Namangan, wir tragen keine Schleier und auch nur einfache Kleider ohne Hosen*“ (TI2).
>
> „*Das mit dem Fundamentalismus ist so. Die jungen Männer finden doch oft keine Arbeit. Wenn dann jemand kommt und sagt, geh in die Moschee, dass wird helfen, und dann bekommt er vielleicht noch etwas Geld, dann wird er wieder gehen. Und manchmal gehen dann auch Leute nach Tadžikistan zur Ausbildung. Ein Freund von mir ist dorthin gegangen*“ (EUn).

Trotz dieser und noch vieler andere Aussagen ist es schwierig die Situation einzuschätzen. So wurden z.B. nach den Bombenanschlägen in Taškent ganze Städte und Dörfer im uzbekischen Fergana-Tal durchkämmt. „*Die Polizisten sind einfach in die Häuser gestürmt und haben die Männer mitgenommen*“

(EUz). In einem Dorf, in der Nähe von Namangan, sollen alle Männer des Dorfes verhaftet worden sein (I.I). Nach dem Bombenanschlag 1999 wurde auch von Einheimischen in Taškent vor Reisen ins Fergana-Tal gewarnt. Die Bevölkerung vor Ort reagierte darauf vielfach mit Unverständnis, dazu zwei Aussagen:

> „*Wieso gefährlich? Wir leben doch auch hier. Wenn es hier gefährlich wäre, würden wir ja nicht hier leben*" (EUw).
> „*Man kann es bald nicht mehr hören. Immer wenn etwas passiert werden die Schuldigen im Fergana-Tal gesucht, als wenn wir alle Kriminelle wären*" (EUj).

Somit sind ernsthafte Zweifel an der Einordnung des gesamten uzbekischen Fergana-Tals als konservativ und tendenziell fundamentalistisch angebracht.
In Kyrgyzstan spielt der Fundamentalismus bei der Wahrnehmung des kyrgyzischen Fergana-Tals weniger eine Rolle, auch wenn der Süden Kyrgyzstans wieder als religiöser als der Norden gilt. „*Bei uns gibt es keinen islamischen Fundamentalismus. Das ist ein Problem in Uzbekistan*" (EKk). Auch die NEUE ZÜRCHER ZEITUNG zitiert Aussagen des kyrgyzischen Präsidenten Akaev, nach denen der islamische Fundamentalismus für Kyrgyzstan keine Gefahr bedeute (NEUE ZÜRCHER ZEITUNG, 03.02.2000).
In Tadžikistans Norden kann, wie die Analyse der politischen Entwicklung deutlich machte, auch kaum von islamischem Fundamentalismus gesprochen werden. So bemerkt auch HALBACH: „*Hier in Nordtadschikistan entwickelte sich eine Bastion gegen die Partei der Islamischen Wiedergeburt und die sie unterstützenden Kräfte*" (HALBACH 2000B: 22).

Es wird deutlich, dass die Frage des religiösen Fundamentalismus sehr komplex ist. Auch hier spielen regionale Machtverhältnisse wieder ein Rolle. So steht die Region Leninabad, da nicht an der Regierung beteiligt, in Opposition zu der Gruppierung der Garmis, welche die Partei der Islamischen Wiedergeburt stellen und als UTO an der Regierung beteiligt sind, bzw. beteiligt werden sollen. In Uzbekistan steht die regionale Machtposition der Regierung (Samarkand/Buchara) im Gegensatz zur Machtfraktion des Fergana-Tals. Es muss also zumindest die Frage aufgeworfen werden, ob nicht ein Teil des viel beschworenen religiösen Fundamentalismus eigentlich regionalpolitischer Natur ist. Nur in diesem Kontext lässt sich dann auch die Frage nach der Integrations- oder Desintegrationswirkung stellen.

7.2.4 POLITISCHER REGIONALISMUS, REGIONALE KOOPERATION UND DER KONFLIKT VON BATKEN

Eine Analyse der politischen Machtverteilung hat gezeigt, dass in allen betrachteten Länder die Regionen des Fergana-Tals heute nicht die politischen Machthaber stellen. In Tadžikistan ist der nördliche Oblast Leninabad nicht an der Regierung beteiligt. In Kyrgyzstan regiert mit Akaev ein Vertreter der nördlichen und zentralen Fraktion. In Uzbekistan ist mit Karimov die Fraktion Samarkand/Buchara an der Macht. Diese regionalen Machtstrukturen stellen innerhalb der Länder einen desintegrierenden Aspekt dar. Dieser wird durch die naturräumliche Trennung und schlechte Infrastruktur zwischen den jeweiligen Machtzentren und dem Fergana-Tal verstärkt.

Regionale Machtfraktionen sind kein Ergebnis der Transformation, sie bestanden bereits innerhalb der Sowjetrepubliken. Mit dem Zerfall der Sowjetunion entscheiden sich die regionalen Machtverhältnisse aber allein innerhalb der Nationalstaaten. Keiner der betrachteten Staaten hat die Transformation hin zu einem demokratischen System vollzogen. Auch die Theorie, dass marktwirtschaftliche Reformen eine Demokratisierung nach sich zögen, hat sich in Mittelasien nicht bestätigt. Im Gegenteil verstärken sich in dem reformbereitesten der hier betrachteten Staaten die autoritären Tendenzen zunehmend. Damit existiert kein politisches System, welches auf demokratischer Basis einen Machtwechsel und damit eine Verschiebung regionaler Machtstrukturen erreichen könnte.

Der integrierte Raum Fergana-Tal stellt mit der momentanen regionalen Machtkonstellation ein Problem für die nationale Konsolidierung der einzelnen Nationalstaaten dar. Die Sorge vor Separationstendenzen ist dabei nicht auf Kyrgyzstan und Tadžikistan beschränkt. Auch Uzbekistan betrachtet in diesem Kontext das Fergana-Tal eher mit Sorge, welche durch den Batken-Konflikt ein neue Basis bekommen hat.

EXKURS: DER KONFLIKT VON BATKEN – REGIONALE IMPLIKATIONEN

„Im Süden Kirgistans gilt der Ausnahmezustand. Japans Regierung will eine Spezialeinheit schicken um vier verschleppte Geologen zu befreien“ lautete Ende August 1999 eine Zeitungsschlagzeile in Deutschland (TAZ 27.08.1999). Durch die Tatsache, dass Japaner unter den Betroffenen des Konfliktes waren, wurde dieser einer breiteren Öffentlichkeit bekannt.

Seit dem 31.Juli 1999 drangen Guerilla-Kämpfer von Tadžikistan in das kyrgyzische Gebiet um Batken / Fergana-Tal ein und nahmen erste Geiseln.

Im weiteren Verlauf des Konfliktes wurden auch vier Japaner als Geiseln genommen. Es stellte sich heraus, dass es sich bei den Eindringlingen um Angehörige der Uzbekischen Bewegung IMU (Islamic Movement of Uzbekistan) unter der Führung des Uzbeken Žuma Namangani handelte, die den Zugang ins uzbekische Fergana-Tal erzwingen wollten – angeblich, um dort ein islamisches Chanat Fergana-Tal einzurichten. Das Grenzgebiet in Batken war wenig kontrolliert und grenzt an Gebiete unter der Kontrolle der tadžikischen Opposition. Der Konflikt traf die kyrgyzische Regierung überraschend und bis zu seiner Beendigung musste u.a. der Verteidigungsminister seine Stellung verlassen. Da auch eine Bedrohung Uzbekistans durch die Forderungen der Rebellen erfolgte, betraf der Konflikt somit alle drei hier betrachteten Länder. Ohne ausführlich auf den genauen Verlauf des Konfliktes einzugehen, ist dieser – wenn auch ganz anders als die bisher betrachteten gelagert – wieder ein Beispiel für notwendige Kooperation in der Region – sowie für eine mangelnde Umsetzung. Am 15. und 16. August bombardierte die uzbekische Luftwaffe die Region um Batken sowie Gebiete innerhalb Tadžikistans, mit dem Zweck die Rebellenlager zu treffen. Zeitungen verkündeten, dass diese Bombardierung mit der kyrgyzischen Regierung abgesprochen war. Die Bombardierung tadžikischer Gebiete führte zum Protest seitens der tadžikischen Regierung. Das uzbekische Außenministerium dementierte daraufhin jegliches Wissen über diese Bombardierungen. Einen Tag später gab der uzbekische Außenminister bekannt, dass Bombardierungen kyrgyzischer Gebiete zur Bekämpfung der Rebellen in Absprache mit der kyrgyzischen Regierung erfolgt seien. Die Bombardierung Tadžikistans sei ein Versehen gewesen. „*Kamirov admitted, that the Uzbek aircraft may have inadvertently dropped bombs on the territory of neighbouring Tajikistan*" (CAM 5/1999: 16). In der Folge kam es zu Spannungen zwischen Uzbekistan und Tadžikistan. Die Geiselnahmen in der Region Batken gingen weiter, die Zahl der Rebellen wurde auf bis zu 1000 geschätzt. Die Kämpfe dauerten über 2 Monate und endeten mit der Freilassung auch der japanischen Geiseln und dem Rückzug der Rebellen nach Kyrgyzstan am 25.Oktober 1999[110] (CAM 5/1999: 16-25, UNDP Kyrgyzstan 2001).

---

[110] Ausführlich zum Batken-Konflikt vgl. die Ausgabe Nr. 5 der Zeitschrift Ethnic World 1999, die sich in mehreren Artikeln mit dem Konflikt auseinandersetzt.

Der Konflikt von Batken zeigt die Probleme einer regionalen Kooperation. Eine gemeinsame Bekämpfung terroristischer Aktivitäten wird von zwischennationalen Auseinandersetzungen überschattet. Uzbekistan wirft Tadžikistan mangelnde Kontrolle des Staatsgebietes vor. Kyrgyzstan wird dafür verurteilt, dass es seine Grenzen nicht schützen kann. Zudem gilt der Rebellenübergriff als ein weiterer Beweis für die Gefahr des islamischen Fundamentalismus und damit als Basis für Vorsorgemaßnahmen, wie Grenzschließungen, als Schutz. Die Beweggründe des Rebellenübergriffes sind allerdings nie schlüssig geklärt worden. So gibt UNDP Kyrgyzstan an, dass es keine Forderung nach einer Etablierung eines islamischen Staat Fergana-Tal gab (wie von uzbekischer Seite konstatiert), sondern der Rücktritt des uzbekischen Präsidenten, die Freilassung oppositioneller Gefangener, die Wiedereröffnung von Moscheen und Medresen und die Zulassung der IMU als Bewegung in Uzbekistan gefordert wurden (UNDP Kyrgyzstan 2001: 2). Auch einige der Interviewpartner hatten ihre Zweifel an der Theorie des ‚islamischen Staates' im Fergana-Tal. Die Art des terroristischen Angriffs wurde stets verurteilt, aber es kamen auch Fragen auf wie: „*Man sollte sich einmal fragen, wieso Namangani und andere der Rebellen überhaupt erst aus Uzbekistan geflohen sind*" (EIKw). Neben den möglichen politischen und islamischen Begründungen der Übergriffe, wurden zudem Vermutung darüber geäußert, dass es sich um einen Übergriff zur Sicherung der Drogenhandelsrouten handeln könnte. Wobei hier fraglich ist, ob die gesteigerte Aufmerksamkeit auf die Region durch den Konflikt nicht eher negativ für den Drogenhandel wäre.

In der Folge des ersten Batken-Konfliktes wurde im Frühjahr 2000 ein Vertrag zwischen den Staaten Kasachstan, Kyrgyzstan, Tadžikistan und Uzbekistan über die gemeinsame Terrorismusbekämpfung geschlossen. Im Sommer 2000 sind erneut bewaffnete Rebellen nach Batken und diesmal auch direkt nach Uzbekistan eingedrungen. Trotz des Vertrages kam es wiederum zu gegenseitigen Anschuldigungen zwischen Tadžikistan und Uzbekistan, die keine Anzeichen regionaler Kooperation zeigten (HALBACH 2000B). Für die Region Batken, die als eine der ärmsten Regionen des Fergana-Tals gilt, hat der Konflikt weitreichende Folgen. So wurde in der Folge der Auseinandersetzungen 1999 eine neue administrative Einheit im Süden Kyrgyzstans eingerichtet, der Oblast Batken. Die militärische Präsenz in Batken wurde verstärkt und auch das Interesse internationaler Organisationen an der Region, die vorher keine Beachtung gefunden hatte, wächst (SCHUEPP 2001).

So existierte noch 1999 ein groß angelegtes UNDP Projekt im Fergana-Tal, mit dem Namen: Fergana Valley Development Project, welches staatenübergreifend arbeiten wollte, bereits über eine Reihe von Angestellten, Büros, Internetseite und mailinglist sowie Hochglanzbroschüren verfügte. Nachteilig war schon zu dieser Zeit im Kontext regionaler Kooperation die Tatsache, dass Uzbekistan die Teilnahme an dem Projekt verweigerte – aus genannter Sorge vor einer zu starken Integration der Region als potentielles Oppositionsgebiet. Im Frühjahr 2000 war dieses Projekt verschwunden. Dafür gibt es jetzt ein ‚Batken-Projekt'. Der Versuch, ein internationales Projekt mit dem Ziel einer verstärkten Integration im Fergana-Tal zu etablieren ist gescheitert. Dieses Scheitern ist im Kontext der Prioritäten der drei Staaten zu sehen, sich an erster Stelle auf die nationalen Konsolidierung ihrer Staaten konzentrieren.

7.3 Integration oder Desintegration – Implikationen für Mittelasien

Der Batken –Konflikt hat die Raumwahrnehmung des Fergana-Tals negativ beeinflusst. Gleichzeitig zeigte sich hier die Sorge der einzelnen Staaten vor Separationstendenzen bestätigt. Im Kontext der gesamten Entwicklung des Fergana-Tals im Transformationsprozess sind unterschiedliche Aspekte herauszustellen. Für eine Integration der Region spricht das negative Image der einzelnen Regionen in ihren Staaten, welches dazu führen könnte, dass sich die Bevölkerung eher ihrer Region als „ihrem" Nationalstaat zugehörig fühlt. Dagegen sprechen könnten die verschiedenen Variationen der Raumwahrnehmung. So wird der uzbekische Teil des Fergana-Tals als Basis islamischer Fundamentalisten eingeordnet. Anders sieht der Fall in Kyrgyzstan aus, wo der Süden zwar auch ein negatives Image hat, aber eher im Kontext eines niedrigeren Entwicklungsstandes, wie folgende Aussagen unterstreichen:

> *„Manchmal fragen mich die Leute: ‚Du bist aus dem Süden? Aber Du bist ja gar nicht schwarz und Deine Augen sind ja gar nicht schief'. Aber es ist noch schwieriger für Leute aus dem Norden im Süden akzeptiert zu werden. Wenn ein Mann aus dem Süden eine Frau aus dem Norden heiratet wird sie nicht akzeptiert. Im Süden ist alles noch traditioneller. Da fragt jeder sofort von welchem Stamm Du bist, zu welchem Clan Du gehörst"* (TI16)
>
> *„Eine Freundin von mir aus dem Süden spricht lieber russisch, wenn sie in Biškek ist, damit niemand merkt, dass sie aus dem Süden kommt. Dann wird sie eher akzeptiert"* (EIKy).
>
> *„Für die Leute im Norden sind das hier im Süden alles traditionelle Bauern, gar nicht fortschrittlich"* (EIKo).

Sehr davon differierend von diesen Einschätzungen ist die Wahrnehmung Leninabads in Tadžikistan. Die Region wird als industrialisiert und wohlhabend wahrgenommen. Sie stellte jahrelang die politische Nomenklatura und gilt als Opposition zur religiösen Bewegungen, als fortschrittlich.

Diese sehr differenzierte Raumwahrnehmung kann für das Fergana-Tal als desintegrierender Aspekt, aber ebenso als integrierender Aspekt gewertet werden, insofern, dass die Ablehnung der Region von Seiten des jeweiligen Machtzentrums eine Solidarisierung innerhalb des Fergana-Tals ermöglichen könnte. In diese Richtung wirkt auch Minderheitenpolitik. Sollten die jeweiligen ethnischen Minderheiten weiterhin von der politischen Macht ausgeschlossen sein, könnte dies desintegrierende Folgen haben. Die wirtschaftliche Verflechtung, die infrastrukturelle Situation, sowie die vielfältigen Beziehungen, die im Fergana-Tal aufgrund der heterogenen Bevölkerungsverteilung grenzüberschreitend funktionieren, machen aber immer wieder die Notwendigkeit einer regionalen internationalen Kooperation deutlich. Die uzbekische Grenzpolitik steht dieser allerdings entgegen.

Zusammenfassend ergibt sich für das Fergana-Tal in Mittelasien eine komplexe Situation. Die Region ist in vielen Aspekten bis heute eine integrierte Region mit zahlreichen Verflechtungen. Unterstützt wird diese Integration klar durch die naturräumliche Abgrenzung. Heute ist mit der Nationalstaatenbildung, die einen wichtigen Aspekt des Transformationsprozesses in den Staaten der ehemaligen Sowjetunion ausmacht, auch eine deutliche Betonung von Grenzen verbunden. Das Fergana-Tal als Teilraum dreier neuer Nationalstaaten, mit seinen vielfältigen Verflechtungen und seiner heterogenen Bevölkerungsverteilung wird durch diesen Prozess eher desintegriert. Die unterschiedlichen Vorgehensweisen im Transformationsprozess, sei es ökonomische, politische oder gesellschaftliche Transformation, tragen zu einer weiteren Differenzierung bei. Die mangelnde Kooperation in so bedeutenden Fragen wie Wasserversorgung oder auch dem Batken-Konflikt lässt zudem darauf schließen, dass die beteiligten Regierungen die nationale Integration einer regionalen Kooperation vorziehen.

8 Raumstrukturelle Wirkungen von Transformation – Zusammenfassung und Fazit

Der Transformationsprozess ist nicht nur innerhalb der einzelnen Sektoren ökonomischer, gesellschaftlicher und politischer Transformation inhaltlich sehr komplex, mit dem ‚Dilemma der Gleichzeitigkeit' kommen die Komplexe der Nationenbildung und Identitätsfindung als Aufgabe postkolonialer Transformationsländer hinzu.

Mit der Frage nach raumstrukturellen Wirkungen von Transformation wird ein Aspekt in die Diskussion eingebracht, der in der theoretischen Auseinandersetzung mit Transformation bisher kaum Beachtung findet. Die Analyse der mittelasiatischen Transformationsregion auf Makro- und Mesoebene kommt zu dem Ergebnis, dass es eine große Varianz an raumstrukturellen Wirkungen von Transformation gibt, welche sich anhand der Analyse regionaler Disparitäten auf Basis einer Diskussion der Ausgangbedingungen feststellen lassen. Die stärksten raumstrukturellen Wirkungen zog dabei der Prozess der Nationenbildung nach sich, der schon durch die Übernahme der administrativen Grenzen der Sowjetrepubliken als Nationalgrenzen zu einer disparaten Entwicklung in Mittelasien führte und die Bedeutung der Gleichzeitigkeit von Nationenwerdung und Transformation für die Entwicklung deutlich macht. Die Komplexe Nationenbildung und Identitäten bilden einen Schwerpunkt im sozialgeographischen Forschungsansatz der Neuen Regionalen Geographie. Dieser erwies sich somit im Kontext dieser Arbeit als sehr geeignet für die empirische Untersuchung.

Raumstrukturelle Wirkungen sind in allen Sektoren der Transformation aufgetreten. Im Kontext der Nationenbildung zeigte sich hier vor allem die große Bedeutung der Ausgangsbedingungen, welchen vor allem in modernisierungstheoretischen und neoklassischen Theoriediskussionen eher weniger Beachtung geschenkt wird. Die Ausgangsbedingungen der neuen Nationalstaaten wurden durch ihre historische Entwicklung geprägt. Nachdem sich die Raumstruktur Mittelasiens durch die Komplementarität von Oasenkulturen und Nomadismus, sowie eine kontinuierlichen Einflussnahme von außen und durch starke integrative Gesellschaftsstrukturen auszeichnete, die ein ethnisches Konzept von Nationenbildung nicht kannte, kam der erste neu strukturierende Einfluss aus Russland. Die russische Kolonisation und vor allem die folgende Sowjetisierung veränderten den Raum nachhaltig. Neben einer ökonomischen Neustrukturierung und der Schaffung kolonialer Abhängigkeit, die zu Sowjetzeiten als Arbeitsteilung bezeichnet wurde, war vor allem die gesellschaftliche Neustrukturierung von Bedeutung. Zum ersten Mal in der Entwicklung diese Raumes wurden territoriale Einheiten auf der Grundlage eines Nationengedankens mit einheitlicher Ethnie und Sprache geschaffen. Mit der Übernahme der künstlich gezogenen Nationalgrenzen wurde diese veränderte Raumstruktur zur nationalstaatlichen Realität. Die Ausgangsbedingungen für die direkt als Folge der Unabhängigkeit entstandenen regionalen Disparitäten wurden somit bereits 60 Jahre vor der Unabhängigkeit angelegt.

Als Resultat entstanden die drei hier betrachteten Staaten. Neben den Gemeinsamkeiten bezüglich der Ausgangsbedingungen, wie koloniale Wirtschaftstrukturen und ethnisch inhomogene Bevölkerungsstrukturen mit hohen Wachstumsraten, gab es aber auch bei den Ausgangsbedingungen bereits bedeutende Disparitäten. Die Territorien der Länder Kyrgyzstan und Tadžikistan verfügen hauptsächlich über Gebirgsräume und nur geringe landwirtschaftlich nutzbare Flächen. Während auch Uzbekistan nur einen kleinen Teil seines durch Flachländer und Wüsten geprägten Territoriums landwirtschaftlich nutzen kann, ist dieser schon aufgrund der absoluten Größe Uzbekistans im Vergleich zu den anderen beiden Ländern größer – muss allerdings auch eine größere Bevölkerung versorgen. Hinzu kommen komparative Vorteile Uzbekistans bei der Verteilung von Industrieansiedlungen und Rohstoffen. Auch die Bevölkerungsstruktur ist etwas homogener als bei seinen Nachbarn.

Das die Ausgangsbedingungen des Transformationsprozesses für Mittelasien bedeutender waren als andere, in der transformationstheoretischen Diskussion besprochene, Faktoren, zeigt die systemische Einordnung der Transformation im Kontext der realen Entwicklung. Faktisch heißt das für Mittelasien, dass das Land mit der geringsten Transformationsleistung im ökonomischen und politischen Bereich das ökonomisch und politisch erfolgreichste Land der Region ist – Uzbekistan. Während Kyrgyzstan zu Beginn der Unabhängigkeit noch zügig Reformen durchsetzte und auch die Demokratisierung glaubwürdig in Angriff nahm, orientiert sich das Land auf Grund seiner desolaten sozioökonomischen Situation jetzt eher an autoritären Modellen. Tadžikistan steht als Folge des Bürgerkrieges erst am Beginn der Transformation. Im Kontext der regionalen Fragmentierung des Landes und der komplexen regionalpolitischen Konstellation sowie der relativen ökonomischen Stabilität

Uzbekistans im regionalen Vergleich ist es fraglich, ob Tadžikistan sich an die Inhalte der vor allem vom Westen postulierten Transformationsstrategien halten wird.

Zweifellos findet in allen betrachteten Staaten eine gewisse Transformation auch im ökonomischen Bereich und eine Abgrenzung zum sowjetischen System statt, nur lässt sich diese nicht in modelltheoretische Konzeptionen pressen. Allein die für die Etablierung der Nationalstaatlichkeit notwendige Entwicklung einer ökonomischen Eigenständigkeit macht die Transformation des ehemals planwirtschaftlichen Systems unabdingbar. Das Ziel der Entwicklung ist dagegen nicht so einfach zu definieren. Auch die Akzeptanz der Bevölkerung ist in Anbetracht der steigenden Verarmung vor allem in ländlichen Gebieten und einem Mangel an Informationsvermittlung über die Inhalte des Prozesses stark in Zweifel zu ziehen. Eine Einschätzung, die für alle drei Länder zutreffend ist.

Im Bereich der ökonomischen Transformation spielen die analysierten Ausgangsbedingungen ein entscheidende Rolle. Neben den angesprochenen internationalen Disparitäten der ökonomischen Ausgangslagen der Länder zeichnen sich auch innerhalb der einzelnen Nationalstaaten regionale Disparitäten ab. Diese haben sich in Folge der Transformation verschärft. Die Wirtschaftsplanung ist, soweit existent, in allen betrachteten Staaten nicht regional spezifiziert sondern zentralistisch. Gerade auch in Anbetracht der Bedeutung regionaler Machtstrukturen ist hier ein Konfliktpotential zu sehen. Ein Beispiel dafür ist die Region Leninabad im tadžikischen Fergana-Tal.

Die politische und gesellschaftliche Transformation hat wiederum vor allem im Bereich Nationenbildung und Identitäten stattgefunden. Aspekte zur Identitätsbildung waren hier vor allem Sprachenpolitik sowie die Belebung und Entwicklung historischer Legitimationen. Transformation im Sinne des Bewusstseinwechsels der handelnden Akteure hin zu marktwirtschaftlich geprägter Denkweise fand als gesteuerter Prozess nicht statt.

Raumstrukturelle Wirkungen hatte der Transformationsprozess zudem auf die Veränderung der regionalen Bevölkerungsstruktur. So fand eine Homogenisierung der ethnischen Bevölkerungsverteilung, allerdings mit einer gleichzeitigen Konsolidierung der uzbekischen Minderheiten in Kyrgyzstan und Tadžikistan statt. Die räumliche Verteilung der ethnischen Bevölkerungsgruppen hat hier im Kontext der regionalpolitischen

Machtverteilung, wiederum im Fergana-Tal, zu einer potentiellen Konfliktkonstellation geführt. Die weiter hohen Zuwachsraten, vor allem der ländlichen Bevölkerung, erhöhen zudem den Ressourcendruck in dicht besiedelten Gebieten.

Die Bedeutung der regionalen Disparitäten in Mittelasien und auch innerhalb der hier betrachteten Nationalstaaten wird besonders deutlich bei der Betrachtung der Grenzen. Die Tatsache, dass sowjetische Planung, sei es bezüglich Infrastruktur und Transportwegenetz oder im Kontext der Energie- und Wasserversorgung, aber auch bezüglich Bevölkerungsan- und umsiedlung und der Struktur des Bildungssektors, diese Grenzen entweder vollständig ignoriert oder bewusst nicht beachtet hat, erweist sich heute als eines der größten Konfliktpotentiale, wie die uzbekische Grenzpolitik deutlich macht.

Die unterschiedlichen Strategien und Entwicklungen in den betrachteten Nationalstaaten haben die Raumwirksamkeit von Transformation verdeutlicht. Zudem unterstützen die hier betrachteten Entwicklungen die Kritik an bestehenden Transformationskonzepten und machen die Notwendigkeit der Einbeziehung raumwirksamer Aspekte genauso transparent wie die verstärkt notwendige Analyse der spezifischen Ausgangsbedingungen. Dies gilt umso mehr für die Staaten, die sich im ‚Dilemma der Gleichzeitigkeit' befinden und damit zusätzlich die Aufgabe der Nationenbildung zu bewältigen haben. Wie sich gezeigt hat, wird diesem Aspekt der Entwicklung von den Staaten eine (notwendige?) Priorität vor der eigentlichen Transformation eingeräumt. Es ist allerdings fraglich, ob diese beiden Aspekte überhaupt sinnvoll getrennt betrachtet werden können.

Die Analyse der Raumwahrnehmung hat gezeigt, dass die nationalstaatliche Entwicklung vor allem vorrangig jeglicher möglicher regionaler Kooperation verwirklicht wird. Bezüglich regionaler Kooperationsabkommen bemerkt GUMPEL: „*Allen entsprechenden Vereinbarungen ist bisher gemein, daß sie lediglich auf dem Papier stehen*" (GUMPEL 1997: 159). Diese Tendenz hat sich im Zuge der politischen Entwicklungen verstärkt. Die großen Differenzen in den nationalen Politiken und eben auch den nationalen Transformationsstrategien haben im Kontext der Ausgangsbedingungen zu starken raumstrukturellen Unterschieden in den Nationen geführt, welche die Chancen auf jegliche Art regionaler Kooperation gering halten. Gleichzeitig machen aber eben diese politischen Entwicklungen die Notwendigkeit regionaler Kooperation deutlich.

Die Untersuchung regionaler Disparitäten im Fergana-Tal im Kontext der Analyse raumstruktureller Wirkungen von Transformation in Mittelasien hat gezeigt, dass Transformation auch auf verschiedenen regionalen Ebene raumwirksam ist.

Diese Region wurde zwar bereits im Rahmen der Nationalen Abgrenzung auf drei verschiedene Sowjetrepubliken aufgeteilt, die Grenzen hatten bis 1991 aber keine Substanz. Wirtschaft und Gesellschaft entwickelten sich in einem integrierten Raum. Die naturräumliche Abgrenzung dieses Raumes von den jeweiligen Machtzentren hat die integrative Wirkung mitgeprägt. Die für Mittelasien aufgezeigten Folgen der Transformation finden sich auch im Fergana-Tal. Hier verstärken sie vor allem im Zuge der verschärften uzbekischen Grenzpolitik die Disparitäten enorm, für die neben der naturräumlichen Ausstattung, vor allem die sowjetische Planung die Ursache liefert.

Obwohl auch integrative Aspekte in der Entwicklung des Fergana-Tals auftreten, zum Teil gerade als Folge der unterschiedlichen Transformationsstrategien und der daraus resultierenden wirtschaftlichen Situation der Staaten, erweisen sich diese nicht als entscheidend.

Die bestehenden Disparitäten und vor allem die Auswirkungen der nationalen Konsolidierungsversuche der Staaten wirken im Fergana-Tal desintegrierend. Die komplexen Verflechtungen innerhalb des Fergana-Tals erschweren gleichzeitig den Transformationsprozess für die mittelasiatischen Staaten. Neben den ohnehin vielfältigen Aufgaben und dem ‚Dilemma der Gleichzeitigkeit' müssen die Raumstrukturen ausgeglichen werden, um Konfliktpotentiale und eine innerregionale wie inner- und zwischenstaatliche Destabilisierung zu verhindern.

Die heutige Situation in Mittelasien zeichnet ein hochkomplexes politisches, wirtschaftliches und soziostrukturelles Muster, welches zeigt, wie Transformation die Raumstrukturen nachhaltig verändert hat. Dabei ist zu berücksichtigen, dass die nationalstaatliche Entwicklung zunächst in dieser Form Bestand haben wird, obwohl die Ausgangsbasis für die heutigen Nationen in der sowjetischen Zeit künstlich geschaffen wurde.

Die theoretische Auseinandersetzung mit Raum und Region impliziert den stetigen Wandel und die stetige Weiterentwicklung von Raumstrukturen. Eine Rückkehr zu Strukturen, wie sie für das historische Mittelasien typisch waren, ist weder realistisch noch vorteilhaft. Eine zukünftige Entwicklung hin zu mehr regionaler Kooperation und einer neuen Art von Integration wäre dagegen positiv zu beurteilen.

Eine Einbeziehung raumwirksamer Maßnahmen und eine intensive Beschäftigung mit den Ausgangsbedingungen von Transformation ist für die Entwicklung Mittelasiens und des Fergana-Tals, wie die Ergebnisse dieser Arbeit belegen, grundlegend. Diese Ergebnisse sprechen damit auch für eine intensivere Auseinandersetzung mit diesen Aspekten in der theoretischen Transformationsdiskussion.

9 LITERATURVERZEICHNIS

ABAZOV, R. (1999): Economic migration in post-soviet Central Asia: The case of Kyrgyzstan. In: Post-Communist Economies 11 (2): 237-252.

ABAZOV, R. (1999): Mnogopartijnost i islamskie organizacii v central'noj azii. In: Central'naja Azia i Kavkaz 5(6): 146-152.

ADB (ed.) (o.J.): Environmental Profile of Tajikistan.

ADSHEAD, S.A.M. (1993): Central Asia in World History. London.

AGNEW, J. (1998): Geopolitics. Re-visioning world politics. London.

AGNEW, J., LIVINGSTONE, D.N., A. ROGERS (eds.)(1996): Human Geography. An essential Anthology. Cambridge.

AGNEW, J.A. (1989): The devaluation of place in social science. In: AGNEW, J.A.; J.S. DUNCUN (eds.): The Power of Place. Bringing together geographical and sociological imaginations. Boston: 9-29.

AGNEW, J.A., J.S. DUNCUN (eds.) (1989): The Power of Place. Bringing together geographical and sociological imaginations. Boston.

AKADEMIE FÜR RAUMFORSCHUNG UND LANDESPLANUNG (1995): Handwörterbuch der Raumordnung. Hannover.

AKAEV, A. (1999): Adress to the nation of Kyrgyzstan on 29 of August 1999. In: Ethnic World 5: 11-12. Bishkek.

AKINER, S. (1983): Islamic peoples of the Soviet Union. London.

AKINER, S. (1990): Uzbeks. In: SMITH, G. (ed.): The nationalities question in the Soviet Union. London: 214-227.

AKINER, S. (1996): Islam, the State and Ethnicity in Central Asia in Historical Perspective. In: Religion, State & Society 24(2/3): 91-131.

ALEXEYEVA, L. (1990): Unrest in the Soviet Union. In: The Washington Quarterly 13: 63-77

ALLWORTH, E. (1989): Central Asia: 120 years of Russian rule. Durham.

ALLWORTH, E. (ed.) (1990): The modern Uzbeks from the fourteenth century to the present. A cultural history. Stanford.

ALTMANN, F.-L. (1997): Privatisierungsstrategien und ihre Ergebnisse. Aus Politik und Zeitgeschichte 44-45/97: 37-46.

ALTRICHTER, H. (1993): Kleine Geschichte der Sowjetunion 1917 – 1991. München

ANDERSON, B. (1991): Imagined Communities. London².

ANDERSON, J. (1999): Kyrgyzstan: Central Asia's island of democracy? Singapore.

APOLTE, T., D. CASSEL (1994): Systemtransformation und Politikvertrauen. In: HERRMANN-PILLATH, C. (Hrsg.): Marktwirtschaft als Aufgabe: Wirtschaft und Gesellschaft im Übergang vom Plan zum Markt. Stuttgart, New York: 657-667.

ASEL, B. (1999): Kyrgyz Republic's Laws dence the equality of civilians & interethnic peace and harmony. In: Ethnic World 5: 14-19.

ÅSLUND, A. (1993): The nature of the transformation crises in former soviet countries. In: SIEBERT, H. (ed.): Overcoming the transformation crises: Lessons for the successor states of the Soviet Union. Tübingen: 39-56.

ATKIN, M. (1997): Thwarted democratisation in Tajikistan. In: DAWISHA, K., B. PARROTT (eds.): Conflict, cleavage, and change in Central Asia and the Caucasus. Cambridge: 277-311.

ATTAR, A., G. FEDTKE (1998): Die Nationale Abgrenzung im Rückblick. Das Vermächtnis der 'Freundschaft der Völker' bei Tadshiken und Usbeken. In: Osteuropa 48(5): 500-504.

BAILEY, C., WHITE, C., R. PAIN (1999): Evaluating qualitative research: dealing with the tension between 'science' and 'creativity'. In: Area (31)2: 169-183.

BALDAUF, I. (1991): Some thoughts on the making of the Uzbek nation. In: Cahiers du Monde russe e soviétique, XXXII (1): 79-96.

BARTELS, D. (1968): Zur wissenschaftstheoretischen Grundlegung einer Geographie des Menschen. Wiesbaden.

BARTELS, D. (1978): Raumwissenschaftliche Aspekte sozialer Disparitäten.(Hans Bobek zum 75. Geburtstag). In: Mitteilungen der Österreichischen Geographischen Gesellschaft 120: 227-242.

BAUER, A., GREEN, D., K. KUEHNAST (1997); Women and Gender Relations. The Kyrgyz Republic in Transition. Manila.

BAXTER, J., J. EYLES (1999): Prescription for research practice? Grounded theory in qualitative evaluation. In: Area 31(2): 179-181.

BBC (1999): Uzbek presidential decree sets up Islamic University in Tashkent. BBC CAU070499.

BERG, L.D. (1993): Between modernism and postmodernism. In: Progress in Human Geography 17 (4): 490-507.

BERG, L.S. (1959): Die geographischen Zonen der Sowjetunion. Band II. Leipzig.

BERNHOLZ, P. (1994): Probleme der Währungs- und Budgetpolitik. In: HERRMANN-PILLATH, C. (Hrsg.): Marktwirtschaft als Aufgabe: Wirtschaft und Gesellschaft im Übergang vom Plan zum Markt. Stuttgart, New York: 535-545.

BEYME, K.v. (1994): Systemwechsel in Osteuropa. Frankfurt

BEYME, K.v., C. OFFE (Hrsg.)(1995): Politische Theorien in der Ära der Transformation. Politische Vierteljahresschrift Sonderheft 26/1995. Opladen.

BHABA, H. (1994): The location of culture. London.

BIERMANN, H. (1996): System-Transformation: Logik und Theorie sowie Darstellung am Beispiel der muslimisch beeinflußten GUS-Republiken. München.

BIERSTEKER, T.J., C. WEBER (eds.)(1996): State sovereignty as social construct. Cambridge.

BOESCH, H. (1989): Engagierte Geographie. Zur Rekonstruktion der Raumwissenschaft als politikorientierte Geographie. Stuttgart.

BOESLER, K.-A. (1982): Raumordnung. Darmstadt.

BOHNET A., M. REICHARDT (1993): Privatisierungsstrategien und Transaktionskosten. Ein Beitrag zu einer Theorie der Transformation von Wirtschaftsordnungen. In: THIEME, H.J. (Hrsg).: Privatisierungsstrategien im Systemvergleich. Schriften des Vereins für Socialpolitik 223. Berlin: 127-150.

BOZDAG, A. (1991): Konfliktregion Kirgisien. Dynamik und Eskalation der blutigen Zusammenstöße 1990. In: Orient 32(1991)3: 365-393.

BRADSHAW, M.J. (1990): New regional geography, foreign-area studies and perestroika. In: Area (22) 4: 315-322.

BRADSHAW, M.J. (1997): Introduction: transition and geographical change. In: Bradshaw, M.J. (ed.): Geography and Transition in the post-Soviet Republics. New York: 1-7.

BRADSHAW, M.J. (ed.) (1997): Geography and Transition in the post-soviet republics. Chichester.

BREGEL, Y. (1991): Turko-Mongol Influences in Central Asia. In: CANFIELD, R.L. (ed.): Turko-Persia in historical perspective: 53-77.

BREMMER, I. (1993): Reassessing Soviet nationalities theory. In: BREMMER, I., R. TARAS (eds.): Nation and politics in the Soviet successor states. Cambridge.

BREMMER, I., R. TARAS (eds.) (1993): Nation and politics in the Soviet successor states. Cambridge.

BRENNINKMEIJER, O.A.J. (1998): International concern for Tajikistan: UN and OSCE efforts to promote peace-building and democratisation. In: DJALILI, M.-R., F. GRARE, S. AKINER (eds.): Tajikistan: The Trials of independence. Richmond: 180-216.

BRENTJES, B. (1988): Die Ahnen Dschingis-Chans. Berlin.

BROWN, B.A. (1998): The Civil War in Tajikistan, 1992-1993. In: DJALILI, M.-R., F. GRARE, S. AKINER (eds.): Tajikistan: The Trials of independence. Richmond: 86-96.

BRÜCKER, H. (1994): Privatisierung in Usbekistan. Deutsches Institut für Entwicklungspolitik. Berlin.

BÜHLER, E., MEYER, H., REICHERT, D., A. SCHELLER (1993)(Hrsg.): Ortssuche. Zürich-Dortmund

BUNDESANSTALT FÜR GEOWISSENSCHAFTEN UND ROHSTOFFE (Hrsg.): Zentralasiatische Länder der GUS. Rohstoffwirtschaftliche Länderstudien 13. Hannover.

BUNDESZENTRALE FÜR POLITISCHE BILDUNG (Hrsg.) (1995): Gemeinschaft unabhängiger Staaten. Informationen zur politischen Bildung Nr. 249, 4/95.

BUSHKOV, V.I. (2000): Population Migration in Tajikistan: Past and Present. In: KOMATSU, H., OBIYA, C., J.S. SCHOEBERLEIN (eds.): Migration in Central Asia: Its History and Currant Problems. Osaka: 147-156.

BUSHKOV, V.I. G.J. SITNJANSKIJ (1997): Russen und Russischsprachige in Zentralasien. Eine Russische Sicht. Sonderveröffentlichung des Bundesinstitut für ostwissenschaftliche und internationale Studien.

BÜTOW, H.G. (Hrsg.)(1988): Länderbericht Sowjetunion. Lizenzausgabe für die Bundeszentrale für Politische Bildung. Bonn.

CANFIELD, R.L. (1991): Introduction: the Turko-Persian tradition. In: CANFIELD, R.L. (ed.): Turko-Persia in historical perspective. Cambridge: 1-34.

CANFIELD, R.L. (ed.) (1991): Turko-Persia in historical perspective. Cambridge.

CARLISLE, D.S. (1991): Power and Politics in Soviet Uzbekistan: From Stalin to Gorbechev. In: FIERMAN, W. (ed.): Soviet Central Asia. The failed Transformation. Boulder: 93-130.

CASSEL, D. (Hrsg.) (1997): Institutionelle Probleme der Systemtransformation. Schriften des Vereins für Socialpolitik 254. Berlin.

CENTLIVRES, P., M. CENTLIVRES-DEMONT (1998): Tajikistan and Afghanistan: The Ethnic Groups on Either Side of the Border. In: DJALILI, M.-R., F. GRARE, S. AKINER (eds.): Tajikistan: The Trials of Independence. Richmond: 3-13.

CHRITCHLOW, J. (1991): Nationalism in Uzbekistan. A soviet republics road to sovereignty. Boulder, San Francisco.

CLEM, R.S. (1997): The new Central Asia: prospects for development. In: BRADSHAW, M.J. (ed.): Geography and Transition in the Post-Soviet Republics. New York: 163-186.

CONERMANN, S. (1994): Tadzikistan auf der schwierigen Suche nach einer eigenen Identität. In: NITSCHE, P. (Hrsg.): Die Nachfolgestaaten der Sowjetunion. Beiträge zu Geschichte, Wirtschaft und Politik, herausgegeben unter der Mitarbeit von Jan Kusber. Kieler Werkstücke, Reihe F: Beiträge zur osteuropäischen Geschichte Band 3. 147-176.

COOKE, P. (1989): Nation, space, modernity. In: PEET, R., N. THRIFT (eds.): New Models in Geography: the political-economy perspective. London: 267-291.

CORSTEN, M., H. VOELZKOW (Hrsg.) (1997): Transformation zwischen Markt, Staat und Drittem Sektor. Marburg.

CRAUMER, P.R. (1992): Agricultural change, labour supply and out-migration in soviet central asia. In: LEWIS, R.A. (Hrsg.): Geographic perspectives on soviet central asia. London: 132-180.

CRISP, S. (1990): Kirgiz. In: SMITH, G. (ed.): The nationalities question in the Soviet Union. London: 246-258.

CSÉFALVAY, Z. (1997): Aufholen durch regionale Differenzierung? Von der Plan- zur Marktwirtschaft - Ostdeutschland und Ungarn im Vergleich. Erdkundliches Wissen 122. Stuttgart.

DANIELZYK, R.; J. OßENBRÜGGE (1993): Perspektiven geographischer Regionalforschung. „Locality Studies" und regulationstheoretische Ansätze. In: Geographische Rundschau 45(4): 210-218.

DASH, P.L. (1992): Ethnic Tussles in the Soviet Muslim Republics. In: WARIKOO, K. (ed.): Ethnicity and Politics in Central Asia. New Delhi: 102-122.

DAWISHA, K., B. PARROT (1994): Russia and the new States of Eurasia. The Politics of Upheaval. Cambridge.

DAWISHA, K., B. PARROTT (1997): Conflict, cleavage, and change in Central Asia and the Caucasus. Cambridge.

DEAR, M. (1994): Postmodern Human Geography. In: Erdkunde 48(1): 2-13.

DECH, S.W., R. RESSL (1993): Die Verlandung des Aralsees - Eine Bestandsaufnahme durch Satellitenfernerkundung. Geographische Rundschau 45(6): 345-352.

DEUTSCHLAND, I. (1993): Die zentralasiatischen GUS-Republiken Kirgisstan, Usbekistan, Turkmenistan, Tadschikistan. Ausgangssituation und Ansatzpunkte für die Entwicklungszusammenarbeit. In: Berichte und Gutachten des DIE 6.

DIEZ, J.R. (1995): Systemtransformation in Vietnam: Industrieller Strukturwandel und regionalwirtschaftliche Auswirkungen. Hannoversche Geographische Arbeiten Bd. 51. Münster.

DOPFER, K. (1994): Neue Theorien zur Analyse von Wirtschaftsordnungen: Rußland als Anwendungsfall. In: HERRMANN-PILLATH, C. (Hrsg.): Marktwirtschaft als Aufgabe: Wirtschaft und Gesellschaft im Übergang vom Plan zum Markt. Stuttgart, New York: 683-720.

DOTY, R.L.(1996): Sovereignty and the nation: constructing the boundaries of national identity. In: BIERSTEKER, T.J., C. WEBER (eds.): State sovereignty as social construct. Cambridge: 121-147.

DUDOIGNON, S.A. (1998): Political Parties and Forces in Tajikistan, 1989-1993. In: DJALILI, M.-R., F. GRARE, S. AKINER (eds.): Tajikistan: The Trials of Independence. Richmond: 52-85.

EHLERS, E., FALATURI, A., SCHWEIZER, ,STÖBER, G., G. WINKELHANE (1990): Der Islamische Orient. Grundlagen zur Länderkunde eines Kulturraumes. Köln.

EHRKAMP, P., H. LEITNER (2001): Transgressing the limits of national citizenship: Turkish immigrants, the state, and civil society in Germany (manuscript).

EINSTEIN, A. (1960): Vorwort. In: JAMMER, M.: Das Problem des Raumes. Die Entwicklung der Raumtheorien. Darmstadt: xi-xv.

EIUA (1999): Country Profile Kyrgyzstan. London.

EIUB (1999): Country Profile Tajikistan. London.

EIUC (1999): Country Profile Uzbekistan. London.

ELEBAEVA, A.B. (1998): Socio-political changes and inter-ethnic relations in Kyrgyz Republic. Central Asian Studies Series, 7. Research Report on 'A comprehensive Study of social Change in Central Asia'. o.O.

ELIAS, N. (1984): Über die Zeit. Arbeiten zur Wissenssoziologie II. Frankfurt a.M.

ENTRIKIN, J.N. (1989): Place, region, and modernity. In: AGNEW, J.A., J.S. DUNCUN (eds.): The Power of Place. Bringing together geographical and sociological imaginations. Boston: 30-43.

ERNST, D. (1996): Regionalökonomik - Ansätze der Synergetischen Ökonomik zur Erklärung der Systemtransformation. Osteuropa-Wirtschaft 41 (1): 52-74.

ERTÜRK, K.A. (eds.)(1999): Rethinking Central Asia. Non-Eurocentric Studies in History, Social Structure and Identity. Reading.

ESCHMENT, B. (2000): Autoritäre Präsidialregime statt Parteiendemokratien in Zentralasien. In: Aus Politik und Zeitgeschichte 21: 23-30.

FAO (ed.) (1997): Irrigation in the countries of the former Soviet Union in figures. Rome.

FAPU (FOOD AND AGRICULTURE POLICY ADVISORY UNIT/TACIS PROGRAMME OF THE EUROPEAN COMISSION) (ed.)(1996): The Privatisation of Agro-Industrial Enterprises in the Republic of Uzbekistan. Tashkent.

FASSMANN, H. (1992): Phänomene der Transformation - Ökonomische Restrukturierung und Arbeitslosigkeit in Ost-Mitteleuropa. Petermanns Geographische Mitteilungen 136 (1): 49-59.

FASSMANN, H., E. LICHTENBERGER (1995): Phänomene der Transformation: Eine Zusammenfassung. In: FASSMANN, H., E. LICHTENBERGER (Hrsg.): Märkte in Bewegung. Metropolen und Regionen in Ostmitteleuropa. Wien: 227-244.

FASSMANN, H., E. LICHTENBERGER (Hrsg.)(1995): Märkte in Bewegung: Metropolen und Regionen in Ostmitteleuropa. Wien.

FEHL, U. (1994): Sparen und Kapitalbildung: Voraussetzung und Motor von Wirtschaftswachstum. In: HERRMANN-PILLATH, C. (Hrsg.): Marktwirtschaft als Aufgabe: Wirtschaft und Gesellschaft im Übergang vom Plan zum Markt. Stuttgart, New York: 347-360.

FIERMAN, W. (1991): The soviet 'transformation' of Central Asia. In: FIERMAN, W. (ed.): Soviet Central Asia: The failed Transformation. Boulder: 11-35.

FIERMAN, W. (1997): Political development in Uzbekistan: democratization? In: DAWISHA, K. B. PARROTT (eds.): Conflict, cleavage, and change in Central Asia and the Caucasus. Cambridge: 360-408.

FIERMAN, W. (ed.) (1991): Soviet Central Asia:The failed transformation. Boulder.

FOUCAULT, M. (1984): Andere Räume. In: Idee-Prozeß-Ereignis. Die Reparatur und Rekonstruktion der Stadt. Berlin.

FRAGNER, B. G. (1989): Probleme der Nationswerdung der Usbeken und Tadshiken. In: KAPPELER, A., SIMON, G., G. BRUNNER (Hrsg.): Die Muslime in der Sowjetunion und in Jugoslawien. Identität, Politik, Widerstand. Köln: 19 - 34.

FRIEDLAND, R., D. BODEN (1994): NowHere: An introduction to Space, Time and Modernity. In: FRIEDLAND, R., D. BODEN (eds.): NowHere: space, time and modernity. Berkeley: 1-60.

FRIEDLAND, R., D. BODEN (eds.) (1994): NowHere. Space, Time and Modernity. Berkeley.

GABAIN, A. V. (1979): Einführung in die Zentralasienkunde. Darmstadt.

GABLER LEXIKON WIRTSCHAFT (1995). Wiesbaden

GEIß, P.G. (1995): Nationenwerdung in Mittelasien. Europäische Hochschulschriften 31. Frankfurt a. M. u.a.

GELY, J. (2000): Ferghana Valley: in the middle of the Empires. Turkestan Newsletter 07.01.2000.

GIDDENS, A. (1995): Konsequenzen der Moderne. Frankfurt am Main.

GIESE, E. (1973): Die ökonomische Bereichsgliederung im mittelasiatisch-kasachischen Raum der Sowjet-Union. In: Erdkunde 27: 265-279.

GIESE, E. (1980): Aufbau, Entwicklung und Genese der islamisch-orientalischen Stadt in Sowjet-Mittelasien. In: Erdkunde 34: 46-60.

GIESE, E. (1983): Der private Produktionssektor in der sowjetischen Landwirtschaft. In: Geographische Rundschau 35(11): 554-564.

GIESE, E., BAHRO, G., D. BETKE (1998): Umweltzerstörung in Trockengebieten Zentralasiens (West- und Ostturkestan). Ursachen, Auswirkungen, Maßnahmen. Stuttgart.

GLAZOVSKIY, N.F. (1990). Ideas on an escape from the "Aral crisis". In: Izvestya Akademii Nauk SSSR (Hrsg.): Seriya geograficheskaya 4: 28 - 41. (Übersetzung)

GOBLE, P. (2000): A reputation destroyed. In: Central Asian Monitor 3: 25-26.

GOBLE, P. (2001): Uzbekistan: Analysis from Washington – Undermining Confidence. Radio Free Europe / Radio Liberty 21.06.2001. http://www.rferl.org.

GODEL, B. (1989): Selbstverbrennungen von Frauen in Sowjet-Zentralasien. In: Osteuropa 10: 892-899.

GÖTZ, R., U. HALBACH (1991): Daten zur Geographie, Bevölkerung, Politik und Wirtschaft der Republiken der ehemaligen UdSSR. In: Aus Politik und Zeitgeschichte Bd. 52/53: 45-68.

GÖTZ, R., U. HALBACH (1996): Politisches Lexikon GUS. München[3].

GRABHER, G., D. STARK (1997): Organizing Diversity: Evolutionary Theory, Network Analysis, and Post-socialism. In: GRABHER, G., D. STARK (eds.): Restructuring networks in post-socialism. Legacies, Linkages, and Localities. Oxford: 1-26.

GRABHER, G., D. STARK (eds.)(1997): Restructuring networks in post-socialism. Legacies, Linkages, and Localities. Oxford.

GREGORY, D. (1989): Areal Differentiation and Post-Modern Human Geography. In: GREGORY, D., R. WALFORD (eds.): Horizons in Human Geography: 67-96.

GREGORY, D. (1993): Geographical imaginations. Oxford.

GREGORY, D., R. WALFORD (eds.)(1989): Horizons in Human Geography. London.

GRIFFIN, K. (ed.)(1995): Social Policy and economic transformation in Uzbekistan. UNDP and International Labour Office. o.O.

GROETSCHEL, A. FEILER, U., JACOBSEN, I., RUTH, P., J. SCHRÖDER (1997): From Relief to Rehabilitation. Towards food security in Northern Tajikistan. Schriftenreihe des Seminars für Ländliche Entwicklung S 177.

GUMPEL, W. (1997): Wirtschaftsentwicklung in Mittelasien. Zeitschrift für Wirtschaftsgeographie 41/2-3: 153-161.

HAGHAYEGHI, M. (1995): Islam and Politics in Central Asia. New York.

HALBACH, U. (1990): Sowjetisch Mittelasien, eine Region in Unruhe. In: Sicherheit und Frieden. Vierteljahresschrift für Sicherheit und Frieden 3: 135-138.

HALBACH, U. (1991): Islam, Nation und politische Öffentlichkeit in den zentralasiatischen (Unions-) Republiken. In: Berichte des Bundesinstitut für ostwissenschaftliche und internationale Studien 57. Köln.

HALBACH, U. (1994): Politische Entwicklungen im nachsowjetischen Mittelasien: Usbekistan. In. Berichte des Bundesinstitut für ostwissenschaftliche und internationale Studien 50. Köln.

HALBACH, U. (1997): Prekäre Transformation: Reform und Stabilitätswahrung in Kaukasien und Zentralasien. In: Bundesinstitut für ostwissenschaftliche und internationale Studien (Hrsg.): Der Osten Europas im Prozeß der Differenzierung. Köln: 105-115.

HALBACH, U. (1997a): Zentralasien als Auswanderungsregion. Berichte des Bundesinstitut für ostwissenschaftliche und internationale Studien 44. Köln.

HALBACH, U. (1998): ‚Wahhabiten' im Kaukasus und Zentralasien. Religiöse Konflikte an der Südflanke Rußlands. Aktuelle Analysen des Bundesinstitut für ostwissenschaftliche und internationale Studien 19.

HALBACH, U. (1998A): Rußlands ‚Bedrohung aus dem Süden'. Teil II: Entwicklungen in Afghanistan. Aktuelle Analysen des Bundesinstitut für ostwissenschaftliche und internationale Studien 37. Köln.

HALBACH, U. (1999): Djihad vom Kaukasus bis Mittelasien? Islamische Rebellen" im Kaspischen Raum und die Politik Usbekistans. Aktuelle Analysen des Bundesinstitut für ostwissenschaftliche und internationale Studien 33. Köln.

HALBACH, U. (2000A): Sicherheit in Zentralasien. Teil 1: Sicherheitsstrukturen und -politik auf nationaler und regionaler Ebene. Berichte des Bundesinstitut für ostwissenschaftliche und internationale Studien 24. Köln.

HALBACH, U. (2000B): Sicherheit in Zentralasien. Teil 2: Kleinkriege im Ferganatal und das Problem der ‚neuen Sicherheitsrisiken' Berichte des Bundesinstitut für ostwissenschaftliche und internationale Studien 25. Köln.

HALBACH, U. (Hrsg.)(1994): ‚Failing States': Nationale, staatliche und ökonomische Festigkeit der südl. GUS-Länder. Teil I und Teil II. Bundesinstitut für ostwissenschaftliche und internationale Studien. Köln.

HALBACH, U. (Hrsg.)(1995): The development of the soviet successor states in Central Asia. It's implications for regional and global security. Sonderveröffentlichungen des Bundesinstitut für ostwissenschaftliche und internationale Studien. Köln.

HAMBLY, G. (Hrsg.)(1966): Zentralasien. Fischer Weltgeschichte 16. Frankfurt am Main.

HAMM, W. (1994): Die Funktion von Privateigentum, Vertragsfreiheit und privater Haftung. In: HERRMANN-PILLATH, C. (Hrsg.): Marktwirtschaft als Aufgabe: Wirtschaft und Gesellschaft im Übergang vom Plan zum Markt. Stuttgart, New York: 305-317.

HANDRAHAN, L.M. (2000): Tolerance education, gender and Batken. In: Central Asian Monitor 1: 7-12.

HANF, T., R. KRECKEL (1996): Identitätsvorstellungen in Transformationsprozessen. In: Soziologische Revue (19) Sonderheft 4: 39-60.

HARD, G. (1989): Geographie als Spurenlesen. Eine Möglichkeit, den Sinn und die Grenzen der Geographie zu formulieren. In: Zeitschrift für Wirtschaftsgeographie 33 (1/2): 2-11.

HARE, P. G., J. R. DAVIS (eds.)(1997): Transition to the market economy. Critical perspectives on the world economy. Volume 1 - 4. London.

HARRIS, C.D. (1994): . Ethnic tensions in the successor republics in 1993 and early 1994. In: Post Soviet Geography 35(4): 185-203.

HARVEY, D. (1973): Social justice and the city. London.

HAUNER, M. (1991): Russia's geopolitical and ideological dilemmas in Central Asia. In: CANFIELD, R.L. (ed.): Turko-Persia in historical perspektive. Cambridge: 189-216.

HÄUßERMANN, H. (1992)(Hrsg.): Stadt und Raum: soziologische Analysen. Pfaffenweiler[2].

HAUSSIG. H.W. (1992): Die Geschichte Zentralasiens und der Seidenstraße in vorislamischer Zeit. Darmstadt[2].

HAUSSIG. H.W. (1994): Die Geschichte Zentralasiens und der Seidenstraße in islamischer Zeit. Darmstadt[2].

HAYIT, B. (1956): Turkestan im XX. Jahrhundert. Darmstadt.

HAYIT, B. (1962): Sowjetrussische Orientpolitik am Beispiel Turkestans. Köln.

HAYIT, B. (1980): Turkestan im Herzen Euroasiens. Köln.

HENZLER, J. (1994): Die Schaffung wettbewerblicher Strukturen im Transformationsprozeß. Eine vergleichende Analyse für die Visegrad-Staaten. Mainz

HERDZINA, K. (1993): Regionale Disparitäten, ländliche Räume und Ansatzpunkte einer integrierten Regionalpolitik. Überlegungen zu einer wissenschaftlichen Forschungskonzeption. Hohenheim[2].

HERRMANN-PILLATH, C. (1994)(Hrsg.): Marktwirtschaft als Aufgabe: Wirtschaft und Gesellschaft im Übergang vom Plan zum Markt. Stuttgart, New York.

HERRMANN-PILLATH, C. (1998): Herausforderungen des wirtschaftlichen und sozialen Wandels in der VR China: Wohin führt der chinesische Weg? Aus Politik und Zeitgeschichte 27/28: 12-24.

HEUER, B., B. KELLBER-HEINKELE (1999): Sprachenpolitik in den ex-sowjetischen muslimischen Staaten: Kasachstan, Kyrgyzstan, Usbekistan, Turkmenistan, Tadžikistan und Azerbajdžan – ein Projektbericht. In: Berliner Osteuropa Info 13: 27-29.

HÖHMANN, H.-H. (1992): Nach dem Zusammenbruch der Sowjetunion: Die Wirtschaft der Nachfolgestaaten zwischen Krise und Transformation. In: WISSENSCHAFTLICHES FORUM FÜR INTERNATIONALE SICHERHEIT (Hrsg.): Von der Sowjetunion zur GUS. Wirtschaft, Politik, Sicherheit. Hamburg: 26-44.

HÖHMANN, H.-H. (1995): Marktwirtschaft ohne Alternative? Aspekte und Bewertungs-maßstäbe der osteuropäischen Wirtschaftstransformation. In: BUNDESINSTITUT FÜR OSTWISSENSCHAFTLICHE UND INTERNATIONALE STUDIEN (Hrsg.): Zwischen Krise und Konsolidierung. Gefährdeter Systemwechsel im Osten Europas. Köln:189-199.

HOPF, C. (1991): Qualitative Interviews in der Sozialforschung. In: FLICK, U., KARDOFF, E.V., KEUPP, H., ROSENSTIEL, L.V., S. WOLFF (Hrsg.): Handbuch Qualitative Sozialforschung. Grundlagen, Konzepte, Methoden und Anwendungen. München: 177-182.

HOPKIRK, P. (1990): The Great Game. London.

HORSMAN, S. (1999): Uzbekistan's involvement in the Tajik Civil War 1992-97: domestic considerations. In: Central Asian Survey 18 (1): 37-48.

HOSTLER, C.W. (1960): Türken und Sowjets. Die historische Lage und die politische Bedeutung der Türken und der Turkvölker in der heutigen Welt. Frankfurt a.M.

HÜBNER, K. (1994): Wege nach Nirgendwo: Ökonomische Theorie und osteuropäische Transformation. In: Berliner Journal für Soziologie 3: 345-363.

HUSKEY, E. (1997): Kyrgyzstan: the fate of political liberalization. In: DAWISHA, K., B. PARROTT (eds.): Conflict, cleavage, and change in Central Asia and the Caucasus. Cambridge: 242-276.

IMF (2001): Tajikistan: 2001 Article IV Consultation. IMF Country Report No. 01/65.

IMF (ed.)(2001): IMF Country Report No. 01/65. Tajikistan.

ISLAMOV, B. (2000): Migration of Population in Independent States of Central Asia. In: KOMATSU, H., OBIYA, C., J.S. SCHOEBERLEIN (eds.): Migration in Central Asia: Its History and Currant Problems. Osaka: 179-197.

JAHANGIRI, G. (1998): The Premises for the Construction of a Tajik National identity, 1920-1930. In: DJALILI, M.-R., F. GRARE, S. AKINER (eds.): Tajikistan: The Trials of Independence. Richmond: 14-42.

JAMMER, M. (1960): Das Problem des Raumes. Die Entwicklung der Raumtheorien. Darmstadt.

JOHNSTON, R.J., GREGORY, D., D.M. SMITH (1994): The dictionary of human geography. Oxford.

JUNGFER, J. (1994): Gemeinsamkeiten und Unterschiede der Transformationspolitik in Entwicklungsländern und ehemaligen Ostblockstaaten. In: HERRMANN-PILLATH, C. (Hrsg.): Marktwirtschaft als Aufgabe: Wirtschaft und Gesellschaft im Übergang vom Plan zum Markt. Stuttgart, New York: 213-228.

KÁDÁR, B. (1993): External Liberalization: Gradualism or Shock Approach? In: SIEBERT, H. (ed.): Overcoming the transformation crises: Lessons for the successor states of the Soviet Union. Tübingen: 173-188.

KAISER, R.J. (1992): Social mobilization in Soviet Central Asia. In: LEWIS, R.A. (ed.)(1992): Geographic Perspectives on Soviet Central Asia. London, New York: 251-278.

KAISER, R.J. (1997): Nationalism and Identity. In: BRADSHAW, M.J. (ed.): Geography and Transition in the Post-Soviet Republics. New York: 11-30.

KALTEFEITER, W. (1994): Politische Probleme der Transformation. In: HERRMANN-PILLATH, C. (Hrsg.): Marktwirtschaft als Aufgabe: Wirtschaft und Gesellschaft im Übergang vom Plan zum Markt. Stuttgart, New York: 611-624.

KAMINSKI, H. (1996): Von der Planwirtschaft zur Marktwirtschaft - Die bildungspolitische Dimension des Transformationsprozesses. In: KAMINSKI, H. (Hrsg.): Von der Planwirtschaft zur Marktwirtschaft. Transformationspolitische Konzepte, ausgewählte Länderberichte, spezifische Transformationspolitische Themenstellungen. Frankfurt a.M.: 199-243.

KAMINSKI, H. (Hrsg.)(1996): Von der Planwirtschaft zur Marktwirtschaft. Transformationspolitische Konzepte, ausgewählte Länderberichte, spezifische Transformationspolitische Themenstellungen. Frankfurt a.M.

KANDIYOTI, D. (1998): Rural livelihoods and social networks in Uzbekistan: perspectives from Andijan. In: Central Asian Survey 17(4): 561-578.

KAPPELER, A., SIMON, G., G. BRUNNER (Hrsg.)(1989): Die Muslime in der Sowjetunion und in Jugoslawien. Identität, Politik, Widerstand. Nationalitäten- und Regionalprobleme in Osteuropa.Bd. 3. Köln.

KARGER, A. (1978): Fischer Länderkunde Sowjetunion. Frankfurt a.M.

KARGER, A. (1995): Die mittelasiatischen GUS-Republiken. In: Bürger im Staat 2/3: 130-140.

KARIMOV, I.A. (1992): Usbekistan. Ein eigener Weg der Erneuerung und des Fortschritts. Taschkent.

KARIMOV, I.A. (1995): Uzbekistan along the road of deepening economic reform. Tashkent.

KASABOLOTOV, D. (1999): The results & lessons of the unannounced war. In: Ethnic World 5: 7-10.

KASENOV, U. (1997): Problems of Cooperation and Integration in Central Asia. In: Central Asian Monitor 6: 15-16.

KHAMIDOV, A. (2001): Frustration builds among Uzbeks in Southern Kyrgyzstan. http://www.eurasianet.org.

KHAN, A.R., D. GHAI (1979): Collective agriculture and rural development in Soviet Central Asia. London.

KIRELLI, S. (1992): Von der Zentralverwaltungswirtschaft zur Marktwirtschaft. Schwierig-keiten und Erfolgsbedingungen. In: LANDESZENTRALE FÜR POLITISCHE BILDUNG BADEN-WÜRTEMBERG (Hrsg.): Die Gemeinschaft unabhängiger Staaten (GUS): Entstehung - Entwicklung - Probleme. Stuttgart, Berlin, Köln: 162-175.

KLEIN, M. (1994): Die Transformation von Ordnungen in der dualistischen Theorie und in der Neuen Politischen Ökonomie. Köln.

KLEINING, G. (1999): Qualitative Sozialforschung. Teil II: Der Forschungsprozeß. Hagen.

KLÖTZLI, S. (1997): Umweltzerstörung und Politik in Zentralasien: eine ökoregionale Systemuntersuchung. Europäische Hochschulschriften 04/17.

KLÜTER, H. (1993): Von der Sowjetunion zur Gemeinschaft unabhängiger Staaten. Geographie heute 112: 4-10.

KNOBLOCH, E. (1999[4]): Turkestan. München.

KOLLMORGEN, R. (1993): Auf der Suche nach Theorien der Transformation. Überlegungen zu Begriff und Theoretisierung der postsozialistischen Transformation. In: Berliner Journal für Soziologie 3: 381-399.

KOLLMORGEN, R. (1999): Transformationstheorien. Karriere und metatheoretischen Kritik. Dissertation an der Friedrich-Schiller-Universität Jena.

KOMATSU, H., OBIYA, C., J. S. SCHOEBERLEIN (eds.)(2000): Migration in Central Asia: Its History and current problems. Population Movement in the Modern World III / JCAS Symposium Series 9. Osaka.

KRADER, L. (1963): People of Central Asia. Uralic and Altaic Studies Vol. 26. Indiana University.

KRAFT, M., A. KAMPE (1994): Usbekistan. In: BUNDESANSTALT FÜR GEOWISSENSCHAFTEN UND ROHSTOFFE (Hrsg.): Rohstoffwirtschaftliche Länderberichte. Hannover, Berlin.

KRÄTZSCHMAR, S. (1995): Theorie und Empirie der Regionalpolitik: zur Erfolgswirksamkeit der Regionalpolitik in der Europäischen Union. Bayreuther Beiträge zur Volkswirtschaftslehre 17.

KRAUS, W. (1994): Plan und Markt im Transformationsprozeß der Volksrepublik China. In: HERRMANN-PILLATH, C. (Hrsg.): Marktwirtschaft als Aufgabe: Wirtschaft und Gesellschaft im Übergang vom Plan zum Markt. Stuttgart, New York: 99-121.

KRAUSE, R.F. (1993): Orient, Naher Orient und Mittlerer Osten. Die Begriffe im Wandel der Zeit. In: Geographische Rundschau 45(1): 4-9.

KREISKY, E., B. SAUER (Hrsg.)(1997): Geschlechterverhältnisse im Kontext politischer Transformation. PVS Sonderheft 38(28).

KREUTZMANN, H. (1997): Vom ‚Great Game' zum ‚Clash of Civilizations'? Wahrnehmung und Wirkung von Imperialpolitik und Grenzziehungen in Zentralasien. In: Petermanns Geographische Mitteilungen 141 (3): 163-186.

KROMREY, H. (1984): ‚Enträumlichung' sozialen Verhaltens. Thesen zur Bedeutung der neuen Informations- und Kommunikationstechnologien. In: ARCH + Nr. 75/76: 45-52.

KUBAT, M. (1999): The culture of peace: the theory of point. In: Ethnic World 5: 23-28. Bishkek.

KURAN, T. (1997): Islam and Underdevelopment: An old puzzle revisited. In: Journal of Institutional and Theoretical Economics (JITE) 153: 41-71.

LAMNEK, S. (1993): Qualitative Sozialforschung. Band 1 und 2. Weinheim[2].

LANDWIRTSCHAFTSMINISTERIUM DER REPUBLIK USBEKISTAN (Hrsg.) (1996): Diverse Daten und Zahlen. Taschkent. (unveröffentlicht)

LÄPPLE, D. (1992): Essay über den Raum. In: HÄUßERMANN, H. (Hrsg.): Stadt und Raum: soziologische Analysen. Pfaffenweiler[2]: 157-207.

LEFEBVRE, H. (1991): The production of space. Oxford.

LEIPOLD, H. (1994): Interdependenz von wirtschaftlicher und politischer Ordnung. In: HERRMANN-PILLATH, C. (Hrsg.): Marktwirtschaft als Aufgabe: Wirtschaft und Gesellschaft im Übergang vom Plan zum Markt. Stuttgart, New York: 723-738.

LENZER, M. (1998): Glaubwürdigkeit der Geldpolitik im Transformationsprozeß. Baden-Baden.

LEWIS, R.A. (ed.) (1992): Geographic Perspectives on Soviet Central Asia. London, New York.

LEWIS, R.A., R.H. ROWLAND (1979): Population redistribution in the USSR. Its impact on society: 1897 - 1977. New York.

LIBERT, B. (1995): The Environmental Heritage of Soviet Agriculture. Wallingford, Oxon.

LICHTENBERGER, E. (2000): Stadtgeographie. Leipzig[3].

LICHTENBERGER, E. (Hrsg.)(1991): Die Zukunft von Ostmitteleuropa. Vom Plan zum Markt. Wien.

LIEBOWITZ, R.D. (1992): Soviet Geography Imbalances and Soviet Central Asia. In: LEWIS, R.A. (ed.)(1992): Geographic Perspectives on Soviet Central Asia. London, New York: 101-131.

LORENZ, R. (1989): Die Basmatschen-Bewegung. KAPPELER, A., SIMON, G., G. BRUNNER (Hrsg.): Die Muslime in der Sowjetunion und in Jugoslawien. Identität, Politik, Widerstand. Köln: 235 - 256.

LÖSCH, D. (1993): Der Weg zur Marktwirtschaft: Grundzüge einer Theorie der Transformationspolitik. Veröffentlichung des HWWA Bd.4. Baden-Baden.

LÖSCH, D. (1994): Ungarn: Musterfall für einen erfolgreichen gradualistischen Übergang zur Marktwirtschaft? In: HERRMANN-PILLATH, C. (Hrsg.): Marktwirtschaft als Aufgabe: Wirtschaft und Gesellschaft im Übergang vom Plan zum Markt. Stuttgart, New York: 181-198.

LUBIN, N. (1991): Implications of Ethnic and Demographic Trends. In: FIERMAN, W. (ed.): Soviet Central Asia. The failed Transformation. Boulder: 36-61.

LUBIN, N. (1999): Calming the Ferghana Valley: development and dialogue in the heart of Central Asia. Report of the Ferghana Valley Working Group of the Center for preventive Action. Preventive Action Reports 4. New York.

MANUTSCHARJAN, A. (1998): Tadschikistan: Schnittpunkt des ‚neuen großen Spiels' in Zentralasien. Aktuelle Analysen des Bundesinstitut für ostwissenschaftliche und internationale Studien 47. Köln.

MARK, R. (1989): Die Völker der ehemaligen Sowjetunion. Opladen.

MASSEY, D. (1993): Raum, Ort und Geschlecht. Feministische Kritik geographischer Konzepte. In: Bühler, E., Meyer, H., Reichert, D., A. Scheller (Hrsg.): Ortssuche. Zürich-Dortmund: 109-122.

MASSEY, D. (1996): In what sense a regional problem? In: AGNEW, J.A. (ed.): Human Geography. An essential anthology. Oxford: 398-413.

MASSEY, D. (1998): 'Identity': some parallels between feminist debate and the identity of place. In: Ber. z. dt. Landeskunde 72(1): 53-59.

MASSEY, D., ALLEN, J.,P. SARRE (1999)(eds.): Human Geography Today. Cambridge.

MAYRING, P. (1993): Einführung in die qualitative Sozialforschung: Eine Anleitung zu qualitativem Denken. Weinheim².

MCDOWELL, L. (1991): The baby and the bath water: Diversity, Deconstruction and Feminist Theory in Geography. In: Geoforum 22(2): 123-133.

MEGORAN, N. (1999): The Borders of Eternal Friendship: Kyrgyz-Uzbek Relations in 1999. Part 1-3. http://soros.org/cen_eurasia/.

MEGORAN, N. (2000): Bad neighbours, bad fences. In: Central Asian Monitor 3: 26-27.

MEGORAN, N. (2000A): Elections and ethnicity in the South of Kyrgyzstan. http://soros.org/cen_eurasia/.

MEGORAN, N. (2000B): Chinggis Aitmatov and the Geopolitics of Kyrgyzstan. http://soros.org/cen_eurasia/.

MEGORAN, N. (2000C): Language and Ethnicity in Kyrgyzstan. http://soros.org/cen_eurasia/.

MERKEL, W. (1999): Systemtransformation. Eine Einführung in die Theorie und Empirie der Transformationsforschung. Opladen.

MERKEL, W.; SANDSCHNEIDER, E.; D. SEGERT (1996): Einleitung: Die Institutionalisierung der Demokratie. In: MERKEL, W; SANDSCHNEIDER, E; D. SEGERT (Hrsg.): Systemwechsel 2. Die Institutionalisierung der Demokratie. Opladen.

MERKEL, W; SANDSCHNEIDER, E; D. SEGERT (Hrsg.): Systemwechsel 2. Die Institutionalisierung der Demokratie. Opladen.

MEUSER, M., U. NAGEL (1991): ExpertInneninterviews - vielfach erprobt, wenig bedacht. Ein Beitrag zur qualitativen Methodendiskussion. In: GARZ, D., K. KRAMER (Hrsg.): Qualitativ-empirische Sozialforschung. Konzepte, Methoden, Analysen. Opladen: 441-471.

MEYER, G. (1997): Zwischen Haben und Sein. Psychische Aspekte des Transformationsprozesses in postkommunistischen Gesellschaften. Aus Politik und Zeitgeschichte 5/97: 17-28.

MICKLIN, P.P. (1992): The Aral Sea Crisis: Introduction to the Special Issue. Post-Soviet Geography 33 (5): 269-282.

MIKUL'SKIJ, D. (1993): Die Islamische Partei der Wiedergeburt. Eine Studie über Islamismus in der GUS. Berichte des Bundesinstitut für ostwissenschaftliche und internationale Studien 22.

MINISTERIUM FÜR MAKROÖKONOMIK UND STATISTIK USBEKISTAN (1998): Economic Trends Uzbekistan, October – December 1998.

MUKHAMEDZHAN, M. (1999): The Kyrgyz and Uzbek people: the correlation of the interethnic and interstate relations. In: Ethnic World 5: 29-31.

MÜLLER, D. (1997): Regionalisierung des post-sowjetischen Raumes. Arbeitspapiere des Bereichs Politik und Gesellschaft des Osteuropa-Institut der Freien Universität Berlin H. 6.

MÜLLER, K. (1995): Vom Postkommunismus zur Postmodernität? Zur Erklärung sozialen Wandels in Osteuropa. In: Kölner Zeitschrift für Soziologie und Sozialpsychologie 47(1): 37-64.

MÜLLER, L. (1997): Islam und Menschenrechte. Aus Politik und Zeitgeschichte 28/97: 21-27.

NALLE, D. (2000): The Ferghana-Valley – 1999. A Personal Report. CAM 1.

NATIONALES STATISTISCHES KOMITEE KYRGYZSTAN (2000): Erster Nationaler Bevölkerungszensus 1999. Bischkek.

NATSUKO, O. (2000): Deportation of Koreans from the Russian Far East to Central Asia. In: KOMATSU, H., OBIYA, C., J.S. SCHOEBERLEIN (eds.): Migration in Central Asia: Its History and Currant Problems. Osaka: 127-145.

NAUMKIN, VITALY V. (1994): Central Asia and Transcaucasia. Ethnicity and conflict. Westport, Connecticut; London

NIYAZI, A. (2000): Migration, Demography and Socio-Ecological Processes in Tajikistan. In: KOMATSU, H., OBIYA, C., J.S. SCHOEBERLEIN (eds.): Migration in Central Asia: Its History and Currant Problems. Osaka: 169-178.

NOWAK, J. (1995): Die ethnopolitische Situation Usbekistans. Berichte des Bundesinstitut für ostwissenschaftliche und internationale Studien 30. Köln.

o.A. (1998): The failed revolt in Tajikistan. Central Asian Monitor 6: 13-14.

o.A. (1999): Diary of a Hostage Crisis in Kyrgyzstan. Central Asian Monitor 5: inside cover and 16-25.

o.A. (1999): Im Süden Kirgistans gilt der Ausnahmezustand. TAZ 27.08.1999.

o.A. (1999): Tadschikistan. Nicht mehr als eine Farce. In: OSTinWEST 23: 9.

o.A. (1999): Tadschikistan. Wahlwirren am Pamir. In: OSTinWEST 22: 18.

o.A. (1999): Verstärkte Krisensymptome in Kirgistan. Neue Zürcher Zeitung 12.01.1999.

o.A. (1999): Wahlfarce in Tadschikistan. Neue Zürcher Zeitung 08.11.1999.

o.A. (1999: Das Wasser im Dschungel der Paragraphen. Wie man sich in Bischkek seine Rechte zu sichern trachtet. In: OXUS 2: 39-40.

o.A. (2000): Kirgistans Kampf gegen die soziale Misere. Neue Zürcher Zeitung 03.02.2000.

o.A. (2000): Trockenzeit in Zentralasiens einstiger „Oase der Demokratie". 28./29.10.2000).

o.A. (2000): Usbekischer Präsident bestätigt. Vom „Gegner" gewählt. In: OSTinWEST 1/2: 8).

o.A. (2001): Central Asian Countries Reach Water Agreement. The Times of Central Asia 06.07.2001).

OFFE, C. (1994): Der Tunnel am Ende des Lichts. Erkundungen der politischen Transformation im neuen Osten.

OLCOTT, M. (2000): National Consolidation. Ethnic, Regional and Historical Challenges. In: Harvard International Review Vol.XXII/1: 50-54.

PALAT, MADHAVAN K. (1994): Politisch-geistige Strömungen im post-sowjetischen Zentralasien. In: Osteuropa 11: 1005-1022.

PAYNE, J. (1990): Tadzhiks. In: SMITH, G. (ed.): The nationalities question in the Soviet Union. London: 259-273.

PEET, R., N. THRIFT (eds.)(1989): New Models in Geography: the political economy perspective. London.

PICKVANCE, C. (1997): Mediating Institutions in the Transition from State Socialism: The case of local government. In: GRABHER, G.; D. STARK (eds.): Restructuring networks in post-socialism. Legacies, Linkages, and Localities. Oxford: 305-321.

POHL, J. (1989): Die Wirklichkeit von Planungsbetroffenen verstehen. Eine Studie zur Umweltbelastung im Münchener Norden. In: SEDLACEK, P. (Hrsg.): Programm und Praxis qualitativer Sozialforschung. Wahrnehmungsgeographische Studien zur Regionalentwicklung 6. Oldenburg: 39-64.

POHL, J. (1993): Kann es eine Geographie ohne Raum geben? Zum Verhältnis von Theoriediskussion und Disziplinpolitik. In: Erdkunde 47(4): 255-266.

PORKHOMOVSKY, V.Y. (1994): Historic Origins of Interethnic conflicts in Central Asia and Transcaucasia. In: NAUMKIN, V.V. (ed.): Central Asia and Transcaucasia: ethnicity and conflict. London: 1-68.

PÜTZ, R. (1998): Einzelhandel im Transformationsprozeß: das Spannungsfeld von lokaler Regulierung und Internationalisierung am Beispiel Polen. Geographische Handlungsforschung 1. Passau.

RHODE-JÜCHTERN, T. (1998): Raum des ‚Wirklichen' und Raum des ‚Möglichen'. Versuche zum Ausstieg aus dem ‚Container'-Denken. In: Erdkunde 52(1): 1-13.

RITTER, W. (1998): Allgemeine Wirtschaftsgeographie. Eine systemtheoretische Einführung. München³.

ROHDE-LIEBENAU, W. (1998): Von kommunistischer Planwirtschaft zu globalisierter Marktwirtschaft. Osteuropa-Wirtschaft 43 (4): 327-337.

ROSE, G. (1993): Feminism and Geography. The Limits of Geographical Knowledge. Minneapolis.

ROWLAND, R.H. (1992): Demographic trends in Soviet Central Asia and Southern Kazakhstan. In: LEWIS, R.A. (ed.) (1992): Geographic Perspectives on Soviet Central Asia. London, New York: 222-249.

ROY, O. (1998): Is the conflict in Tajikistan a model for conflicts throughout Central Asia? In: DJALILI, M.-R., F. GRARE, S. AKINER (eds.): Tajikistan: The Trials of independence. Richmond: 132-148.

ROY, O. (2000): The new Central Asia. The Creation of nations. London.

RTVELADZE, E.V. (2000): Migration of Peoples in Central Asia. In: KOMATSU, H., OBIYA, C., J.S. SCHOEBERLEIN (eds.): Migration in Central Asia: Its History and Currant Problems. Osaka: 1-33.

RUDOLPH, H. (Hrsg.)(1995): Geplanter Wandel, ungeplante Wirkungen: Handlungslogiken und -ressourcen im Prozess der Transformation. Berlin.

RUFFIN, M.H., D.C. WAUGH (eds.)(1999): Civil Society in Central Asia. Seattle.

RUMER, B. (1991): Central Asia´s Cotton Economy and Its Costs. In: Fierman, W. (ed.): Soviet Central Asia. The failed Transformation. Boulder: 62-89.

RUTTIG, T. (1996): Ein Tschernobyl im Wartestand. TAZ 01.07.1996.

RYWKIN, M. (1990): Moscow´s muslim chalenge: Soviet Central Asia. New York.

SABOL, S. (1995): The creation o Soviet Central Asia: the 1924 national delimitation. In: Central Asian Survey 14 (2): 225-241.

SACK, R.D. (1980): Conceptions of space in social thought. London.

SACK, R.D. (1993): The Power of Place and Space. In: The Geographical Review 83 (3): 326-329.

SAID, E.W. (1979): Orientalism. New York.

SANDSCHNEIDER, E. (1995): Stabilität und Transformation politischer Systeme. Stand und Perspektiven politikwissenschaftlicher Transformationsforschung. Opladen.

SCHATZKI, T. (1991): Spatial ontology and explanation. In: Annuals of the Association of American Geographers 43: 650-670.

SCHÄTZL, L. (1996): Wirtschaftsgeographie 1. Theorie. Paderborn.

SCHMIDT, K.-D. (1992): Wirtschaftsmisere ohne Ausweg? Versuch einer Bestandsaufnahme. In: LANDESZENTRALE FÜR POLITISCHE BILDUNG BADEN-WÜRTEMBERG (Hrsg.): Die Gemeinschaft unabhängiger Staaten (GUS): Entstehung - Entwicklung - Probleme. Stuttgart, Berlin, Köln: 145-161.

SCHMITT, C. (1954): Land und Meer. Eine weltgeschichtliche Betrachtung. Stuttgart.

SCHOEBERLEIN-ENGEL, J. (1994): Identity in Central Asia: Construction and contention in the conceptions of 'Özbek', 'Tajik', 'Muslim', 'Samarquandi' and other groups. Harvard.

SCHOENBERGER, E. (1989): New Models of regional change. In: PEET, R., N. THRIFT (eds.): New Models in Geography: the political-economy perspective: 115-141.

SCHUEPP, C. (2001): Embattled Region's Leaders Retain High Economic Hopes. 23.04.2001.
http://www.eurasianet.org/departments/culture/articles/eav042301.shtml.

SCHÜLLER, A. (1994): Vom staatlichen Preisdirigismus zu Wettbewerbspreisen. In: HERRMANN-PILLATH, C. (Hrsg.): Marktwirtschaft als Aufgabe: Wirtschaft und Gesellschaft im Übergang vom Plan zum Markt. Stuttgart, New York: 465-480.

SCHULZ-NIESWANDT, F. (1996): Ökonomik der Transformation als wirtschafts- und gesellschaftspolitisches Problem: eine Einführung aus wirtschaftsanthropologischer Sicht. Sozialökonomische Schriften Bd.9 Frankfurt am Main.

SEDLACEK, P. (1989): Qualitative Sozialgeographie: Versuch einer Standortbestimmung. In: SEDLACEK, P. (Hrsg.): Programm und Praxis qualitativer Sozialforschung. Wahrnehmungsgeographische Studien zur Regionalentwicklung 6. Oldenburg: 9-19.

SEDLACEK, P. (Hrsg.)(1989): Programm und Praxis qualitativer Sozialforschung. Wahrnehmungsgeographische Studien zur Regionalentwicklung 6. Oldenburg.

SHAHRANI, M.N.M. (1979): The Kirghiz and the Wakhi of Afghanistan. Adaptation to closed frontiers. Seattle, London.

SHIRAZI, H.A. (1997): Political forces and their structures in Tajikistan. Central Asian Survey 16 (4): 611-622.

SIMONOVA, N. (1999): The chronicle of the Batken events: the war in the south of Kyrgyzstan. In: Ethnic World 5: 1-5.

SINNOT, P. (1992): The physical geography of Soviet Central Asia and the Aral Sea Problem. In: LEWIS, R.A. (ed.)(1992): Geographic Perspectives on Soviet Central Asia. London, New York: 74-97.

SINNOT, P. (1997): Central Asia´s geographic moment. Central Asian Monitor 4: 22-31.

SLAPKE, S. (1991): Usbekistan und Turkmenistan während des Augustputsches. In: Aktuelle Analysen des Bundesinstitut für ostwissenschaftliche und internationale Studien 2.

SMITH, D.R. (1991): Growing pollution and health concerns in the lower Amu Dar´ya Basin, Uzbekistan. Soviet Geography 32 (8): 553-565.

SMITH, D.R. (1994): Change and Variability in Climate and Ecosystem Decline in Aral Sea Basin Deltas. Post-Soviet Geography 35 (3): 142-165.

SMITH, D.R. (1995): Environmental Security and shared water resources in Post-Soviet Central Asia. In: Post Soviet Geography 36(6): 351-370.

SMITH, G. (ed.)(1990): The nationalities question in the Soviet Union. London and New York.

SMITH, G.E. (1989): Privilege and Place in Soviet Society. In: GREGORY, D., R. WALFORD (eds.): Horizons in Human Geography. London: 320-340.

SMITH, R.G. (1999): Tajikistan: the rocky road to peace. In: Central Asian Survey 18 (2): 243-251.

SOJA, E.W. (1999): Thirdspace: Expanding the Scope of the Geographical Imagination. In: MASSEY, D., ALLEN, J.,P. SARRE (eds.): Human Geography Today:260-278.

STADELBAUER, J. (1973): Bahnbau und kulturgeographischer Wandel in Turkmenien. Wirtschaftswissenschaftliche Veröffentlichungen des Osteuropa-Institut 34. Berlin.

STADELBAUER, J. (1990): Die Sowjetunion am Ende der 80er Jahre. In: Praxis Geographie 3: 6-10.

STADELBAUER, J. (1991): Kolchozmärkte in der Sowjetunion. Mainzer Geographische Studien 36. Mainz.

STADELBAUER, J. (1995): Usbekistan - Geographische Aspekte eines postsowjetischen Nachfolgestaates in Mittelasien. In: KALTER, J., M. PAVALOI (Hrsg.): Usbekistan. Stuttgart, London.

STADELBAUER, J. (1996): Die Nachfolgestaaten der Sowjetunion. Grossraum zwischen Dauer und Wandel. Wissenschaftliche Länderkunden 41. Darmstadt.

STADELBAUER, J. (1997): GUS: Sozioökonomische Aspekte der Transformation. Zeitschrift für Wirtschaftsgeographie 41/2-3: 73-78.

STADELBAUER, J. (1998): Zu Stand und Entwicklungsaussichten sozialgeographischer Forschung über Ostmittel- und Osteuropa. Newsletter Sozialwissenschaften – Osteuropa, September. (Sonderdruck) Berlin.

STATE DEPARTMENT OF STATISTICS UZBEKISTAN (1999): Brief Statistical Review. Tashkent.

STATE STATISTICAL AGENCY AT THE GOVERNMENT OF THE REPUBLIC OF TAJIKISTAN (Hrsg.) (1996): Tajikistan in Figures 1996. Dushanbe.

STATISTISCHES BUNDESAMT (Hrsg.) (1994): Länderbericht GUS-Staaten 1994. Wiesbaden.

STEIN, C. (1997): Zum Stand der Transformation des Agrarsektors in Usbekistan. In: Zeitschrift für Wirtschaftsgeographie 41/2-3:162-173.

STEIN, C. (1997a): Systemtransformation in Usbekistan. Die sozioökonomische Entwicklung seit 1991. Unveröffentlichte Diplomarbeit, Bonn.

STEIN, C. (2000): Aspekte der Regionalentwicklung des Fergana-Tals im Kontext des mittelasiatischen Transformationsprozesses. In: Differenzierungsprozesse in Ostmittel- und Osteuropa. Beiträge für die 7. Brühler Tagung junger Osteuropa-Experten: 68-73.

STRAUSS, A.L. (1994): Grundlagen qualitativer Sozialforschung. Datenanalyse und Theoriebildung in der empirischen soziologischen Forschung. München.

TABYSHALIEVA A., ALISHEVA, A., E. SHUKUROV (1999): Social'nye realii južnogo Kyrgyzstan. Biškek.

TABYSHALIEVA, A. (1999): The Challenge of regional cooperation in Central Asia: Preventing Ethnic conflicts in the Ferghana Valley.

TACIS (1999): Information about Kyrgyzstan. Bishkek. Unveröffentlicht.

TAYLOR, Z. (1991)(ed.): Geographical issues of social and economic transformation of contemporary Japan and Polan. Confernce Papers 16. o.O.

THIEME, H.J. (Hrsg.)(1993): Privatisierungsstrategien im Systemvergleich. Schriften des Vereins für Socialpolitik 223. Berlin.

THRIFT, N.J. (1998): Towards a new regional geography. In: Ber. z. dt. Landeskunde 72 (1): 37-46.

TISHKOV, V. (1995): 'Don't kill me, I'm a Kyrgyz!': An Anthropological Analysis of Violence in the Osh Ethnic Conflict. In: Journal of Peace Research 32 (2): 133-149.

TISHKOV, V. (1997): Ethnicity, Nationalism and Conflict in and after the Soviet Union. The mind aflame. London.

UNDP (1998B): Tajikistan Human Development Report. Dushanbe.

UNDP (1998C): Human Development Report Uzbekistan. Tashkent.

UNDP (2000A): Human Development Report Kyrgyzstan 2000. Bishkek.

UNDP (2000B): Human Development Report Tajikistan 2000. Dushanbe.

UNDP (ed.)(1998A): Kyrgyzstan. National Human Development Report. Bishkek.

UNDP KYRGYZSTAN (2001): Preventive Development and Emergency Management in South Kyrgyzstan: The Case of Batken. o.O.

UNDP/FVDP (eds.) (1999): The Ferghana-Valley Development Programme. Regional Programme for Central Asia. The United Nations. Kyrgyzstan.

VAN ATTA, D. (1993): The current state of agrarian reform in Uzbekistan. In: Post Soviet Geography 34 (9): 598-606.

VAN DER HEIDE, N. (2000): The tension between the concepts *Kyrgyz* and *Kyrgyzstan*. Vortrag am 18.11.2000, Friendly Conference, Geneva.

VIACHESLAV, H. (1999): The economic nature of the interethnic conflicts: the way and methods of their prevention & solution. In: Ethnic World 5: 20-23.

VON BORCKE, A. (1995): Der tadschikische Bürgerkrieg: Lokale Tragödie oder geopolitische Herausforderung? In: BUNDESINSTITUT FÜR OSTWISSENSCHAFTLICHE UND INTERNATIONALE STUDIEN (Hrsg.): Zwischen Krise und Konsolidierung. Gefährdeter Systemwechsel im Osten Europas: 335-346.

VORAUER, K. (1997): Europäische Regionalpolitik - Regionale Disparitäten. Münchener Geographische Hefte: 77.

WAGENER, H.-J. (1994): Zur politischen Ökonomie der Transformation. In: HERRMANN-PILLATH, C. (Hrsg.): Marktwirtschaft als Aufgabe: Wirtschaft und Gesellschaft im Übergang vom Plan zum Markt. Stuttgart, New York: 643-656.

WANNER, C. (1999): Die Schweiz Zentralasiens? Kirgistan als erster Staat der GUS Mitglied der WTO geworden. In: OXUS 3: 38-39.

WATRIN, C. (1994): Auf dem Weg zur Marktwirtschaft. In: HERMANN-PILLATH, C. (Hrsg.): Marktwirtschaft als Aufgabe: Wirtschaft und Gesellschaft im Übergang vom Plan zum Markt. Stuttgart, New York: 3-19.

WEIK, E. (1998): Zeit, Wandel und Transformation. Elemente einer postmodernen Theorie der Transformation. München.

WEIßENBURGER U. (1992): Umweltprobleme in den Nachfolgestaaten der UdSSR. Sonderveröffentlichung des Bundesinstitut für ostwissenschaftliche und internationale Studien.?

WELFENS, P.J.J. (1992): Market-oriented Systems in Eastern Europe. Problems, Theoretical Issues, and Policy Options. Berlin u.a.

WERLEN, B. (1993): Gibt es eine Geographie ohne Raum? Zum Verhältnis von traditioneller Geographie und zeitgenössischen Gesellschaft. In: Erdkunde 47(4): 241-254.

WERLEN, B. (1995): Sozialgeographie alltäglicher Regionalisierungen. Band 1: Zur Ontologie von Gesellschaft und Raum. Erdkundliches Wissen 116. Stuttgart.

WERLEN, B. (1997): Gesellschaft, Handlung und Raum. Grundlagen handlungstheoretischer Sozialgeographie. Stuttgart[3].

WERLEN, B. (1997): Sozialgeographie alltäglicher Regionalisierungen. Band 2: Globalisierung, Region und Regionalisierung. Erdkundliches Wissen 119. Stuttgart.

WIEBE, D. (1977): Raumgestaltende Wirtschafts- und Sozialsysteme in Mittelasien. Paderborn.

WIRTH, E. (1979): Theoretische Geographie. Grundzüge einer theoretischen Kulturgeographie.

WIRTH, E. (1999): Handlungstheorie als Königsweg einer modernen Regionalen Geographie? Was 30 Jahre Diskussion um die Länderkunde gebracht haben. In: Geographische Rundschau 51(1): 57-64.

WORLD BANK (ed.)(1996): From Plan to Market. World Development Report 1996. Washigton D.C.

YAMAMOTO, S.; T. FUKUDA (1991): On the regional disparity problem in regional development policy (with special reference to Poland and Japan).In: TAYLOR, Z. (ed.): Geographical issues of social and economic transformation of contemporary Japan and Poland. Conference Papers 16: 97-114.

ZAPF, W. (1994): Modernisierung, Wohlfahrtsentwicklung und Transformation: soziologische Aufsätze 1987 bis 1994. Berlin.

ZASLAVSKY, V. (1993): Success and collapse: traditional Soviet nationality policy. In: BREMMER, I., R. TARAS (eds.): Nation and politics in the Soviet successor states. Cambridge.

ZOHLNHÖFER, W. (1994): 'Großer Sprung' oder 'Stückwerkreformen'? In: HERRMANN-PILLATH, C. (Hrsg.): Marktwirtschaft als Aufgabe: Wirtschaft und Gesellschaft im Übergang vom Plan zum Markt. Stuttgart, New York: 625-642.

10 ANLAGE: LISTE DER INTERVIEWPARTNER

A.1 EXPERTENINTERVIEWS: KÜRZEL EI – K/T/U (NACH EINSATZLAND)

	Tätigkeit / Umfeld	*Termine*	*Kürzel*	*Nation*
Dr. Frank Hüfler	Projektleiter GTZ, Taškent	20.05.1999	EIU	D
Peter Reddish	Teamleiter TACIS, Taškent	20.05.1999	EIU	GB
Wladimir Steinert	Unternehmer in Taškent	25.05.1999	EIU	D
Dr. Irina Hetsch	LUSO-Consult/GTZ, Taškent	26.05.1999	EIU	D
Frank Remus	UNHCR, Taškent	28.05.1999	EIU	D
Roger Rice	TACIS, Andižan	03.06.1999	EIU	GB
Dr. John Schoeberlein	UNDP/FVDP, Oš	14.06.1999	EIK	USA
Michael Piero	Welthungerhilfe / GAA, Oš	15.06.1999	EIK	D
Christian Reichard	DAAD, Dušanbe	mehrere Gespräche 99	EIT	D
Oškar Lehner	OŠZE Dušanbe	25.06.1999	EIT	D
Jeannette Weller	Welthungerhilfe / GAA, Dušanbe	28.06.1999	EIT	D
Hr. Schlaudraff	Deutsche Botschaft, Biškek	05.07.1999	EIK	D
Annett Günther	Deutsche Botschaft, Taškent	mehrere Gespräche 99/2000	EIU	D
Dr. Christian Guksch	DAAD, CIM, Biškek	mehrere Gespräche 99/2000	EIK	D
Hr. Wienand	Dt. Botschafter, Biškek	5/2000	EIK	D
Nick Megoran	Geograph, Oš	mehrere Gespräche 2000	EIK	GB
Richard Tracy	Mercy Corps International, Oš	12.05.2000	EIK	USA
Ghodratollah Assadi	UNDCP, Taškent	22.05.2000	EIU	Iran
Dirk Altweck	Welthungerhilfe, Taškent	27.05.1999	EIU	D
Glen Bush	DFID, Oš	13.05.2000	EIK	GB
Dr. Christoph Rosenberg	Resident Representative IMF, Taškent	18.06.2000	EIU	D

A.2 EXPERTENINTERVIEWS: EINHEIMISCHE EXPERTEN / UZBEKISTAN – KÜRZEL EU

	Tätigkeit / Umfeld	*Termine*
Dr. Sabir Saidov	Uzbekische Botschaft Bonn	04.12.1998
Mitarbeiterin	Center for economic research / Taškent	20.05.1999
Florida Perevertailo	UNDP, Taškent	27.05.1999
Usmanov Imam-Ali	Welthungerhilfe, Taškent	27.05.1999
Mitarbeiter	Akademie der Wissenschaften, Abteilung Geographie, Taškent	28.05.1999
2 Mitarbeiterinnen	Rotes Kreuz Margilan	01.06.1999
Generaldirektor	Firma ASOT, Fergana	01.06.1999
Mitarbeiterin	Fima ASOT, Fergana	01.06.1999
2 Lehrerinnen	Margilan	mehrere Gespräche 1999
Direktor	Öl- und Gasfabrik Fergana	01.06.1999
Kolchozleiter	Kolchoz, Fergana-Tal	02.06.1999
Hokim	Stadt Fergana	02.06.1999
Leiter Privatfarmer-vereinigung	Andižan	03.06.1999
Tadbirkor Ayol	Association of Buisness Woman, Kokand	04.06.1999
Mitarbeiter	Frauenassoziation Kokand	04.06.1999
Mitarbeiter	Handelskammer, Fergana	07.06.1999
Privatfarmer	Rayon Pap, Namangan	08.06.1999
Privatfarmer	Vierhalter, Namangan	08.06.1999
Mitarbeiter	TACIS, Fergana	09.06.1999
Frau Adinayeva, Prof. Samsonovitsch Umanski	Presidential Institute for Strategical Studies	25.05.1999, 22.05.2000

A.3 EXPERTENINTERVIEWS: EINHEIMISCHE EXPERTEN / KYRGYZSTAN – KÜRZEL EK

	Tätigkeit / Umfeld	*Termine*
Mitarbeiter	Privatisierungskomitee Džalal-Abad	10.06.1999
Leiter und Mitarbeiter	Kolchoz im Oblast Džalal-Abad	11.06.1999
Hokim	Taš-Kumyr	11.06.1999
Direktor, Assistent	Silizium-Fabrik Taš-Kumyr	11.06.1999
Schakipov Scharap Kaparovitsch	Direktor für Wirtschaft und Investitionen für den Bezirk Džalal-Abad	11.06.1999
Hr. Sakirov	Stellvertretender Hokim Oš-Oblast	14.06.1999
Stellvertreter Hr. Sakirov	Oš-Oblast	14.06.1999
Stellvertretender Direktor	Universität Oš	14.06.1999
Murat Nazaarov	UNHCR Biškek	05.07.1999
Mitarbeiter	Institut für Strategische Studien Biškek	06.07.1999
Anara Tabyshalieva	Institute for Regional Studies Biškek	06.07.1999 / 03.05.2000

A.4 EXPERTENINTERVIEWS: EINHEIMISCHE EXPERTEN / TADŽIKISTAN – KÜRZEL ET

	Tätigkeit / Umfeld	*Termine*
Hr. Karimov	Deutsches Zentrum Dušanbe	mehrere Gespräche 1999
Munisa M. Sadikova	Frauenassoziation Chudžand	21.06.1999
Prof. Chudejberdiev	Prof. für Geographie, Universität Chudžand	21. u. 22.06.1999
2 Mitarbeiter	Welthungerhilfe, Chudžand	22.06.1999
Leiter	Landwirtschaftsbehörde, Chudžand	23.06.1999
Karimovic Rahimov	Direktor, Institut der Akademie der Wissenschaften für Weltwirtschaft und internationale Beziehungen, Dušanbe	25.06.1999
R. Muchamadiev	Dozent für Wirtschaftsgeographie, Nationale Tadžikische Universität, Dušanbe	25.06.1999
K. Bobokolonov	Zentrum für Strategische Forschungen beim Präsidenten der Republik Tadžikistan	29.06.1999

A 5 TEILSTRUKTURIERTE INTERVIEWS

	Tätigkeit / Umfeld	*Termine*	*Kürzel*
Deutscher	Taškent	18.05.1999	TI1
4 Mitarbeiter	Kolchoš, Mitarbeiterinnen	02.06.1999	TI2
Russlanddeutscher	Verein für Wiedergeburt, Fergana-Tal	02.06.1999	TI3
Mahalla Vorsitzender und Mitglieder	Oblast Andižan	03.06.1999	TI4
Deutschstudentinnen	Chudžand	23.06.1999	TI5
Rentnerin	Chudžand	mehrere Gespräche 1999	TI6
junge Frau	Džalal-Abad	mehrere Gespräche 2000	TI7
junger Mann	Džalal-Abad	10.05.2000	TI8
Arzt	Džalal-Abad	09.05.2000	TI9
ältere Frau	Džalal-Abad	mehrere Gespräche 2000	TI10
2 Männer	Zulieferer für Basar, Oš, Džalal-Abad	14.05.2000	TI11
Kyrgyzische Geschäftsfrau	Oš	11.05.2000	TI12
Mann	Usbeke, Oš	12.05.2000	TI13
Familie	Aus Oš, lebt nun in Biškek	01.05.2000	TI14
Anthropologe	Biškek	04.05.2000	TI15
junge Frau	Aus Oš, lebt nun in Biškek	mehrere Gespräche 2000	TI16

Dittmar Schorkowitz (Hrsg.)

Transition – Erosion – Reaktion

Zehn Jahre Transformation in Osteuropa

Frankfurt am Main, Berlin, Bern, Bruxelles, New York, Oxford, Wien, 2002.
365 S., zahlr. Abb. und Tab.
Gesellschaften und Staaten im Epochenwandel.
Herausgegeben von Dittmar Schorkowitz. Bd. 8
ISBN 3-631-50392-X · br. € 56.50*

Gut ein Jahrzehnt ist seit Gründung der Gemeinschaft Unabhängiger Staaten vergangen. Auf die epochale Bedeutung des damit einsetzenden Wandels in Osteuropa hatte René Ahlberg im ersten Band dieser Reihe hingewiesen. Inzwischen wurde die Perestroika durch einen Transformationsprozeß überlagert, dem es vor allem um die Implementierung von Marktwirtschaft, Demokratie und nationaler Identität geht. Wie sich die Erwartungen an diesen europäischen Angleichungsprozeß nach einer Dekade der Globalisierung retrospektiv darbieten und wie man die weitere Entwicklung einzuschätzen hat, ist Thema des Bandes. Dabei sind die Bewertungen der Reformwege so verschieden wie die Pfadabhängigkeiten der Transitionsländer selbst. Sie reichen vom Erfüllungsbefund der Mitgliedschaftskriterien internationaler Organisationen und einer Infragestellung regionaler Besonderheiten bis zum gegenteiligen Nachweis kulturraumbezogener Identitäten – eines historischen Erbes der Regionen, das sich oft in Nationalismus und Konservatismus ausdrückt.

Aus dem Inhalt: Sozialer und wirtschaftlicher Wandel (Systemintegration, ökonomische Transformation, soziales Aktionspotential, strukturelle Heterogenität) · Historische Identitäten und erneuerte Integration (Raum, Prägung, Nation) · Ländertypische Prozesse: Pfadabhängigkeiten und Mentalitäten (Rußland, Ukraine, Polen, Slowakei, Tschechien, Makedonien)

FSC
www.fsc.org
MIX
Papier | Fördert
gute Waldnutzung
FSC® C083411

Kolibri 360 GmbH
Ferdinand-Jühlke-Straße 7
99095 Erfurt, Deutschland
produktsicherheit@kolibri360.de

Druck:
CPI Druckdienstleistungen GmbH
im Auftrag der
Kolibri 360 GmbH
Ferdinand-Jühlke-Str. 7
99095 Erfurt